リーンブランディング

リーンスタートアップによるブランド構築

ローラ・ブッシェ　著

堤 孝志
飯野 将人　監訳

児島 修　訳

エリック・リース　シリーズエディタ

本書で使用するシステム名、製品名は、それぞれ各社の商標、または登録商標です。
なお、本文中では™、®、© マークは省略しています。

Lean Branding

Creating Dynamic Brands to Generate Conversion

Laura Busche

Beijing · Cambridge · Farnham · Köln · Sebastopol · Tokyo

© 2016 O'Reilly Japan, Inc. Authorized Japanese translation of the English edition of "Lean Branding". © 2015 Laura Busche. This translation is published and sold by permission of O'Reilly Media, Inc., the owner of all rights to publish and sell the same.

本書は、株式会社オライリー・ジャパンが O'Reilly Media, Inc. の許諾に基づき翻訳したものです。日本語版についての権利は、株式会社オライリー・ジャパンが保有します。

日本語版の内容について、株式会社オライリー・ジャパンは最大限の努力をもって正確を期していますが、本書の内容に基づく運用結果については責任を負いかねますので、ご了承ください。

推薦の言葉

製品はあるけどブランディングについては「どこから手をつけていいのかさっぱり」という人にこそお勧めです。この本は、ブランディングのために何をする必要があるか、なぜそれが重要なのか、どのようにすれば迅速かつ簡単に行えるのか、について、わかりやすく説明してくれます。この本を読めば、製品と同じように素晴らしいブランドをすぐに手に入れることができますよ！

シンディ・アルバレス《Cindy Alvarez》
ユーザーエクスペリエンス・ディレクター、Yammer（マイクロソフト関連会社）、
『リーン顧客開発』（オライリー・ジャパン）著者

現代の市場では、スタートアップや中小企業がブランドを確立することが不可欠です。本書はビジネスの成功の基本でありながら、見落とされがちなブランディングの価値を証明してくれる実用的でヒントに溢れたガイドです。あらゆる起業家必携の1冊。

ロイ・トマソン《Roy Thomasson》
Young Americas Business Trust（ワシントン D.C.）、創設者／理事長

スタートアップを失敗させたいならこの本なんか無視すればいいさ。ブランディングはずっとソフトスキルと見なされてきたが、ローラ・ブッシェはそれをハードサイエンスに変えたんだ。

ブロンソン・テイラー《Bronson Taylor》
Growth Hacker TV、共同創業者

私は Smashing Magazine 誌の編集者としてローラと仕事をする機会に恵まれてきました。彼女の文章はいつも完璧なだけではなく、まるで彼女が目の前で説明をしてくれているかのような親しみやすい文章でした。ローラは、「私は『ビジネス』、『デザイン』、『心理学』という3つのレンズを通してブランドを見ている」と述べています。彼女の語りかけるような文体とブランディングを幅広い観点からとらえていることがこの本の特徴です。デザインを教える人間として間違いなく授業で使いたい本です。

アルマ・ホフマン《Alma Hoffmann》
サウスアラバマ大学助教授 Smashing Magazine 誌デザインセクション、編集者

『リーンブランディング』は、ブランディングの悩みを抱えるあらゆる人のための本だ。スタートアップ、中小企業、マーケターは本書を本棚に置いて何度も読み返すべきだ。ブランド構築のノウハウを余すところなく説明すると同時に、ブランド創造プロセスのライフサイクルにおけるあらゆる側面で役立つ優れたワークシートやツールを提供してくれる。スタートアップ企業のクライアントすべてに今すぐこの本を渡したい。

エリン・マローン《Erin Malone》
Tangible UX, LLC、パートナー

会社やスタートアップのブランドを開発/促進するための、直感的にわかりやすく段階を踏んだガイド。誠実なマーケティングといったテーマを読みやすく実装しやすい方法で説明している。

カルメン・メディナ《Carmen Medina》
Rebels at Work.com

「雑多な機能の集合体に過ぎなかった製品」を、顧客が購入するに値する「ブランドをまとった製品」に転換するための実用的なアプローチを優れた知見をもって書き表した本。ブランディングはエンジニアにとっては手強いが、ローラ・ブッシェはこのトピックを親しみやすくすることに成功している。

ケリー・ゲッチ《Kelly Goetsch》
Oracle 社 Product Management、ディレクター
"eCommerce in the Cloud"（O'Reilly）著者

「私はエンジニアで、ブランドマネージャーじゃないから——」というような考え方は終わりにしよう。『リーンブランディング』は、ブランディングについての私の先入観を根本から変え、スタートアップのブランドを開発/実行するために必要なツールを与えてくれたんだ。

エリック・フリーマン《Eric Freeman》

PhDWickedlySmart 共同創業者 Disney Online 元 CTO、

"Head First JavaScript Programming" 等、O'Reilly 刊行書籍の著者

序　文

　私は、リーンスタートアップを学び始めてまもないスタートアップのチームから、実験を終えて「本当の製品」を開発できるようになるのはいつか、と尋ねられることがよくあります。しかし、そのたびに「本当の製品なんていう完璧な製品などないんだよ」と訂正しなければなりません。製品のローンチは、顧客にもっと喜んでもらう方法を見つけるチャンスです。「構築―計測―学習」のプロセスは、私たちが「顧客や戦略について何を明らかにしたいのか」と自問するところから始まります。それは、製品の初回ローンチ後もずっと継続すべきなのです。

　本書『リーンブランディング』の核心を成すのは、製品が決して完成しないのと同様に、ブランドも絶えざる適応と進化にコミットし続けなければならない、という考えです。著者のローラ・ブッシェは「企業は自社ブランドを停滞させてはならない」し、「機能のセットのように見なしてもいけない」と主張します。自分たちの想定が正しいかどうかをテストし、学んだことをイテレーションやさらなる適応に活かすことで、「刻々変化する顧客のニーズと欲求に適応できる」カメレオンブランドを構築しなければならないと唱えます。

　これは「言うは易く行うは難し」です。

　私は、これまでさまざまな分野の「ものづくりに携わる人々」と関わってきました。その対象は、ソフトウェアの開発から医療機器や、重厚な産業機器の製造、顧客体験の設計まで多岐にわたります。これらに共通しているのは、自らの専門性を活用して、「高品質」の製品を顧客に提供しようとしていることです。しかしリーンスタートアップの手法は、品質についての概念を問い直します。「構築―計測―学習」のループは、「解決策」が本当に顧客の課題の解決に役立つのかどうかをテストすることを通じて「解決策を肥大化してしまう」という人間本来の性向を克服しようとする試みなのです。

ブッシェはまた、「正しいもの」を計測することの重要性も説いています。私たちは指標の計測にとりつかれると、何であれトラクションの兆候が見つかるとそれだけで興奮してしまいがちです。しかし、「虚栄の評価基準（Vanity Metrics）」（紙の上では良く見えるが、成長の可能性について何も教えてくれない指標）と、「行動につながる評価基準（Actionable Metrics）」（そこから学ぶことができ、実験とイテレーションのプロセスを促すために使えるデータ）を区別することが重要です。

ブッシェは「計測」のセクションで、収益の向上や顧客基盤の増加に役立つ重要な指標の例を挙げています。顧客の行動を変えること——商品を買う、ニュースレターを購読する、時間を費やすことに合意する、何らかの価値を交換する——などによって、私たちは初めて、実験が成功したことを確認できます。顧客の価値を実験／計測することは、顧客の関係をじっくりと深めていくことにもつながります。それは成功したブランド開発の特徴であり、「高品質」の名に値する製品とサービスを提供するための優れた方法なのです。

エリック・リース
カリフォルニア州サンフランシスコ
2014 年 9 月 3 日

監訳者まえがき

　『リーン』シリーズの一冊である本書を手にしている読者の多くは、「リーンブランディング」のうち、リーンスタートアップにちなむ「リーン」という言葉の方に興味を惹かれた人で、「ブランディング」の方にはピンとこない人も少なくないだろう。何を隠そう、我々監訳者もリーン実践者ではあるものの、恥ずかしながら「ブランディング」という言葉に縁遠さを感じていた。

　本書の著者ブッシェ氏も、講演を行うたびに「みなさんの中に、ブランドマネージャーはいますか？」と問いかけるのだが、手を挙げる人はまばらだそうだ。彼女はそれを一刀両断する。「それはおかしいですね。みなさんは少なくとも１つのブランドを担当しているはず。それは『自分自身』というブランドです」と。その通り。誰もが「自分自身」のブランドマネージャーであることは、まったくその通りなのだ。加えて、ソーシャルネットワークが普及したことで、今日はひとりひとり、だれでも世界に直接アピールできるブランドコミュニケーションチャネルを持っている。そんな「国民総ブランドマネージャー時代」に、より良いブランドを構築したいという願望を叶えてくれるのが本書である。

　そこで我々同様に、「リーン」に惹かれた読者のために、「リーンスタートアップ」における「リーンブランディング」の位置づけを示しておこう。

　リーンスタートアップは、エリック・リース氏が提唱する新規事業創造手法だ。新規事業を創る時にありがちな「誰も欲しがらないものを提供しようとして失敗する無駄」を、製品を実用最低限にとどめて（ミニマムバイアブルプロダクト＝MVP）、「構築―計測―学習」ループをリーン（すばやく繰り返す）にすることでシステマティックに排除し、成功確率を上げるアプローチである。そんな「無駄」にドキリとするアントレプレナーが多かったのだろう。リーンスタートアップはまたたく間に広まり、

一大ムーブメントになった。そんなリーンスタートアップの原点である顧客開発モデルは、シリコンバレーで8社の創業に携わり、4社を上場させたシリアルアントレプレナーであり、さらにリース氏の師匠でもあるスティーブン・ブランク氏が提唱する新規事業創造手法だ。新製品のニーズを探り、顧客を理解する「顧客発見ステップ」、MVPを試行販売してニーズを実証する「顧客実証ステップ」、これらの2ステップを通じて特定した顧客セグメントに、広くリーチするコミュニケーション戦略を検証する「顧客開拓ステップ」、確立できたビジネスモデルを分業して効率的に実行する組織を作る「組織構築ステップ」という4つのステップをリーン（かろやか）にこなしながら、「再現可能でスケーラブルなビジネスモデルを構築する」アプローチである。「つくるべきか」よりも「つくれるか」という製品開発リスクを過大視し、開発一辺倒であった従来型の新規事業創造プロセスを戒め、製品の研究開発と並行して、「顧客やビジネスモデルも研究開発する」ことの重要性とその方法を示した。

　リーンブランディングは、顧客開発モデルの3番目、「顧客開拓ステップ」の方法論と位置づけることが可能だ（**図1**）。顧客開拓ステップのゴールは、ビジネスモデル・キャンバスの「顧客との関係（CR）」の検証をすることにある（**図2**）。リーンブランディングでは、顧客発見と顧客実証で特定したターゲット顧客に対して、製品を基軸としたブランドを設計し、表象したものを伝え、その顧客と関係を構築する手順をあますところなく伝える。リーンスタートアップの「構築—計測—学習」ループを回しながら「誰にも受け入れらないブランドを作ってしまう無駄」をなくして、成功するブランドを築きあげるのだ。

　ブランディングの解説本は山ほどあるが、本書はリーンスタートアップ式にブランディングを行うコツを満載している点で、類書とは異なる。

　まず、ブランディングにおいて「リーン」を徹底している点がユニークだ。本書では、ブランドを「ブランドストーリー」、「視覚的シンボル」、「コミュニケーション戦略」の三要素でとらえ、リーンスタートアップ式にそれをデザインし、検証／改善するため、各要素について「構築」、「計測」、「学習」を進める具体的な方法が示されている。本書の手順通り進めていくことで、「検証による学び（validated learning）」を着実に積み上げながら改良を重ね、機能するブランドを備えられるのだ。

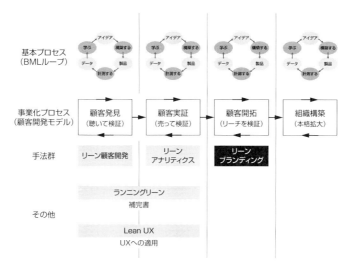

図1　リーンスタートアップ・顧客開発におけるリーンブランディングの位置づけ

図2　ビジネスモデル上のリーンブランディングの位置づけ

　本書は、リーンスタートアップの「MVPで安く早く学ぶ」という哲学に貫かれている。MVPならぬ「ミニマムバイアブルブランド（MVB）」に留めるため、本書ではブランディングのための各種DIYツールが他では見られないほど豊富に紹介されている。これらのDIYツールを駆使できれば、読者もMVBを安く早く構築できる。

実際に監訳者も、紹介されている動画作成ツールとランディングページ作成ツールを使って、後述するリーンローンチパッドのランディングページを作って、ブランドの検証を進めている。

http://eschool.pagedemo.co/

「リーンブランディング」は、顧客開発モデルとの相性もよい。私たちは顧客発見と顧客実証でニーズ検証を進める際に、顧客との対話を通じて仮説検証すべきアーリーアダプターの背景事情のことを「ニーズのメカニズム」（**図3**）と呼び、次のフレームワークを活用することを勧めているが、この「ニーズのメカニズム」の各要素と、本書でブランドストーリーをまとめるフレームワークとして紹介されている「ブランドストーリーボード」の要素はぴったり一致している。これは顧客発見ステップで検証した材料を、そっくりそのままブランド作りに転用できるので、非常に効率的である。

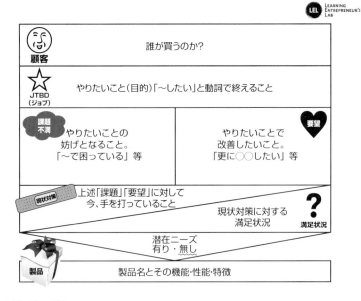

図3　ニーズのメカニズム

本書は一義的に、リーンスタートアップ式にブランディングを行いたいスタートアップを対象として書かれているが、他の読者にも大いに役立つ。

監訳者まえがき | **xv**

　初めてマーケティング担当者やブランドマネージャーになる人にとって、ブランドの作り方をいちから指南する本書は、ブランディングの「いろは」を学ぶ初学の書として助けになる。ブランド構築自体を大手広告代理店に外注するとしても、クライアントとして最低限の知識が備わっていなければ、外注先の仕事ぶりをきちんと「計測」して評価することができず、効果的なブランド構築もおぼつかない。

　一方、既存企業のベテランマーケッターにとっては、既存のブランドを「カメレオンブランド」に進化させる役に立つだろう。すでに一大ブランドを確立しているとしても、価値観が多様化し変化も激しい今日においては、それを放っておくと「時代遅れ」どころか「時代錯誤」にさえなりかねない。コミュニケーションチャネルも従来の3マス広告から、インターネットやモバイル、ソーシャルメディアへとシフトしているので、当然対応が必要だ。本書では、ディズニーやAmazonのブランド刷新や、AOLのケースを例に、「ダイナミックブランディング」といった、最新のロゴ戦略も紹介する。ぜひブランドに、ダイナミックな変化適応力をつけて欲しい。

　さらに本書には、グローバルに通ずるブランド構築という、隠れた付加価値もある。本書で紹介されているネーミング、ロゴ、カラーパレット等のブランドの材料を作るためのツールは、英語圏を始めとするマーケットを主対象としているので、これに従ってブランドを構築すれば、自動的にグローバル市場に通用する。「最初からグローバル市場を狙え」とは、我が国のベンチャー界隈でよく聞く掛け声だが、「飛行機に乗ってアメリカに行き、英語でピッチできるようになれ」という程度の精神論しか示されず、「具体的にどうやってそれを実現するのか」という手順までは示されていない。グローバルブランディングの指南書にもなる本書を活用することで、真にグローバルで成長する、日本発の「ユニコーン・ベンチャー」の誕生に期待したい。

　監訳者は、本書を含めてこれまでにリーンスタートアップや顧客開発モデルの関連翻訳書を5冊出しているが、「本を読むだけでは、なかなか一歩を踏み出せない」という声も多い。そこで「リーンローンチパッド」他、本の内容を実践するワークショップを開催している。我が国でリーンの理論が広まり始めてから時間が経過し、今後はますます「顧客開拓」に差し掛かるアントレプレナーが増えてくると予想される。本書を教科書に、リーンブランディングの理論を実践する講座も近日開催する予定だ。本書を読み終えて耳年増になるのではなく、一緒に実践する仲間が欲しいという方は、ぜひ次のホームページの告知に注目して欲しい。

ラーニング・アントレプレナーズ・ラボ
http://le-lab.jp

　監訳時にはオライリー・ジャパンの編集の髙さん、リーンローンチパッドの OB の川端悠一さんに多大なる協力を頂いた。この場をもって感謝を申し上げたい。

　リーンスタートアップや顧客開発モデルは、ぽっと出のすぐ消える目新しい経営論ではなく、無数の実践者が日々研鑽しながら磨き上げつつある経営における、「知の一大体系」を成している。そんななかで、本書のようにビジネスモデル・キャンバスの一要素である「顧客との関係（Customer Relations）」の実践方法論に特化して、深く掘り下げた書籍が上梓されるのは誠に意義深い。著者ブッシェ氏は、講演を「方法も分かったし DIY ツールもあるんだから、ブランディングを始めない手はないですよ」というメッセージで締めくくる。その通り。さぁ、あなたもリーンにブランディングを始めよう！

2016 年 5 月
堤 孝志
飯野 将人

はじめに

この本を書いた理由

　もうたくさん！　私はこれ以上、起業家がブランディングに無知なせいで、大成功の可能性を秘めた製品が、メディアや投資家や顧客から無視されてしまうことに耐えられません。彼らには時間やリソースがなく、適切なタイミングで行動する知識もありません。その製品は、アプリであり、サービスであり、その組み合わせであり——そう、あなた自身も製品であり、そうなりかねないのです！

メッセージを届けられなかったというだけで良い製品を無駄死にさせてはならない

今日のブランディング

　「『リーンブランディング』は、混沌とした市場における重要なスキルだ」というのは、控えめにすぎる表現です。ビジネスの参入障壁がかつてないほど低くなり、競争も激しさを増すなかで、誰もが深刻な問題を抱えています。人々の好みがますます細分化され、要求が洗練され、情報に簡単にアクセスできるようになっているのです。

　　破壊的でダイナミックなブランド構築が計画に含まれていなければ、利益も生まれません。

　そこで、本書では私が長い年月をかけて構築した「キラーツール」を紹介します。すなわち、

　　無駄が嫌いで、顧客を大切にするスタートアップのための DIY のブランディングガイドです。

　ブランドとは、消費者があなたに対して抱く印象であり、あなたが彼らと共に構築すべき戦略のことです。ブランドは製品と別の存在ではありません。ブランドは製品そのものであり、価格であり、あなたの名刺であり、超軽量かつ超高速のインターフェイスであり、そして（願わくば）コールセンターに電話をした人を落ち着かせる声でもあるのです。新しくつくろうとしているものが製品であれ、サービスであれ、「あなた自身」であれ、インスピレーションを探しているだけなのであれ、この本は高コンバージョン率のブランドによって、それを知らなかった人を顧客に変える方法を示してくれるはずです。

　設立後間もなく資金が乏しいスタートアップには、大手の広告代理店に大金を払う余裕などありませんが、このツールキットがあれば大丈夫。それどころか、広告以上の価値を生む可能性があります。この本は、あなたを魅力的な旅にいざなってくれます。この本は、顧客のトラクションを獲得するためのブランドシンボルや、ストーリーや、戦略を、どう組み合わせればよいかを探す旅でもあるのです。

　『リーンブランディング』は、従来のブランド開発で曖昧にされてきたプロセスに注目し、パフォーマンスを継続的に計測することよって、価値あるブランドを構築し伝達し販売する方法を紹介します。あなたが身につけるべきツールを、100 以上のDIY ブランディング戦術と触発的なケーススタディと共に紹介します。

　　結局のところ、世界のカギを握るのはブランドなのです。

ニュース！「山盛りいっぱいの機能」を買う人などいません。人は日々の暮らしのなかで、A点からB点に連れて行ってくれる価値あるブランドがあればこそ、製品を買うものです。それが「推進力のある（Propulsive）」ブランドです。このことこそ、この本を買う理由に他なりません。さっそく仕事にかかりましょう。高コンバージョン率のブランドの構築に取りかかるのです。

この本の対象読者

　私は、物事の解決策を知る人が、もっと「わかりやすく伝えること」に時間を使えば、世の中の問題の大半が解決できると思っています。たとえ一流のブランディング実践者であっても、もったいぶった伝え方では、そこから学ぶことは難しいのです。私は類書の著者たちが、難解な本を書かないように祈っています。『リーンブランディング』は、難解な本ではありません。曖昧な用語や無用な頭字語にうんざりしていて、顧客を獲得し、維持し、増加させるダイナミックなブランド構築手法を求めている読者にこそ、この本はうってつけです。私は、みなさんのために入念に言葉を選んだつもりです。

　興奮して夜も眠れなくなるアイデアを持っている読者もいるでしょう。そんな人は、コードを書き、資料を作成し、計画を立て、張り切って残業して（あるいは休日を返上して）働いていることでしょう。私もまさにそう。製品を大勢の人に届けたいという熱い思いを抱いて、寝る間も惜しんで過ごしてきました。そして同じ夢を持つ人たちと深く関わってきました。コロンビア政府のApps.coプログラムのメンターを2年間にわたって務めながら、300人以上の起業家と会い、90社以上のスタートアップのブランド構築を支援してきました†。彼らには世界を変えるために必要な情熱が満ちていました。

彼らは世の中に自分の存在を切実に知ってもらいたがっていました。

　これを読みながら「そうそう！ 世の中に自分の存在を知ってもらえさえしたら！」と思ったでしょう？ 自分自身で自分の広告代理店ができたら、と考えたことはありませんか？ 強力なブランドを今すぐ築き始められるとしたらどうしますか？ しかもそれが、顧客の心と財布の両方を開かせるブランドだとしたら？ イテレーションを行い、顧客から学習し、絶えず進化するショートカットによって、目標達成に至る道

---

† 　訳注：コロンビア政府が主催する、起業家のアイデアを実際の事業に育成するための支援プログラム。

を提供するブランドだとしたら？

マーケティングコンサルタントである私には、絶対的な成功を保証してくれる魔法のフレーズを見つけたがっている人からのコンタクトがひきもきりません。でもはっきり言って、それは私の仕事ではありません。私にはそんな特殊能力はないし[†]、ブランド開発は魔法ではないのです。ブランド開発とは、地道に積み重ねたデータに基づく改善プロセスによって、ますます混沌とする市場を踏まえて、あなたが提供するものを表すシンボル、ストーリー、戦略の組み合わせを導き出すことなのです（または、そうであるべきなのです）。

「混沌」という言葉を嚙みしめてください

でも、ブランド開発を魔法と勘違いする人を責めることはできませんね。実際、私たちマーケターは、あまりに長い間、ブランド開発のプロセスを秘密にしてきたのですから。とはいっても、ブランド開発のプロセスがすべて簡単なチェックリストで表せるとは言えません。ブランド開発には膨大な時間が必要であるという考え方もよく見かけますが、私の経験上、スタートアップはブランド開発に時間をかけすぎるべきではないと結論づけました。

売れるブランドを、8週間でゼロからつくりあげなければならないとしたら、どうしますか？　私が2012年から2014年の間に、90社以上のスタートアップと共に直面した問題がこれです。本書には、私が体験を通じて学んだ教訓が詰まっています。そして、それは実際可能なのです。

『リーンブランディング』は、急成長している企業とそのチームのためのガイドです。ブランドマネージャーやCMO（最高マーケティング責任者）ならおなじみの概念を、プロダクトマネージャーや開発者、起業家にもなじみやすい言葉で紹介します。この本は、名刺の肩書きに関係なく、誰であれブランドの構築に取り組む人のためのものなのです。

内容

『リーンブランディング』は、言わば答えに窮したときに友人に電話で助けを求められるクイズ番組の、「フォン・ア・フレンド」のようなライフラインです。この本の狙いは、開発中のキラー製品を、トラクションをもたらす堅牢でありながら柔軟な

[†]　とはいえ、私は次の2つのことに懸命に取り組んでいると認めなければなりません。「共感や想像する力を高めようとし始めれば、誰もがあなたに心を開く」——スーザン・サランドン

はじめに | **xxi**

DIY のブランド戦略で包み込むことです。ただしこのプロセスには終わりがないことを肝に銘じてください。会社が生き続ける限りブランドも生き続けます。呼吸し、食事し、繁殖し、散髪をする生き物なのです。本書では、次に挙げるさまざまな重要項目についての意思決定を行う方法を詳しく見ていきます。

- ブランド戦略において重要な、次を含む 25 の要素を構築／計測するためのステップ・バイ・ステップの手順。
  - ブランド名
  - タイポグラフィとイメージ
  - ランディングページ
  - ソーシャルメディア
  - メーリングリスト
  - プレスリリース
  - プロモーションビデオ
  - ブログ
  - 販促資料
  - プレゼンテーションスライド
  - その他

- 限られた時間とリソースでブランドを向上させる、100 以上の DIY のブランディング戦術とヒントにあふれたケーススタディ。

- ブランディングの裏技。ブランドにとって適切な立場からストーリーテリングを活用して成長を加速させたり、製品 / サービスを素早く理解させたりする秘訣を学びます。トラクションを、アイデンティティを喪失することなく獲得できます。

- デザインとビジネスは密接に結びついています。4 章では、この事実を受け入れる方法を、視覚的なシンボルをステップ・バイ・ステップで作成しながら学びます。

- 『リーンブランディング』には、顧客の獲得、維持、成長に役立つグラフィック、テンプレート、チートシート、チュートリアルが満載です。曖昧な専門用語は使いません。

- 本書には、もったいぶった用語も、わかりにくい略語も、秘密も登場しません。クレイジーな市場を突き進む方法を、ストレートに紹介します（私はあなたのチームの一員であるという立場を取ります）。

- 私は何よりもビジネスに興味がありました。その後で、マーケティング、次に心理学、さらにデザインへと関心領域を広げてきました。私はこの序列に従って仕事をしています。この本に書かれていることはすべて、顧客の獲得／維持／成長を目指しています。この本は、あなたを恰好よく演出するものではありません（そのようなことを考えている読者はいないとは思いますが）。

この本の読み方

　私たちはややもすると、おかしな方向に流れがちです。優れたブランディングの実行は魔法の本からではなく、私たちが顧客と相互に交流し、一貫性のある行動を計画し、定期的な計測に集中することを通じて生みだされるものです。『リーンブランディング』はそのような行動計画であり、チェックリストも含まれています。

　本書では、構築—計測—学習ループに沿って、ブランディングの基本から発展まで取り組みます。1〜2章では、何が私たちの行動計画になるのかについての概要を示します。実際のブランド構築は、3章から始まります。3〜5章では、ブランドストーリー、シンボル、戦略の25以上の要素について説明します。6〜8章ではブランドがコンバージョンをトリガーし始めたとき——すなわち、あなたの狙い通りにビジターに行動を起こさせたとき（例：顧客が製品／サービスを買う、アップデートを予約する）、それを計測する方法について詳述します。最後に9〜11章では、必要に応じた再デザイン、リポジショニング、リチャネルなど、イテレーションの実際について見ていきます。

本書の読み進めるにあたっては、これ以外に、少なくとも次の3つの方法もあります。

「ブランドストーリー、ブランドシンボル、ブランド戦略の3つのどれかに集中する」

これによって、この3つの領域内のブランド要素がすべて、構築から学習までのフェーズに従って展開されていることがわかります。ブランドストーリーの部分を読みたいなら、**3**章、**7**章、**10**章を読みます（上の図のリングの同じ位置にあります）。

「この本を通じて説明される25のブランド要素のうち1つを選び、その構築、計測、学習の段階をフォローする」

例えば、「ブランド名」を選び（「ブランドストーリー」のリングに含まれる）、**3**章、**7**章、**10**章のブランド名のセクションを読むことができます。同様に、「ソーシャルメディア・マーケティング」を選び（「ブランド戦略」のリングに含まれる）、**5**章、**6**章、**9**章のソーシャルメディア・マーケティングのセクションを読むことができます。

「ブランドの価値創造ストーリー、視覚的シンボル、成長戦略を構築済みなら6章から読み始める」

　この場合、各要素のコンバージョンに対する有効性をテストする、計測の段階から開始できます。

この本を、~~最初から最後まで順番に~~自由に読むべき理由

　広告代理店に仕事を発注できない制約があることで不思議とひらめきが得られることもあります。私は、リーンスタートアップを実践する90社を超えるスタートアップへのインタビューを通じて、ブランド創造を外注せずに製品開発と一体化させることで、驚くほど核心をつくアイデアが得られる場合があることに気づきました。しかし、ブランド開発は単なるアイデアでとどまってはならず、「実行」することが重要です。それこそが、広告代理店が真価を発揮できるところです。『リーンブランディング』は、ブランド開発を「実行」することで「ロックスター」になれるツールを提供します。

　「ロックスター」は、350ページの本を1ページ目から通読しなくてもよいでしょう。ただし、最も興味があるトピックに進む前に、**1章**と**2章**だけは読んでおいてください。また『リーンブランディング』は「構築―計測―学習」ループを伴うことを覚えておいてください。棚の奥にしまい込むような類いの本ではありません。

　　　この本は、ベッドサイド・テーブルの上に置いておくべき本なのです。

　また、本書を読み進める際は、リーンブランド創出の成功事例を、簡潔なケーススタディとして紹介する、リーンブランディング・ケースに注目してください。「掘り下げよう」、「お役立ち情報」、「ブランディングの裏技」などのコラムを読んで、そのトピックが最終的な結果にどのような影響を及ぼしているか、これらに従ってすみやかに行動するにはどうすればよいかも考えましょう。

　この本では、読者のみなさんが、行動に集中しやすくなるように、できる限りマーケティングの専門用語を使わないようにしています。それでも意味のわからない語があれば、巻末の用語リストを参照してください。また、この本に関する記事やニュース、動画、インスピレーションを得るにはウェブサイト http://www.leanbranding.com をご覧ください。この本の内容をSNS等で引用する場合のタグは、「#leanbranding」（Instagram、Facebook、Twitter、Pinterest、Google+）をお使いください。何か困ったことがあれば、「@leanbranding」（Twitter）までお気軽に。もちろん、不満があ

ればそれも遠慮無く書き込んでください。

　あなたは、時間とお金を無駄にせずにブランドを構築できます。ブランドがコンバージョンをもたらしているかどうかを計測できます。学習し、良くない点を改善できます。成長をハッキングできます。あなたには、それができるのです。

（小槌で台を叩く音）

2014年9月

本書の表記

本書では、以下の表記を使用しています。

太字書体

強調、新しい用語を示します。

このアイコンとともに記載されている内容は、ヒント、提案、または一般的な注意事項を表します。

お問い合わせ

　本書に関する意見、質問等は、オライリー・ジャパンまでお寄せください。連絡先は以下の通りです。

　　株式会社オライリー・ジャパン
　　電子メール　japan@oreilly.co.jp

　この本のWebページには、追加情報が掲載されています。以下のURLを参照してください。

　　http://shop.oreilly.com/product/0636920032106.do （原書）
　　http://www.oreilly.co.jp/books/9784873117690 （和書）

この本に関する質問や意見は、次の宛先に電子メール（英文）を送ってください。

bookquestions@oreilly.com

オライリーに関するその他の情報については、以下のオライリーの Web サイトを参照してください。

http://www.oreilly.co.jp
http://www.oreilly.com/（英語）

謝辞

「自分が読みたい本を書こう」と思い立ったのは2年前のことでした。

私はそのとき、本は能力のある個人によってではなく、有能なチームによって書かれるものだということがわかっていませんでした。みなさんが今、手にしている本は、数え切れないほどのワークショップ、インタビュー、ブレインストーミング・セッションのたまものです。これらの活動を通じて私は素晴らしい組織や同僚、友人に恵まれてきたのです（そして何度も励まされてきました）。

次の人々に感謝します。

オライリーメディアの協力的な編集スタッフ、特に貴重な情報を与えてくれたメアリー・トレスラーとエイミー・ジョリーモア。

私にビジネスやデザイン、心理学、そしてこれらの学際的な関係性について教えてくれたアメリカン大学コゴッド・スクール・オブ・ビジネス、サヴァンナ芸術工科大学、ノルテ大学の教授陣。

その革新的なアントレプレナーシップ・プログラムで、ラテンアメリカを中心に大きな波を起こしている、Apps.co とコロンビア情報技術／通信省の素晴らしい同僚とスタートアップチーム。

上記の革新的なプログラムを思い切って立ち上げた、情報技術／通信省大臣ディエゴ・モラーノ、サントス大統領。

私の博士課程の研究と、この本に不可欠の心理学的視点の獲得に役立った研究プロジェクトを支援してくれた、コロンビア科学技術研究所（COLCIENCIAS）。

かけがえのない家族と友人。彼らがいなければ、私は病気になり、落ち込み、日常生活を送ることすらままならなかったでしょう。

そしていつも、すぐそばにいてすべてを見守ってくれている、神様にも。

目　次

推薦の言葉 v

序文 ix

監訳者まえがき xi

はじめに xvii

第 I 部 イントロダクション 1

1章　ブランドとは何か？ 3

1.1　ブランドを定義する 4

1.2　リーンブランディングとは何か？ 5

　　1.2.1　リーンブランディングについての小論、

　　　　　なぜ「カメレオン＞恐竜」なのか 7

　　1.2.2　リーンブランドは自己実現の近道になる 8

1.3　まとめ 9

2章　ブランドではないもの 11

2.1　これらの嘘が危険である理由 11

2.2　ブランドについての誤解 12

　　2.2.1　ブランドとはロゴである 13

　　2.2.2　ブランドは表面的だ 13

　　2.2.3　ブランドはマーケティング部門が管理するものである

　　　　　　... 14

	2.2.4	私はブランドをコントロールできる 14
	2.2.5	良い製品があれば何もしなくても顧客を惹きつけられる
		 15
	2.2.6	ランディングは、認知度を高めるためだけのものである
		 15
	2.2.7	ブランドではなく、製品の内容のために投資をしたい 21
	2.2.8	ブランドは計測できないので、管理もできない 22
2.3	まとめ	 23

第II部 構築 25

3章 ブランドストーリー 27

3.1	これまでブランドストーリーについて 聞いてきたことはすべて忘れよう 29
3.2	まず着手すべきこと：名前は何？ 30
3.3	ブランドの材料を集める 32
	3.3.1	ポジショニング： この製品は私にとってどう役立つのか？ 32
	3.3.2	ブランドプロミス： 私のために何を約束してくれるのですか？ 35
	3.3.3	ペルソナ： 私はあなたから何を必要とし求めているのか？ 36
	3.3.4	ブランドパーソナリティ：あなたは誰？ 43
	3.3.5	製品体験：顧客にどんな体験を提供するのか？ 49
	3.3.6	価格：ソリューションの価値はいくらか？ 53
3.4	すべてを統合する：ブランドストーリーボード 55
3.5	まとめ 58

4章 ブランドシンボル 61

4.1	まず着手すべきこと：ブランドウォールを作る 63
4.2	レシピに戻る：リーンブランドの材料 65
	4.2.1	ロゴ 66

目次　**｜　xxix**

4.2.2	カラーパレット	71
4.2.3	タイポグラフィ	74
4.2.4	イメージとモックアップ	78
4.2.5	ステーショナリー：名刺	81
4.2.6	販促資料：ワンシートとプレゼンテーションスライド	82
4.3	まとめ	89

5章　ブランド戦略　91

5.1	ソーシャルメディア・マーケティング	92
5.1.1	なぜ投稿するのか？	94
5.1.2	誰が投稿するのか？	94
5.1.3	何を投稿するのか？	95
5.1.4	どこに投稿するのか？	100
5.1.5	どのように投稿するのか？	101
5.1.6	いつ投稿するのか？	103
5.2	ランディングページ	104
5.2.1	ヒント	105
5.3	検索エンジン最適化	107
5.4	コンテンツマーケティング：ブログ	110
5.5	有料広告	114
5.5.1	ディスプレイ広告	114
5.5.2	検索連動型広告	118
5.5.3	ソーシャルネットワーク広告	120
5.6	Eメールリスト	122
5.7	動画	125
5.8	レビューシステム	127
5.9	メディア対応	128
5.9.1	ヒント	131
5.10	POP最適化	135
5.11	パートナーシップ	137
5.12	まとめ	141

xxx | 目次

第Ⅲ部 計測 143
 Ⅲ.1 何を検証するのか？ 145
Ⅲ.2 シャンパンはお預け 146
Ⅲ.3 何が私のビジネスを動かしているのか？ 147

6章 ブランドトラクション 149
6.1 テストの設計 154
6.2 スプリットテスト：理由を明らかにする 155
6.3 実験恐怖症 156
6.4 ランディングページ：テスト方法 156
　　6.4.1 Googleアナリティクスで目標を設定する 159
　　6.4.2 GoogleアナリティクスでA/Bテストを作成する 161
6.5 ランディングページ：テスト対象 165
6.6 ランディングページ以外の要素をテストする理由とその方法
　　...168
6.7 ソーシャルメディア・マーケティング：テスト方法 169
　　6.7.1 内部：ソーシャルメディアの投稿、リーチ、
　　　　　エンゲージメント、フォロワー数の計測 170
　　6.7.2 外部：ソーシャルメディアリファーラルと
　　　　　リードカウントを計測する 177
6.8 ソーシャルメディア・マーケティング：テスト対象 178
6.9 検索エンジン最適化：計測方法 179
　　6.9.1 ランディングページでのSEOの効果を計測する 180
　　6.9.2 ランディングページランクの競合他社との比較を計測する
　　　　　...180
　　6.9.3 消費者がブランドを見つけるために使用している
　　　　　キーワードを計測する 181
6.10 検索エンジン最適化：テスト対象 182
6.11 有料広告：テスト方法 182
　　6.11.1 Google AdWordsでのコンバージョントラッキング 184
　　6.11.2 Facebookの広告でコンバージョントラッキング 185
6.12 有料広告：テスト対象 185

目次 | **xxxi**

6.13　ブログ：テスト方法 186

　　　6.13.1　コンテンツを読んだユーザー数と、滞在時間を計測する
　　　　　　 187

　　　6.13.2　コンテンツの共有を計測する 188

　　　6.13.3　ブランドコンテンツがコンバージョンにつながっているか
　　　　　　 どうかを計測する 189

6.14　ブログ：テスト対象 189

6.15　E メールマーケティング：テスト方法 190

　　　6.15.1　コンバージョンにおける E メールマーケティングの
　　　　　　 影響力を計測する 191

6.16　E メールマーケティング：テスト対象 192

6.17　マーケティング動画：テスト方法 193

　　　6.17.1　特定の CTA でクリックしたユーザー数を計測する
　　　　　　 ブランド動画にアノテーションを活用する 194

　　　6.17.2　コンバージョンをトリガーするために、
　　　　　　 ブランド動画にアノテーションを活用する 195

　　　6.17.3　動画経由でサイトを訪問しているユーザーが
　　　　　　 どれだけコンバージョンされたかを計測する 197

6.18　マーケティング動画：テスト対象 197

6.19　プレスリリース：テスト方法 198

6.20　プレスリリース：テスト対象 200

6.21　POP 最適化：テスト方法 201

6.22　POP 最適化：テスト対象 203

6.23　レビューシステム：テスト方法 203

6.24　ブランドパートナーシップ：テスト方法 205

6.25　まとめ 206

7章　ブランド共鳴 **209**

7.1　ブランド共鳴の定義 210

7.2　ブランド共鳴：ブランドマーケット・フィットを実現する 211

7.3　ブランド名を計測する 213

　　　7.3.1　ブランドネーム・アソシエーションマップ 213

xxxii | 目次

| | 7.3.2 | ブランド名の A/B テスト .... | 214 |

7.4 ブランドポジショニングの計測 215

    7.4.1 ブランドのポジショニングは顧客のニーズに適しているか？
.... 216

    7.4.2 ブランドのポジショニングは正しく顧客に届いているか？
.... 216

7.5 ブランドプロミスの計測 219

7.6 ペルソナを計測する 220

7.7 ユーザーペルソナの人口統計学的プロフィールを計測する 221

7.8 ユーザーペルソナの心理的特性を計測する 221

7.9 製品体験を計測する 222

    7.9.1 製品機能の妥当性を計測する：ユーザーの期待 222

    7.9.2 ブランドジャーニーが顧客の共鳴を得ているかどうかを
計測する：顧客の認識 224

7.10 ブランドパーソナリティを計測する 225

7.11 価格を計測する 228

7.12 まとめ 229

8章 ブランドアイデンティティ 231

8.1 消費者心理に関する閑話休題 232

8.2 行動に戻る：ブランドの視覚的アイデンティティの計測 234

8.3 ブランドのロゴを計測する：正しい質問をする 235

8.4 タイポグラフィ 238

8.5 色 241

8.6 販促資料 244

8.7 ステーショナリー：名刺 247

8.8 プレゼンテーションスライド 249

8.9 まとめ 253

第IV部 学習 255

IV.1 リーンブランディング・マップ：ブランドに共感する 256

IV.2 変化への抵抗：ブランド摩擦 258

| | | 目次 | xxxiii |

9章 ブランドのリチャネル **261**

9.1 リチャネルとコンバージョン 263

9.1.1 OhMyDisney：同じ魔法、別のコンテンツ 263

9.1.2 J.Crew：Pinteresting カタログへの移行 266

9.1.3 Groove：ランディングページ騒動 269

9.2 新しいチャネルに参入する準備はできていますか？ 271

9.3 新しいチャネルへの参入を決意しました——それから？ 271

9.4 まとめ 273

10章 ブランドのリポジショニング **275**

10.1 リポジショニングと調査の力 276

10.1.1 Amazon：「本」から「あらゆる物」へ 277

10.1.2 ブランド拡張について 280

10.1.3 新たな製品機能の導入：手段—目的分析 281

10.1.4 Mogulus から Livestream へ：ブランド名のパワー

.... 282

10.2 リポジショニングの賢い方法：消費者学習の活用 284

10.3 ブランドストーリーの変更を決定した——次にすべきことは？

.... 286

10.4 まとめ 287

11章 ブランドの再デザイン **289**

11.1 一貫性：機会費用 290

11.2 視覚的アイデンティティの変更によって生じる一般的なコスト

.... 291

11.3 視覚的アイデンティティの変更によって生じる一般的なメリット

.... 291

11.4 視覚的アイデンティティを方向転換すべきなのが明白な場合

.... 292

11.4.1 Mall of America：色の役割 293

11.4.2 AOL とダイナミックなブランドアイデンティティ........... 295

11.4.3　The Innovation Warehouse と
　　　　漸進的なイテレーションの価値 297

11.5　ブランドシンボルの再デザインを決定した──次にすべきことは？
　　　... 298

11.6　まとめ 300

12章　結び 301

用語集 303

クレジットと参考資料 309

索引 311

第I部　イントロダクション

1章
ブランドとは何か？

どんな愚か者でも、ビジネスは始められる。
だが才能と信念と忍耐がなければ、ブランドは作れない。
——デイビッド・オグルヴィ

　私にも体験があります。究極の製品アイデアを思いつく体験です。99.9% 世の中を変えるアイデアです。

　あなたは眠れなくなります。そしてひたすら製品開発に没頭します。食事をとって、また開発。

　そしてふと考えるのです。開発中の「モノ」はどんなふうに世界を変えるだろう？この「モノ」の名前は何にしよう？　入れ込むあまり、そのモノに由来した T シャツをつくって着るかもしれません。その T シャツには何が描かれているでしょうか？世界に向けて発信するメッセージは？　そもそもあなたには、そのようなメッセージがありますか？　メッセージの背景に描かれるシンボルは？

　この章では、そうした疑問に答えます。ブランドを戦略的に考える方法や、リーンブランディング理論の中心的な概念についても説明します。

　良いニュースと、悪いニュースがあります。良いニュースの方は前述したクイズ番組で知り合いに電話をかけて助けを求める「ライフライン」の仕組みです。リーンブランディングでは、ライフラインを「使ってよい」というのみならず「使わなければならない」ということです。起業家であるあなたは、人に意見を求めに行かなければなりません。一方、悪いニュースは、製品の初期バージョンを仕上げたところで手をとめて、「今すぐ」外に行く必要があるということです。マラソンを始めるのは、つくろうとしている「モノ」の居場所を見つけてから。ただし、その製品の居場所を見つけたからといって安心してはいけません。「ファイナルアンサー？」は、このゲームにはありません。このゲームでは、答えは何度もテストされ、新しい質問が考え出され、できるだけ多くの「ライフライン」が使われなければならないのです。

1.1 ブランドを定義する

　ブランドとは、消費者があなたのことを考えるときに想起する「ユニークなストーリー」のことです。このストーリー次第で、製品が消費者の「個人的な」ストーリーや特定の「パーソナリティ」、あなたが解決を「約束（プロミス）」するもの、競合他社に対するあなたの「ポジション」などと関連づけられるのです。ブランドは視覚的なシンボルで表され、さまざまな「戦略的な」露出を通じて作り上げられます。

　ご想像の通り、消費者があなたのオファーに関連するあらゆるものと接する度に、この「ストーリー」は書き直されます。次に例を挙げます。

- 名前

- ピッチ

- 従業員

- 市場とのインタフェース

- 購入のポイント

- メールの署名

- （その他、想像し得るありとあらゆるもの）

　ボールは今、相手側のコートにあります。今日の消費者は、大人しく耳を澄ませていたりはせず、こちらの言葉に反応してきます。彼らはただ消費することはしません。私たちと共に、創造のプロセスに参加してくるのです。あなたは、自分だけでは消費者がブランドをどう感じるかを決められません。誰も、あなたが「ストーリー」を語るのをじっと待っていてはくれません。消費者は雪だるま式に膨れあがる「声」に従って、独自のストーリーを創造しようとしてきます。私がこの本を書いたのは、あなたにこの消費者との会話に介入し、それを成功させるツールを提供したいからなのです。

　ブランドがビジネスにとって不可欠な理由は、名前について考えてみれば簡単に理解できます。「あなた」と「あなたの製品」は、2つのまったく無関係なものでしょうか？「あなた」と「あなたのパーソナリティ」、「あなた」と「あなたの祖先」はどうでしょう？ あなたの思考や外観、教育など、さまざまな事柄についても同じです。結論は、次の通りです。

あらゆるモノや人は、少なくともひとつのブランドを表している。

ゆえに、

「ブランディングをすべきかどうか」を考えるのは、そもそも問いの立て方が間違っている。

ということになります。

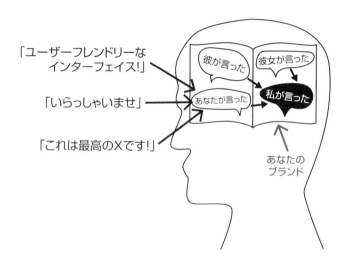

私たちはみな1つの名前を持つ複雑で多面的な存在なのです。他者が私たちを記憶し、認識してくれるのは、その名前のためではないでしょうか。あなたは、その名前を人から覚えられやすくし、製品を買ってもらいやすくするために、「今日」何をしていますか？

1.2　リーンブランディングとは何か？

　リーンの考え方はブランドの創造、維持、再創造の方法を変えてしまいました。私たちにはもう過去の栄光に満足している時間はありません。消費者があらゆることに関わってくるようになったからです。消費者がブランドを見る目は「信じられないほど」肥えています。冴えないブランドがあれば離れたところからでもそれを見分けて

しまいます。インターネットのおかげで数千マイルも離れた場所からもブランドの良し悪しが見分けられてしまうのです。

「ビジネスモデル・キャンバス」と、エリック・リースが『リーン・スタートアップ』（日経BP社）で説明した「構築―計測―学習」ループは、スタートアップを構築／維持する方法に絶大な影響を与えたツールです。しかし、私は300人以上の起業家とこのモデルを実践しながら、デモデーや投資家会議で顧客を獲得できたのは、ブランドを動的に構築していた起業家だけであることに気づきました。これらのブランドは、トラクションと利益を生みだし、消費者の心のなかで効果的なポジションを獲得することに役立ったのです（大切なのは「ブランド＝ロゴ」ではないということです。詳しくは2章で説明します）。私は「単純なMVP（実用最小限の製品）しかなくても深い意味の込められたブランドを持っている」他社に負けたスタートアップを山ほど知っています。

単純なMVPしか持たないスタートアップに負けるのは不条理だと思うでしょうが、そんなことはありません。その理由を説明しましょう。

ブランド構築は、スタートアップの裏方ではありません。黒魔術でもなく、偶然に起こるものでもありません。ましてやひと晩でやっつけで作るようなものでは断じてありません。ブランディングは、ランディングページに掲載する派手なグラフィックスといったものではないのです。強力なブランドは、成功するか失敗するかを大きく左右し得るものなのです。

今日の飽和市場では「山ほどの機能」があるだけでは製品は売れない。私たちは、重要なブランドが市場を破壊する時代に生きているのだ。

今日の飽和市場では、
「山ほどの機能」がある
だけでは製品は売れない。

私たちは、
重要なブランドが市場を破壊する
時代にいるのだ。

1.2.1 リーンブランディングについての小論、なぜ「カメレオン＞恐竜」なのか

　私たちは長年、顧客が抱いている、「自分とはどのような人間か？　どのような人間になりたいか？（自己概念）」についての考えを静的なものと見なしてきました。私たちはそれを、レンガのように固いものと考えてきたのです。そして、それを満たすため巨大な恐竜のようなブランドを構築してきました。でも、現在は硬直化した動きのないブランドでは、ごく短期間しか顧客を満足させることはできません。恐竜は絶滅したのです。進化に対処できなかったのです。恐竜のように鈍感なブランドでは、これからの時代に対処できなくなるのは明らかです。

　ここで、現在のあなた自身を一語で表すとしたら、どうなるか考えて書き出してみましょう。「プロのロッククライマー」、「クレイジーな人」、「ワーキング・ペアレント」——現実のあなたを表すもの（あるいはあなたがそう考えているもの）であれば、なんでもかまいません。次に5歳のときのあなたを表すであろう一語を書き出します。「クレヨン愛好家」、「休憩のスペシャリスト」、「昼寝が仕事」とか。

　ではこれらの一語と、5歳の歯の生えそろっていない頃のあなたの写真を、LinkedIn のプロフィールに掲載すると想像してみましょう。

　もちろん、それではおかしなことになってしまいます。当然、あなたは5歳のときから進化してきたはずです。現在の私は、5歳の頃のハロウィーンで、ユニコーンに扮装していた頃の私とは違います。あなたもそうですよね？　ブランドも同じです。

　ここで大切なのは「消費者は、まわりの事物に反応して、自らの希望や恐れや願望（マーカスやワーフなどの心理学者が『作動自己概念』と呼ぶもの[†]）を絶えず積極的に変えている」ということに気づいたことです。私たちはもう5歳の頃のように宇宙飛行士になることを夢見てはいないと自覚し、そのことを受け入れています。

　消費者は日々、自らの行動や購買の決定に影響を与える新たな（可能な）自己概念を目覚めさせています[‡]。私は「有能な母親」になりたいので、母親の生き方をテーマにした本を買います。「ずば抜けて優秀な人間」にもなりたいので、徹夜しなければ読み通せないような本を図書館で借りてきます。「素晴らしいデザイナー」にもなりたいので、最上位機種のソフトウェアやモバイルアプリ、書籍、クラウドスペース、Adobe などのブランドが売り出す最新の製品を購入したりするのです。

[†]　Hazel Markus and Elissa Wurf (1987), "The Dynamic Self-Concept: A Social Psychological Perspective," Annual Review of Psychology 38, 299.

[‡]　Hazel Markus and Paula Nurius (1986), "Possible Selves," American Psychologist, 41, 9, 954.

リーンブランディングとは、消費者のうつろいゆくニーズや欲求に適応できる、「カメレオンブランド」を構築するということです。消費者がどんどん考えを変えているにもかかわらず、市場で同じポジショニングに留まっているべきではありません。今日のブランドは、変化に耳を傾け、そこから学ぶべきなのです。リーンブランドは、モノローグではなく対話を重視します。そして「消費者がなりたい自分に近づくのを支援する」という使命を帯びています。消費者の「なりたい自分のイメージ」が絶えず進化しているという事実を受け入れているのです。そのため、リーンブランド自体も絶えず進化します。構築─計測─学習の終わりなきサイクルを絶えず繰り返すのです。本書が3つのセクションで構成されているのもそのためです。

カメレオンブランド

・仮説の検証と適応
・リーン、変化を受け入れる姿勢
・アジャイルかつ当然に機動的
・カモフラージュによって生き残ろうとする

恐竜ブランド

・知ったかぶり
・慢心、従来型の方法に固執
・反応が遅い、身体が重たい
・周りを怖がらせることで生き残ろうとする

結論：カメレオンブランドである方が、恐竜ブランドであるよりも理にかなっている。恐竜が絶滅したことを忘れないように。

1.2.2　リーンブランドは自己実現の近道になる

「昔むかし」で始まる、あなた自身のブランドストーリーは何ですか？「自分がつくっているものは、消費者の『今日の自分』と『明日なりたい自分』のギャップをどう埋めているか？」と自問してください。飽和した市場で際立つためには、ブランドはそのギャップを飛び越えさせてくれる推進力として顧客に紹介されなければなりません。ブランドを「ターゲット顧客が望む状態への橋渡し役」と位置づけることで、顧客と共感し、長期的な関係を構築することができるのです。ブランドストーリーに

ついては、**3章**で詳しく見ていきます。

　現在、実質的にリーンブランド以外の選択肢はありません。「何かの意味（mean）を持っていて、何かを達成する手段（means）である」こと以外に、取るべき道はありません。リーンブランドは、顧客が願望を実現するためにどう進むべきかの近道を示してあげることで、消費者を誘引するのです。「アプリを買う」、「食べ物を注文する」、「誰かを信用する」、「本棚から1冊を選ぶ」といった行動に向かわせるのです。

ブランドは、消費者の「現在の自分」と「なりたい自分」をどのように橋渡ししているか？

1.3　まとめ

　今日の飽和市場では、もはや「てんこ盛りの機能」では製品は売れません。人は「夢を実現したい」とか、「A点からB点に移動したい」と考え、そうした希望が実現する近道になるための強力なブランドを求めているのです。リーンブランドは、こうした「自己実現のための進化し続ける近道」を提供することで、消費者を誘引します。あなたは今、自分をブランドマネージャーとは思っていないでしょうが、どんなモノも、（あなたも含め）どんな人も、少なくとも1つのブランドを表しているのです。

　この本を読んで、ブランド開発が黒魔術などではなく、科学的根拠に基づいたプロセスであることをご理解いただければ幸いです。今すぐに外に飛び出して人の話に耳を傾けなければなりません。以降の章では、その実際について詳しく見ていきます。

2章
ブランドではないもの

ブランドでなければ、それはそのままコモディティーであることにほかならない。
——フィリップ・コトラー

　ここからは、この本で紹介する内容を明快に理解するため、ブランドについてよくある誤解を取り上げます。

　ブランディングを実践するたびに不思議に思うことがあります。私はよく、ビジネスパーソン向けの講演をするとき、「ブランドマネージャーの人は手を挙げてください」と尋ねるのですが、たいてい一握りの人しか手があがりません。続けて、「では自分の名刺を持っている人は？」と尋ねます。ここからが面白いところで「名刺があると手を上げた人は、自分個人のパーソナルブランドを扱う他には、どんな仕事をしているのでしょう？　説明できますか？」と訊くのです。

　聴衆はあっけにとられ、訝しげな顔になり、会場は静まりかえり、私から沈黙を破る素晴らしいフレーズを期待します。そこで私はこう言うのです。

　「私たちはブランドについて、あまりにも多くの『嘘』を信じています。危険な嘘です」

2.1　これらの嘘が危険である理由

　私も働き始めたばかりの頃は、ブランドは製品やサービスの「ビジュアル」なアイデンティティのことだという、ありがちな考えを持っていました。ブランディングは、グラフィックデザイナーに任せる仕事だと思っていたのです。私は、そうした視野の狭い考えでブランディングを誤解し、頭を使ってコンセプトを全体的にとらえるという作業を避けていたのです。

　問題は大企業には、ブランディングのパワーをフル活用する人的資源／資本資源があることです。ということは、大企業と競うのなら、起業家は「ブランドとは何か」

とか、「自分たちは何ができるのか」について、自分に嘘をついて自らを慰めている
わけにはいかないのです。

「ブランド」こそ、あらゆる企業活動の核となる概念です。消費者があなたのブラ
ンドに対して抱く考えは、相互に関連する複数の、消費者と製品やサービスとの接点
から生じてくるものですが、私たちが日常的に用いる「ブランド」の定義では、この
包括的な性質が見逃されがちです。

私が「ビジネス」、「デザイン」、「心理学」という3つのレンズを通してブランドを
見るのは、包括的な視点を持つためです。この章ではこの3つの視点から見た「ブラ
ンドがゲームを変えるパワー」について説明します。

経営学の学位を取得した時点で、私の「ブランド」の定義の理解は広がり、ポジショ
ニングや認知度、資産、価値提案のような概念を含むようになっていました。その後、
大学院に進学してデザインマネージメントを専攻したことで、「ブランド」の定義はさ
らに拡張し、アイデンティティ、ストーリーテリング、製品／サービスの設計、パー
ソナリティ、差別化なども含まれるようになっていました。さらに博士課程で心理学
を学んだことで「顧客の自己実現におけるブランドの重要性」が、極めて明確になり
ました。ブランドは、シンボル、自己概念、アイデンティティの構築に関連している
のです。

2.2　ブランドについての誤解

読者のみなさん。私たちがブランドの持つ力を解き放つことができれば、市場を破
壊することも可能です。

まず、「ブランドについての古くからある誤解」を取り除くことから始めましょう。

- ブランドとはロゴである

- ブランドは表面的だ

- ブランドはマーケティングチームが管理するものである

- ブランドはひとりで管理できる

- 良い製品さえあれば何もしなくても顧客を引き付けられる

- ブランディングは、認知度を高めるためだけのものである

- ブランドは計測できないので管理もできない

　ビジネスの世界に長くいる人ほど、こうしたウソを耳にしたり、それを鵜呑みにしたりしているでしょう。次章以降に進む前に、まず、この章でいくつか事実をはっきりさせておきましょう。

2.2.1　ブランドとはロゴである

　まず、ブランドとは「ロゴ以上」のものです。グラフィックスは顧客があなたとあなたの製品について考える複雑なストーリーの、ごく一部に過ぎません。必ずしも誰もが単純に「ブランド＝ロゴ」と考えているわけではありませんが、「ブランド構築」と聞くと、反射的にグラフィック用アプリケーションを操って、カラフルな図形を描く人を想像してしまいがちです。私がやりたいことのひとつは「ブランド＞ロゴ」という文字を印刷したTシャツやマグカップ、壁、マウスパッド、ショットグラスを無料で配布することです。これは、意義ある慈善活動になります。「ブランドはロゴ以上のもの」という考えを理解していない企業は、何をやってもうまくいかないからです。

　ブランドがロゴではないというなら、何なのでしょう？ ブランドとは、消費者があなたのことを考えるときに想起する、ユニークなストーリーのことです。ブランドは、あなたの製品を消費者の「個人的な」ストーリーや特定の「パーソナリティ」、あなたが問題の解決を「約束」するもの、競合他社に対するあなたの「ポジション」などと関連付ける働きをします。ブランドは視覚的な「シンボル」で表され、「戦略的」な露出機会を通じて伝わっていきます。この本では、次の3つの中核的なブランドコンポーネントについて学ぶ方法を紹介します。

- ブランドの価値創造ストーリー

- ブランドの視覚的シンボル

- ブランドの成長戦略

2.2.2　ブランドは表面的だ

　「ブランドとはロゴである」という考え方と同じく、根っこから生じるのが「ブランドとは装飾に過ぎない」という考え方です。ブランディングは飾りで、最後にちょ

こちょこっと形をととのえるもの、と考えている人もいます。次のことを考えてみてください。平均的な消費者は、ウェブサイトに来て50ミリ秒以内に、第一印象を決めます[†]。現実の物理的な世界では、もう少し時間がかかります。消費者は製品を見て7秒でどんなものかについての考えを決めます。でもたった6秒で、消費者はどれだけ製品機能を試せるのでしょうか？ 顧客が製品そのもの以外のブランド体験のタッチポイント——ランディングページ、ソーシャルメディア、プレスリリース、名刺、エレベーターピッチ——で最初の印象を決めている、と考えられる理由は枚挙にいとまがありません。ほら、ブランディングが重要なものに思えてきたでしょう？ そうであって欲しいものです。実際、ブランディングは重要なのですから。

2.2.3　ブランドはマーケティング部門が管理するものである

「マーケティング部門に任せておけばいい」という常套句もあります。でも、ブランディングがシンボルを戦略的に伝えることで、自社を競合他社から差別化するストーリーを、顧客自身が構築できるように仕向けることだとしたら、そんなに大事なことをマーケティング部門だけの仕事に限るのは間違いです。製品や会社を印象づけ、目立たせ、望ましい存在にすることは、社員全員のタスクであり、それがブランディングなのです。例えば、トニー・シェイの関与がなかったとしたら、Zappos のブランドについてどう感じることができるのでしょう？ リチャード・ブランソンのパーソナリティが思い浮かばないとしたら、ヴァージン・アメリカのフライトにどんな印象を抱くでしょう？ スティーブ・ジョブズが残した影響力がまったく感じられない Apple を想像できますか？ ブランドとは本来、価値を創造する戦略を包み込み、保護し、伝達してくれるものです。ブランドの声は、カスタマーサービスの担当者が苦情の電話に対処するときでも魔法のおまじないの役割を果たします。財務部門がステークホルダーに業績を報告するとき、ブランドの声で「信じてください。必ず良い結果を出します」と言うのが聞こえるはずです。だからこそ CEO はブランディングを最優先しなければなりません。

2.2.4　私はブランドをコントロールできる

ブランドは独りで開発することはできません。ブランディングのプロセスは、オーケストラのようなものです。現代の消費者は、あなたと一緒に「歌いたがっている」

[†]　Gitte Lindgaard et al., "Attention Web Designers: You have 50 Milliseconds to Make a Good First impression," Behaviour and Information Technology 25, no. 2 (2006): 115-126.

のです。価値を共創できる機会にお金を出すことにこそ、喜びを感じているのです。消費者は、参加することを楽しんでいます。そして、参加を容易にするための優れたツールが日々登場してきているのです。ブランドは、社員全員の取り組みであるものの、一方的なモノローグではなく対話であるべきです。21世紀は、何かをただデザインして、それを顧客に押しつけるような方法のブランディングでは駄目なのです。

2.2.5　良い製品があれば何もしなくても顧客を惹きつけられる

「それをつくれば、彼らがやってくる」という映画、『フィールド・オブ・ドリームス』の有名な台詞は、現在のビジネスでは通用しません。これからは「顧客と一緒にそれをつくれば、彼らはやってくる」と考えるべきです。以前なら、人々は毎日同じテレビのチャンネルを、同じ時間帯に見てさえいれば一通りのブランドを知ることができましたが、現在では、あらゆる言語で提供される無数のチャンネルに、24時間365日アクセスできるようになっているので、みなが同じチャンネルを観ていることはなくなりました。それだけではありません。顧客は話をしたがっているのです。

消費者は、価値を作り出すプロセスに参加したがっているのです。あるいは彼らの方があなたのブランドについて、あなた自身より詳しいことさえあります。ある意味で、それは「彼らの」ブランドでもあるからです（これを聞いて、慣れ親しんだ環境から引き離されるような不安を感じているなら、それは自然なことです）。すべてがリアルタイムで、オプトインで、オンデマンドで、即時的で、オープンソースです。単にブランドを構築しただけでは不十分なのです。

顧客の声に耳を傾け、そのニーズや願望に応える製品体験を構築することが、ブランドを開発することとも言えます。製品設計についてのヒントを得るために、顧客と継続的に対話することは、ブランディングにとって重要な作業です。ブランドストーリーは、強力な製品体験なしには成り立ちません。**3章**では、市場に伝えたいユニークなストーリーと、製品／サービス体験設計の両立に役立つ、「ブランドジャーニーマップ」の構築方法を紹介します。

2.2.6　ランディングは、認知度を高めるためだけのものである

これについて言うべきことは、たくさんあります。私は「ブランドへ投資しても、精々認知度を高める程度の効果しかない」という考えを抱いている人を探しています。その誤解のせいで、その人の会社が損害を被る前に助けなければならない、と感じているからです。強いブランドは企業にとって大きな価値をもたらします。あなたがブ

ランドを構築すべき6つの理由を挙げます。

1. 強力なブランドは、顧客の心と財布を開かせる

「ユーザー」と聞いて、「ID」しか思いつかないようなら、やることがたっぷりとありますね。これはSQLが顧客をどう見ているかと同じ見方ですが、それは違います。消費者は、プログラムの一部ではありません。クエリーを出して、消費者を動かすというわけにはいかないのです。この本を読み終えるころには、「消費者」の側がクエリーを出して「あなた」を動かすのだと考えられるようになりましょう。消費者は躊躇し、不安や願望を抱え、複数で行動し、変わり続ける生身の存在であり、自分自身やその願望を保持しようとすることもあれば、変えようとすることもあれば、伝えようとすることもあります。あなたの製品がこうした行動の役に立つ限り、喜んで財布を開いてくれるのです。

Airbnb（エアビーアンドビー）は、知っていますね？ 世界中の190以上の国で宿泊場所を提供／検索できる、「ホスト」と「ゲスト」によるオンラインコミュニティです。Airbnbは、宿泊施設を探す人たちのソリューションとして、無数のホテル／旅行サイトと競合していますが、Airbnbの創業者は価格ではなく、「ブランド」で競争することを選びました。共同創業者のジョー・ゲビアは2013年、マーケティングマガジン誌に、同社は「宿泊場所を提供できる人と、探している人にとって」の、執事のようなブランドになったと語っています[†]。Airbnbのブランドは、旅行者が重視する「コミュニティ」、「本物感」、「発見」、「共感」といった価値観を表すものになったのです。ゲビアは、同インタビューのなかで、Airbnbは立ち上げ後の2年間は、「散々なトラクション」しか得られなかったが、それでも「ブランドの信頼性を高め、宿泊施設を予約する有効な方法を証明する」という考えが、同サイトを前進させるのに役立ったと述べています。

2. 新しい何かを試そうとしている？ 強いブランドは、信頼感を高める

私は、AppleがiPadを初めてローンチした日のことをよく覚えています。その製品名については、アメリカ中の大学生が、女性の生理用品のようだと冗談のネタにしました。この、iPhoneよりも大きく、MacBookよりも小さなデバイスで何ができるのかを、誰も理解できなかったのです。それでもiPadは、市場で予想外の反響を

[†] Alex Brownsell, "Airbnb Co-Founder Joe Gebbia on How Brands Can Bring People Together," Marketing Magazine, October 6, 2013, http://bit.ly/1kHCHJ7

引き起こしてベストセラーになりました。強力なブランドは、一種の「クリエイティブライセンス」のようなものだと思ったことはありませんか？ 実際にその通りです。いくつかの研究から、強力なブランドは技術の導入を促し[†]、製品の（知覚された）パフォーマンスを向上させることが結論付けられています[‡][§]。

　強力なブランドに付与された「クリエイティブライセンス」の極めつけの例が、Google の「Google Glass エクスプローラプログラム」です。プログラムの「参加枠」は、当初「Google Glass を通じて、つくり、直し、創造し、形成し、共有する」ために、1,500ドルを支払った開発者グループのみに限定されていました。その後 2014 年 4 月 15 日に枠を一般向けに広げました[¶]。Google ブランドの信頼性が極めて高かったために、数千人もの参加者が、未完成の Glass をテストするだけのために 1,500 ドル（＋税）を喜んで支払ったのです。そのため、残りの（参加を望んでいたが、叶わなかった）人々に向けて、こんなメッセージが表示されたほどでした。

> **参加はこれで締め切ります。エクスプローラプログラムの参加枠は上限に達しましたが、今後追加する可能性もあります。最新情報を受けとりたい方は、以下でサインアップをしてください。**

　翌日、AZCentral.com は、気の利いた見出しの記事を掲載しました。「グーグルグラス、1 個 1,500 ドルで飛ぶように売れる[**]」。このように強力なブランドは、顧客が瞬時に受け入れる破壊的な新製品の導入に、必要な信頼をもたらし得るのです。

3. データセンターがクラッシュしたり火災にあったりしてもブランドはなくならない

　伝説的な企業が、幾度となく低迷しながらも、周囲の予想に反してブランド価値を維持している事例を目の当たりにしたことがあるでしょう。スタートアップの資産は

[†]　David Corkindale and Marcus Belder (2009), "Corporate Brand Reputation and the Adoption of Innovations," Journal of Product & Brand Management, 18, 4, 242-250.

[‡]　Niraj Dawar and Philip Parker (1994), "Marketing Universals: Consumers' Use of Brand Name, Price, Physical Appearance, and Retailer Reputation as Signals of Product Quality," Journal of Marketing 58, 2, 81.

[§]　Jacob Jacoby et al. (1971), "Price, Brand Name, and Product Composition Characteristics as Determinants of Perceived Quality," Journal of Applied Psychology, 55, 6, 570-579.

[¶]　Darrell Etherington, "Google Lets Anyone in the U.S. Become a Glass Explorer for $1,500 Starting April 15," TechCrunch, April 15, 2014, http://bit.ly/1kHDauH

[**]　Laurie Merrill, "Google Glass Sold Like Hotcakes for $1,500 a Pair," AZCentral.com, April 16, 2014, http://bit.ly/1kHDo52

何かと尋ねられると、PC、机、デスクライト、サーバー、はては紙飛行機といった、手に取れるものを挙げる人が多いはずです。でも注意していただきたいのは、ブランドも資産として数えることができるということです。他のすべてが無価値になってしまっても、ブランドに価値が残っていることもあります。製品が失敗したときも（いつかは必ずそうなるでしょう）、ブランドが窮地を救ってくれることがあります。アメリカの代表的なお菓子「トゥインキーズ」は、何度か低迷しましたが、消費者と強く結びつく深い意味のあるブランドがあったために、何度も復活しました[†]。企業が破産してすら、ブランドストーリーがあることによって巨額の価値を持つこともあるのです。

　旅行ガイドの「フローマーズ」をご存じでしょうか？ 1957年、アーサー・フローマーという名の青年が、ヨーロッパでの米軍諜報機関職員の仕事の傍ら、「1日5ドルのヨーロッパ」という旅行ガイドを出版しました[‡]。フローマーズは、たちまち300種類以上のガイドブックを誇る一大ブランドに成長しました（現在ではウェブサイトFrommers.comも運営されています）。1977年には、このガイドブックシリーズに興味を持ったサイモン＆シュスター社が版権を買収。版権は、2001年にはジョン・ワイリー＆サンズ社、2012年にはGoogleの手に渡りました。ただし、「Googleは書籍版のガイドを廃刊する」という根強い噂がありました。

　興味深いことに、フローマーは2013年に自らのブランドを買い戻したのです[§]。彼曰く、「史上最高齢の新米出版人」としてガイドブックシリーズを刷新しました[¶]。フローマーズに浮き沈みはありましたが、価値が業界の巨人から繰り返し評価されたこと（そして、金を支払われたこと）という事実は、強力なブランドが、市場の荒波を乗り越えられることを証明しているのです。フローマーズは、評判や信頼、大切に守って何度も命を吹き込むに値するだけの絆を構築していたのです。

4. ブランドは差別化の要因である

　強いブランドは、参入障壁を高めます。確固としたブランドがあれば、市場シェアを狙うライバルに対する競争優位につながります。

[†] 　トゥインキーブランドは、2013年に未公開株式会社のApollo Global Management社とMetropoulos & Co.社のジョイントベンチャーに買収されて破産を免れた。

[‡] 　http://www.frommers.com/about

[§] 　Steven Musil, "Arthur Frommer Reacquires Travel Book Brand from Google," CNET, April 3, 2013, http://cnet.co/1kHDHNt

[¶] 　Christopher Reynolds, "Frommer Guidebooks Come Roaring Back," Seattle Times, November 4, 2013, http://bit.ly/1kHE0Ys

2.2　ブランドについての誤解　|　**19**

　ヴァージン・アメリカを例にとりましょう。従来、航空業界は参入障壁が高く、数社が市場を独占し、ブランド差別化のインセンティブもほとんどありませんでした。しかし、低コストの航空会社の登場と、（以前は小規模だった）国際線市場の増加によって、ブランドを取り巻く環境が面白くなっていました。消費者にとって選択肢が増え、競合企業は料金を下げました。ブランドのゲームが始まったのです。

　このパラダイム変化のなかで比較的新興企業のヴァージン・アメリカは、2013 年、品質面でアメリカ最高の航空会社と評価されました[†]。この結果は、偶然ではありません。創業者リチャード・ブランソン率いる同社は、ヴァージンのブランドを、「低価格とヒップでスタイリッシュな顧客体験」に基づいたものにすることを、明確に打ち出しました[‡]。このスタイリッシュな顧客体験がヴァージンブランドのストーリーに埋め込まれ、「時間通りに運行される」、「荷物の取り間違えやオーバーブッキングによる搭乗拒否が皆無に等しい」といった形で具現化されました。もちろんこれらはすべて、アメリカの航空会社クオリティー調査の評価基準です。

　アメリカ国内の最新の航空会社クオリティー評価ランキングを見れば、ヴァージン・アメリカの強いブランド力が、いまだに他の追随を許さない、強力な競争優位であることがわかります。

5. ブランドは価格プレミアムである

　数字好きの人に良いことを教えましょう。好ポジションのブランドがあれば、製品の価格を上げることができます。利益率が上がれば、会社の財務部門も喜びますよね？試しに次のことをしてみてください。ショッピングモールに行きます。XY ブランドのジーンズを買いたいという突然の衝動を感じます。クレジットカードをスワイプして、商品を購入します。でも、すぐにそのことを後悔します。それなのにまた、良い感情を抱きます。こうした買い物の体験は、正常であるだけでなく、予め予想されていることなのです。顧客はそう行動するように仕向けられているのです。素晴らしいことに、あなたも「他人がそのような行動を取るよう仕向けること」ができるのです。価格プレミアムとは、製品を競合他社よりも、高価に設定できる割合を指します。強力なブランドがあれば、価格を上げても、消費者は製品を買い続けてくれます。この考え（価格上昇への非弾性的な反応）は、優れたブランド開発がもたらす大きな利点

---

†　"Virgin America Rated Best in U.S. Airline Quality: Study," Reuters, April 7, 2014, http://reut.rs/1kHEbCZ

‡　Joan Voight, "Where's the Party? At 30,000 Feet," AdWeek, February 5, 2013, http://bit.ly/1kHEkq0

のひとつです。

スマートフォンやタブレットの市場に、少しでも注目している人なら、Appleの製品が競合製品よりも一貫して高価であることに気づいているはずです。市場動向が全般的に低価格のデバイスに向かっているときに、なぜ、こうした価格プレミアムを実現できるのでしょう? 答えは、そのブランドストーリーにあります。すなわち、Appleの商標を中心として構築される、ポジショニング、製品体験、約束（プロミス）です。

まず、Appleは製品デザインを、競争優位の核として利用してきました。CEOのティム・クックは、ビジネスインサイダー誌に、「常に市場の大半はジャンク」であり[†]、Appleは「ジャンクビジネスには参入しない」と述べています。そして、クックはそれを実践することで、「品質にはそれにふさわしい価格が伴う」という、Appleの長年のメッセージをさらに強固なものにしたのです。市場もこの考えに良い反応を示しました。CNBCが2012年に実施した「All-America Economic Survey」は、「（アメリカでは）1世帯当たり平均1.6台のAppleデバイスを保有し、4分の1以上の世帯が、翌年にさらに1台以上の購入を計画している」と推定しています[‡]。

製品の技術仕様そのものが、競合ブランドに対してどれだけ優れているか劣っているかにかかわらず、Appleは忠実な顧客基盤を築いてきました。これらの顧客は、Appleのブランドに関連づけられた願望や、ライフスタイルのために、喜んで高価な製品に金を支払うのです。

6. ペースの速い世界では、強力なブランドは意志決定のショートカットになる

ブランドが消費者の購入決定プロセスにおける「ショートカット」になる仕組みを理解するため、最近あなたが薬を買ったときのことを思い出してみましょう。あなたは気分が悪くて鎮痛剤を探しています。ドラッグストアの鎮痛剤の棚の前に行くと「副作用が少ない」、「価格が安い」、「すぐに痛みを和らげる」などを売りにした20種類以上の薬が売られています。

素早く考えてください。どの鎮痛剤を選びますか? 最初に頭に浮かんだブランドがあなたの「トップ・オブ・マインド」の認知を獲得したブランドです[§]。あなたが

[†] Jay Yarow, "Tim Cook on Apple vs. Android: 'We're Not in the Junk Business,'" Business Insider, September 19, 2013, http://read.bi/1kHEWw5

[‡] Jodi Gralnick, "Apples Are Growing in American Homes," CNBC, March 28, 2012, http://www.cnbc.com/id/46857053

[§] David Aaker (1991), "Managing Brand Equity," Free Press, New York. http://amzn.to/1lCHtHT

目の前の問題を解決しようとして、検討中のブランドのなかでナンバーワンと見なされたということです。好ポジションのブランドが何を達成できるかは、「顕著性（Salience）」という言葉で説明されます[†]。顕著性とは消費者が問題を解決しようとするとき、あるブランドを、他から差別化させるもののことです。人が購入の意思決定をするとき、そこで認識されないブランド、単に名前だけを知っているブランド（検討の候補には入っている）、いくつかのトップブランドがあります。

先ほど「病気を治す」という例をあげましたが、購買の意思決定ニーズはたくさんあります。あなたのブランドが解決しようとしている課題は何か考えてみましょう。消費者の心に真っ先に浮かぶブランドが、便利で、快適で、（大きな）利益をもたらす「ショートカット」になります。「ブランド」と、「それが提供する価値」を効果的に伝達できれば、消費者のトップ・オブ・マインドの認知を獲得するような強い関連性を構築できるのです。認知はそこに留まらず「意思決定のショートカット」につながるのです。

2.2.7　ブランドではなく、製品の内容のために投資をしたい

あなたがそう言ったなら、すばらしい！あなたは自分の最初のブランド価値を思いついたということです。それは「製品の内容」です。そこでやめないでください。ブランディングと製品は、どちらかがもう一方より重要なのではなく、不可分なのです。エリック・リースもそう述べています[‡]。

顧客が体験するあらゆるものが製品である。メディア企業にせよ、モノづくり系スタートアップにせよ。このことがわかっていない。製品についてのブログの運営や、コンテンツの作成、オーディエンスの認知度向上などは、副次的な取り組みであって、会社にとっては重要度が低いという見方があるが、それは完全に間違っている。顧客はたいてい実物を体験するよりもはるか以前から、メディアを通じて製品を「体験」しているのだ。この2つを結びつけなければ、やっかいな問題を抱えることになる[§]。

[†]　Joseph Alba and Amitava Chattopadhyay (1986), "Salience Effects in Brand Recall," Journal of Marketing Research (JMR), 23, 4, 363-369.

[‡]　リースは『リーン・スタートアップ』の著者。同書は、新製品の開発とローンチの方法に革命をもたらす一大ムーブメントを引き起こした。

[§]　Amanda Lewan, "Eric Ries on Creating Media for Your Startup," Michipreneur, March 28, 2013, http://bit.ly/1kHFpOD

それでも懐疑的な人には、こう言いましょう。「ブランドを持たないことは不可能である」と。とはいえ、ブランドの存在を自覚しないことはあり得ます。私は読者のみなさんが、この本を読み終えることでブランドの重要性を知る人になってくれることを願っています。これまでブランドに（時間と労力を）投資することを考えたことがなくても、関係ありません。実際、あなたはすでにブランドを持っているのです。それが「どこ」にあるかについて知るために耳を澄ませてください。

「あなたの同意なしには、誰もあなたに劣等感を抱かせることはできない」という名言をご存じでしょうか。同じことはブランドにも言えます。そう、「あなたがいなければ、誰でもあなたのブランドをひどいものにできる」のです。ゲームに加わるのが早いほど被害対策も少なくて済むということです。

ブランドに投資する資金がない？でも被害対策の資金はあるのですか？

2.2.8 ブランドは計測できないので、管理もできない

私は、大学で会計学のコースを取っていたことがあるので、会計がブランドをどう扱っているかわかっています。「ブランドなんて薄っぺらいものさ」という人がいるのも無理からぬところはあります。ブランドは、貸借対照表の「無形資産」に分類されます。無形資産とは、「物質的存在のない識別可能な非貨幣性の資産」とされています[†]。

でも、「物質的存在がない」ということは、レストランで冷たいピザを出された場合は、そのブランドが消費者との約束（プロミス）を果たさなかったのだから、そのピザには触れられないということでしょうか？ ウェブサイトが「またまた」ダウンしているのを見つけたとき、がっかりしてキーボードにぶつけた頭の感触を味わえないということなのでしょうか？ そんなことはありませんよね。

私は、ブランドについては誰にも負けない自信があります。これまでありとあらゆる角度から、ブランドを見てきた経験があるからです。私は、ブランドの威力を目の当たりにしてきました。ブランドが機能しているからこそ、商品を買ってきました。ブランドが企業収益に貢献した例も目撃してきました。ブランドは、私が起業したスタートアップや、前述したように私が仕事を通じて関わってきた他のスタートアップを救ってきました——何度も。

[†]　Bruce Mackenzie et al. (2013), Wiley IFRS 2013: Interpretation and Application of International Financial Reporting Standards. 10 edition. Hoboken, N.J.: Wiley.

私がこの本を書いたのは、あなたにとってもブランドが効果的であることをわかっていただくためなのです。

2.3 まとめ

グラフィックスは、顧客があなたとあなたの製品について考えるときに構築する複雑なストーリーの、ごく一部に過ぎません。ブランドは、ロゴ以上のものです。ブランドは消費者が、あなたのことを考えるとき想起する、「ユニークなストーリー」のことです。ブランドは、あなたの製品を、消費者の「個人的な」ストーリーや、特定の「パーソナリティ」、問題の解決を「約束（プロミス）」するもの、競合に対する「ポジショニング」などとひも付けようとします。ブランドは視覚的な「シンボル」で表されますが、あなたが「戦略的に」顧客と行う対話の積み重ねから得るフィードバックの上に築かれるものです。消費者は、逡巡したり、不安や願望を抱えたり、複数で行動したり、変わり続けたりする生身の存在であり「自分とは何者か」、「どのような人間になりたいのか」という考えをかたくなに守ったり、修正したり、伝えようとしたりします。成功するブランドとは、こうした「消費者の声」に耳を傾けた末に生まれるものです。

今すぐブランド構築に着手しましょう。ブランディングの重要性に気づかなければ、大きな痛手を受けることになります。あなたがいない隙に、誰でもあなたのブランドの価値を傷つけることができるからです。強力なブランドを開発することで価格プレミアム、会社の方向性の確立、競争力、新製品のテストのためのクリエイティブライセンスなど、認知度を高めるにとどまらない大きなメリットが得られるのです。

第Ⅱ部 構築

　イテレーションをするためには、まず、どこから取り掛かるかを決めなければなりません。まったくの白紙からでは、そもそも「改善」はできませんよね？　でも第Ⅱ部で必要なのは白紙だけ。リーン・ブランド構築の準備にとりかかりますよ！

　第Ⅱ部では、リーン・ブランドの最初のバージョンを構築します。そうすることで、次の部でブランドを市場に投入し効果を計測したうえで、どう修正すればよいかを学習していくことができます。

　第Ⅱ部の目的は、市場に投入できる最小限のブランドの要素を作ることです。伝統的なブランドを「ハンバーガー」とすれば、リーン・ブランドはさしずめ「ミニバーガー」といえます。消費者が、ケチャップやマスタードを加えてカスタマイズすることのできるミニバーガーです。ミニバーガーは、すっかり完成しているとまではいえないものの、消費者の行動や、財布が反応する程度には、できあがっているものです。まず次に示す材料を見て、このセクションを通じて構築するブランドの材料（レシピ）がどんなものか把握しましょう。

　第Ⅱ部の3〜5章では、次の3つの中核をなすブランドコンポーネントを習得する方法を学びます。

- ・　ブランドの価値創造ストーリー

- ・　ブランドの視覚的シンボル

- ・　ブランドの成長戦略

　第Ⅱ部を読み終えることで、このブランドの「ミニ・バーガー」を調理する自信と

ツールが得られます。ただし、自信を持ちすぎてもいけません——第Ⅲ部では、このレシピの味をテストしますから。

リーン・ブランドの作り方

必要なもの

ストーリー

1. ブランド名
2. ポジショニング・ステートメント
3. ブランド・プロミス
4. ペルソナ
5. 製品体験
6. ブランド・パーソナリティ
7. 価格

シンボル

8. ロゴ
9. カラーパレット
10. タイポグラフィ
11. イメージ
12. ステーショナリー:名刺
13. 販促資料
14. プレゼンテーション・スライド

戦略

15. SNS
16. ランディングページ
17. SEO(サーチエンジン最適化)
18. 有料広告
19. Eメールリスト
20. マーケティング動画
21. メディア対応
22. コンテンツマーケティング:ブログ
23. POP最適化
24. レビューシステム
25. パートナーシップ

Instructions:

構築
- 5章:戦略
- 4章:シンボル
- 3章:ストーリー
- 10章:リポジショニング
- 11章:ブランドの再デザイン
- 9章:ブランドのリチャネル
- 7章:ブランド共鳴
- 8章:アイデンティティ
- 6章:トラクション

学習　計測

リーン・ブランディングとは、消費者のうつろいゆくニーズや欲求に適応できる「カメレオンブランド」を構築するということです。消費者がどんどん考えを変えているにもかかわらず市場で同じポジショニングに留まっているべきではありません。今日のブランドは変化に耳を傾け、そこから学ぶべきなのです。

リーンブランドは、モノローグではなく対話を重視します。そして「消費者がなりたい自分に近づくのを支援する」という使命を帯びています。消費者の「なりたい自分のイメージ」が絶えず進化しているという事実を受け入れているのです。そのためリーンブランド自体も絶えず進化します。構築―計測―学習の終わりなきサイクルを絶えず繰り返すのです。

www.leanbranding.com

これらの材料はブランドを構成する25個の要素を示しています。

3章
ブランドストーリー

　この章では、リーン・ブランドのブランドストーリーの重要な6つの要素である「ポジショニング」、「ブランドプロミス」、「ペルソナ」、「ブランドパーソナリティ」、「製品」、「価格」について見ていきます。

　私はこれまで、向上心がまったくない人に会ったことがありません。TVアニメ『シンプソンズ』に登場する、何事にもやる気がなく、将来の見通しなどまったくなさそうに見える、あのホーマー・シンプソンでさえ、ときには良い夫になろうとするし、カウチポテト族なりに運動をしようとするし、父親に対して、もう少しまともな息子になろうとすることもあるのです。5歳の子供が自信たっぷりに、「いつか社長になるぞ」と話しているのを聞いたこともあります。健康を目指して、高価なスポーツジムで汗を流している人や、卒業生の総代になることを目指して、夜遅くまで分厚い本を読みながら勉強に励んでいる人もいるでしょう。ブランディングに取り組もうとして、この本を読んでいる人もいるかもしれません（もしそうなら、ものすごく嬉しいです！）。ブルーノ・マーズの『億万長者』を口ずさみながら、大きな夢を抱いている人もいるでしょう。顧客の財布と心を開かせる、優れた製品を構築しようと頑張っている人もいるはずです（あなただって！）。ここでは、そのような「願望」について考えていきます。

　すべての優れたブランドの背景には、顧客の願望を満たす「約束（プロミス）」があります。私たちの仕事は「顧客をA地点からB地点に連れて行くこと」です。A地点は、「現在の自分」。B地点は、「明日のなりたい自分」です。好きな製品のことを思い浮かべてみましょう。スポーツ用品、メモ作成アプリ、電子機器、チョコレートアイスクリーム——この本——これらがあなたを、「なりたい自分」にどれだけ近づけているかを考えてみましょう。

願望について考えるとき、人はたいてい長期的な夢や、永続的な目標を想像します。しかし現実には、願望の規模や期間、難易度はさまざまです。結局のところ、願望とは「追求」——日常的な意思決定に影響を及ぼす衝動——に過ぎません。その追求の対象が仕事の効率を上げることであれ、創造的なクリエイターになることであれ、アメリカの大統領になることであれ、大きな違いはありません。

人間が抱くあらゆる願望がブランドにとって関係を構築するチャンスになる。

以下の願望の例について、考えてみましょう。

- 「自立」した人間になりたい。他者からそのように認識されたい。自らの判断で、より多く、より良く行うのに役立つ製品やサービスを購入することで「自立した人間」になりたい。

- 「リラックス」したい。さまざまな緊張から自分を解放してくれる製品やサービスを購入することで、「ストレスの少ない生活」を送りたい。

- 「個性的」でありたい。他者からそのように認識されたい。自分の存在を他者に知らしめ、アイデンティティを外の世界に伝える製品やサービスを購入することで、「自分自身と自分の世界観を表現したい」。

- 「新たな役割」を演じたい。新しい職業上／プライベート上のポジションを獲得できる製品やサービスを購入することで、「新たなペルソナ」を具現化したい。

- より良い「人間関係」を築きたい。人間関係や帰属意識を向上させる製品やサービスを購入することで、「他者とのつながり方を改善したい」。

- 「安心」したい。安全性を高める製品やサービスを購入することで、「危険を避けたい」。

- 「有名」になりたい。認知度や評判を高める製品やサービスを購入することによって、「多くの人に自分の存在を知られたい」。

- 「真に優れた人間」になりたい。プロ意識、精神性、感情を高める製品やサービスを購入することで、「人間として成長したい。」

3.1 これまでブランドストーリーについて 聞いてきたことはすべて忘れよう

　この章では、顧客はどんな人々なのかを理解すること、自分たちが何者であり、何を売ろうとしているのか、他社との違いは何か、顧客に約束するものが何かなどを示すための方法を学びます。でも、そのための大発明は必要ありませんよ。ブランドメッセージを伝えるのに「ストーリー」が最適ですが、人類は太古の時代からずっと「ストーリー」を通じて、物事を学んできたのですから。

　「ブランドストーリー」と聞くと、CEO が見込み客を膝の上であやしながら、思いやりや愛情いっぱいにお話を聞かせている姿を想像する人がいますが、それは違います。ブランドストーリーには、なるほど、読み聞かせのような側面もありますし、CEO も関わる必要があります。感情も大切です。でも、次のことを覚えていてください。

> **ブランドストーリーの結末の、「幸せに暮らしましたとさ」の部分こそが、顧客の財布を開かせる。**

　セス・ゴーディンが面白いことを述べています。

> **顧客の行動を変えるのはストーリーや不合理な衝動なのであって、事実や箇条書きなんかじゃない。**

　「ブランドストーリー」という言葉を聞いて、反射的に「ストーリーテリング」を頭に浮かべる人もいます。でも、私たちが行おうとしているのは「テリング」ではなく、「ストーリーショーイング」です。ストーリーを語るだけでは不十分です。ブランドコミュニケーションは、説明したり説得したり弁護したりするものではなく、「ショータイム」なのです。5 章のテーマが「ストーリーショーイング」であるのはそのためです。興味がある人は、すぐに 5 章にざっと目を通してもいいでしょう。

　ブランドストーリーを見せる前に、まずストーリーをつくらなければなりません。

　今の時代、ソーシャルメディアやデジタルチャネル、動画、Web サイトなどのツールは効果的です。あなたもこれらのツールで瞬時に（奇跡的に）、製品スケールを広げることができると考えているでしょう。デジタルチャネルは私たちにとっても当然の選択ですが、そもそも伝えるべきストーリーがなければ、ツールにも意味はありません。ストーリーがなければ、デジタルチャネルを使うどころか使われてしまいます。

次のことを忘れないようにしてください。

> **デジタルチャネルは、意味のあるブランドストーリー（のあるべき姿）を示すツールである。**

ブランドストーリーを持つのかどうかに、選択の余地はありません。まだ書いていないなら大変です。なぜなら——あなたが書かなければ、「他の誰かがそれを書いてしまう」からです。私の経験では、顧客は製品やサービスに極めて失望するか満足したときだけ、ブランドストーリーにつながる印象をいだくものです。あなたが注意を向けていなければ、それがどんな結果をもたらすのか想像つきますね。ブランドストーリー・テリングは、製品について説得力のある説明をする最大のチャンスなのです。

この機会を活かすため、顧客からのシンプルな 5 つの質問について考えましょう。この 5 つの質問はどれも、根本的なたったひとつの疑問「なぜ、あなたから購入すべきか？」をベースにしています。

ブランドストーリーの要素	顧客の質問	顧客の本心
ポジショニング	これは私にとってどのように役に立つのでしょうか？	**なぜ**私はあなたから購入すべきなのですか？
ブランドプロミス	私のために何を約束してくれるのですか？	なぜ私はあなたから購入す**べき**なのですか？
ペルソナ	私があなたから求めている /必要としているものは何ですか？	なぜ**私**はあなたから購入すべきなのですか？
ブランドパーソナリティ	あなたは誰ですか？	なぜ私は**あなた**から購入すべきなのですか？
製品体験	どんな体験をさせてくれるのですか？	なぜ私はあなたから**購入**すべきなのですか？
価格	これはいくらですか？	なぜ私はあなたから**購入**すべきなのですか？

3.2　まず着手すべきこと：名前は何？

おなじみの「新しい製品に名前をつける恐れ」には、病名をつけるべきですね。これは現実に存在する恐怖症です。この恐怖症を思う人は頭痛、不眠、不安、躁鬱などの副作用を味わうのです。でもまったくの迷信です。

ブランド名など、たいしたものではないとは言いません。もしそう言ってしまったなら、私はひどいマーケッターと言わざるを得ません。もちろんブランドは大事です。私が問題だと思うのは、「まだ何物でもない製品」に名前をつけるのに、必要以上の時間をかける人がいることです。どういうわけか私たちは製品が明確な機能(つまり、付加価値)を持たないうちから、悟りに達して「百万ドルの名前」を思いつくことができると考えてしまうのです。「百万ドルの名前」さえあれば、平凡な製品の売上がたちまち数百万ドルに増加すると考えてしまうのです。

　この際はっきりさせますが「百万ドルの名前」など存在しません。あなたが懸命な努力をしたとき、優れた製品であれば、相応に優れた製品の名前に助けられて、数百万ドル稼げるというだけなのです。

優れた製品なら、相応に優れた製品名を与えられるに相応しい。

とは言え、名前があれば製品を差別化する方法はあります。すでに製品名を決めている場合は、その影響を計測する方法を学ぶため**第Ⅲ部**に進んでもかまいません。これから製品名を考える人は、次の質問に答えることで(ぜひそうしてください)、差別化が簡単になります。

1. 競合他社はその製品のブランディングのためにどんな製品名をつけているか? (20個以上書き出してください)

2. あなたの製品の「もっとも重要な」特徴を表すのはどんな語句か? (これも20個以上)文字通りの言葉を探す。業界で一般的に使われている用語や販売しようとしている製品の種類、それを購入する人々を表す言葉を書き留めます。名詞(モノ)ばかり頭に浮かべてしまいがちですが動詞(行動)や形容詞も製品名の候補です。例を挙げましょう。

    - Dropbox (動詞 + 名詞)
    - Pinkberry (形容詞 + 名詞)
    - Goodreads (形容詞 + 名詞)
    - Instagram (形容詞 + 名詞)
    - MySpace (形容詞 + 名詞)

できるだけ形がわかるように心がけましょう。比喩を使いましょう。提供し

ようとする体験に関連するアイデアを見るもの一案です。

3. これらの語（または語の組み合わせ）のどれが製品の特徴をもっとも的確に伝えていますか？（候補を 10 個に絞り込みます）

4. 候補の中からもっとも独創的で目立ちそうなのはどれですか？

5. 候補の中で他社の権利侵害がなく商標登録可能なものはどれですか？

3.3　ブランドの材料を集める

数ページ前にリーンブランディングの材料を紹介しました。この材料には**第Ⅱ部**で紹介する 25 の要素が含まれています。まず、ブランドストーリーの材料となるポジショニング、ブランドプロミス、ペルソナ、ブランドパーソナリティ、製品、価格を紹介します。

3.3.1　ポジショニング：この製品は私にとってどう役立つのか？

消費者が常に望む、将来の自分の「願望」については説明しました。それと同じくブランドがこの願望を満たす近道を与え、機能提供にとどまらない顧客との関係を構築する手段にもなることを見てきました。ブランドは、顧客がA地点からB地点の「なりたい自分」に変わる助けとして、価値を発揮するのです。しかし、私たちが目指しているものを顧客に理解／記憶してもらうには、どうすればよいのでしょう？

そこで登場するのがポジショニングです。これは難しい用語のようですが、そうではありません。顧客がA地点からB地点に移動するのを助けようとして市場に参入するなら、ブランドを「願望の実現手段」としてポジショニングする必要があります。これは「問題解決策」であり、「推進力」でもあるのです。ポジショニングとは、特定の顧客セグメント向けの「願望の実現手段」としてブランドを位置付けるために市場内でスペースを見つけ、そこを占拠することとも言えます。

ブランディングの裏技

ネーミングのリソース

ネーミングのヒントが得られるサイト：
- http://www.leandomainsearch.com

- http://www.panabee.com
- https://www.namefind.com
- http://www.namestation.com
- http://www.namemesh.com/
- http://www.domai.nr

ブランド名が利用できるかどうかを確認できるサイト：
- アメリカ：http://tmsearch.uspto.gov
- EU：https://oami.europa.eu/eSearch

ドメイン名が利用できるかどうかを確認できるサイト：
- http://www.godaddy.com
- http://www.namechk.com

簡単に言うと、次のようになります。

ポジショニングとは、消費者の心のなかの駐車スペースを見つけ、誰かに先を越される前にそこを占拠することです。

以下の質問は、ブランドの最初のポジショニングを構築するカギです：[†]

1. ターゲット顧客は誰か？

2. ブランドは顧客の願望のうちのどれをかなえるのか？

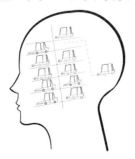

[†] この区別は重要です。前述の通りブランドが市場に出た後は、顧客と共同でこのポジショニングを行うことになるからです。

3. 顧客にとって製品購入の決め手は何か？

4. 主な競合他社は誰か？

5. 競合他社に対して差別化できるものは何か？

最初のステップとして、誰が競合で、その競合と自分のブランドがどう比較されるのかマッピングをしましょう。この比較のための便利で視覚的なツールがあります。「ポジショニングマップ」といい、あなたがどのブランドと競合しているか、何があなたのブランドを際立たせているのかを理解するのに役立ちます。

このマップを作成するには、競合ブランドとあなたのブランドが当てはまる2つの基準を選びます。例えばファッションブランドなら、「価格」と「フォーマル度」を、横軸と縦軸に割り当てます。最後に両方の軸に沿って、競合とあなたのブランドをマトリックスの中にランク付けします。

ただし、この最初のポジショニングはあなたが考える理想形であって、消費者の認識と完全には一致しないことを忘れないように。このポジショニングマップは、時間の経過とともに変化します。変化の方向を知るために継続的に計測することが大事です。**7章**ではポジショニングが市場と十分に一致しているかを計測する方法を示します。

ポジショニングステートメント

ポジショニングステートメントは次の3つの質問に答えるものです。

- 占有しようとしているスペースはどれか？

- 満足させようとしている顧客の主な願望は何か？

- 他には誰がいるか（競合するのは誰か）？

とはいえ、仕事を不必要に複雑にする必要はありません（これはリーンブランディングの本ですよね？）。以下のポジショニングステートメントのテンプレートは、とても効果的です。これはジェフリー・ムーア・コンサルティングが開発したもので、多くの企業で使われてきました。

> [製品名]は、[ニーズや機会]を持つ[ターゲット顧客]向けの[製品カテゴリ]製品であり、[主な特徴、この製品を買うべき理由]が特徴である。[主な競合]とは違って、[差別化となる特徴]が備わっている。

[ ]内を埋めれば完成です。このステートメントは繰り返し使い倒しましょう。これを使えば、間違った方向にいくことはありません。

3.3.2 ブランドプロミス：私のために何を約束してくれるのですか？

ブランドプロミスは、簡潔で快くなければなりません。コアバリューを強調したポジショニングステートメントの短縮版ともいえます。顧客を忠実にせしめるための約束を、短くて覚えやすいフレーズとして結晶化させたものです。例えば "Save money, live better"（節約して良い暮らしを：ウォルマート）、"Remember everything"（すべてを記憶する：Evernote）、"Eat fresh"（新鮮を食べよう）といった具合です。わかりますよね。

ボブ・ドーフ《Bob Dorf》[†]は、ブランドプロミスを「バンパーステッカー」になぞらえ、それを輝かせる方法について素晴らしいアドバイスをしています。次の「お

[†] ドーフには、スティーブン・ブランクとの共著『スタートアップ・マニュアル ベンチャー創業から大企業の新事業立ち上げまで』（堤孝志、飯野将人訳、翔泳社）があります。ドーフ自身、連続起業家として7社のスタートアップを創業し、うち2社はホームラン級の成功を収め、2社はヒット、3社は失敗に終わりました。20社以上のスタートアップに投資やアドバイスを行い、コロンビア大学ビジネススクールで顧客開発を教えています。

役立ち情報」コラムを見てみましょう。また「アイデアのヒント」コラムに、ブランドプロミスの例をあげておきましたので、ぜひチェックしてください。

お役立ち情報

バンパーステッカー・ブランドプロミス

バンパーステッカーにはわずかな文字数しか使えない。12ポイントの小さな文字がぎっしり書きこまれたバンパーステッカーを想像してみてほしい。後ろの車は追突でもしない限り、そのバンパーステッカーの文字を読むことはできない。バンパーステッカーは、キャッチーで覚えやすく魅力的な方法で、会社の特徴を数語で要約するものでなければならない。ブランドプロミスのすべてを一言で表現するのだ。

——ボブ・ドーフ

3.3.3 ペルソナ：私はあなたから何を必要とし求めているのか？

ブランドストーリーには、キャラクターが不可欠です。これはユーザーのペルソナに他なりません。「真の」ニーズや願望を持つ人を、ペルソナとして設定して念頭に置くことで、ブランドの内容や機能、メッセージを発想しやすくなります。この本では読者がペルソナが誰かを意識し、常にその行動を観察していることを前提にしています。「ユーザーが誰であり、何を望んでいるか」を明らかにする簡単な方法をこれから紹介します。ペルソナが「あなたの」製品やサービスを望んでいることを確認していきましょう。

起業家の多くは「自分はユーザーを熟知している」と言います。でも厳しい真実に目を向けなければなりません。

- ユーザーの望みやニーズを理解していると思っていても、それは絶えず変化している。

- ユーザーは、自らの望みやニーズを理解していると思っていても、それを言わないことがある。

- ユーザーが、自らの望みやニーズをまったく理解していない場合があるが、観察することで見つけられる。

アイデアのヒント

ブランドプロミス

　時の洗礼と、短時間しか持続しない（そしてますます短くなる）注意力という試練を生き延びた10個の選りすぐりのブランドプロミスを紹介します（原文および対訳）。

- Office Depot: Taking Care of Business（ビジネスをサポート）
- MGM: Means Great Movies（MGM はスゴい映画）
- MasterCard: There are some things that money can't buy. For everything else there's MasterCard.（お金で買えない価値がある。買えるものはマスターカードで）
- Airbnb: Find a Place to Stay（泊まる場所を探そう）
- Foursquare: Find Great Places Near You（となりの素晴らしい場所を探そう）
- ラスベガス: What happens here, stays here.（旅の恥はかき捨て）
- ディズニーランド: The Happiest Place on Earth（地上で一番ハッピーな場所）
- Crest: Healthy, Beautiful Smiles for Life（暮らしに健康的で美しい笑顔を）
- CrazyEgg: Visualize Your Visitors（訪問者を見える化する）
- Zoho: Work. Online.（オンラインで働く）

　現場に出て、ユーザーから慎重に学び、その行動に厳密に従います。「現場に出向く」ことは、人類学者やデザイナーなどの専門家の間で「エスノグラフィー」として知られている手法です。

38 | 3章　ブランドストーリー

> **NOTE**　マーケッターは長年、フォーカスグループやマーケット調査を行ってきました。しかし、これらの手法は時間やコストの効率が悪く、現場ではない場所で実行されるという問題があります。調査対象者を日常的な思考の場から引き離しておいて、その回答通りに対象者が振る舞うはずと考えるのは、おかしなことです。調査手法についてここで議論するつもりはありませんが、ここで必要なのは、十分な情報に基づき、迅速に判断するためにユーザーについて効率的に学ぶ方法であることを忘れないことです。

　エスノグラフィックな調査手法（現場で対象者を観察する）には、膨大な種類があります。ここでは「リーンであること」という目的のために、時間／コスト効率の高い4つに絞って紹介します。

二次調査

　雑誌、データベース（アクセスできる場合）、新聞、業界白書からユーザーに関するデータを探しましょう。ユーザーを観察する際に留意すべき、市場の動向や一般的な傾向についての背景的知識が得られます。

デプス（深掘り）インタビュー

　できる限り多くの潜在ユーザーに対面でインタビューをし、回答からパターンが見つかるまで、できる限り多くの質問をします。質問項目には非常に具体的なものも含まれます（以降の章でサンプルの質問リストを紹介します）。製品を好む／嫌いな既存顧客にもインタビューすべきだという意見もありますが、製品の開発を始めたばかりで既存顧客がいないときには、潜在顧客とのインタビューを手配します。既存顧客に対するデプスインタビューについては**6章**で取り挙げます。

　インタビューは、コロンビアのApps.co起業プログラムの重要な要素でした。チームは8週間でアイデアからMVP（実用最小限の製品）までを実現しなければならなかったため、最初の数週間に多数のインタビューを実施することが求められました。これらのインタビューは顧客を想定しながら製品を開発し、ブランドを構築するガイドの役割を果たしました。

　顧客発見の好例として、モバイルアプリの「Bites」を紹介します。Bitesはもともと、フードデリバリー業者向けの業務アプリでしたが、ピボットしてレストランでの体験を向上させるためのツールに変わりました。開発チームは数十人の潜在顧客インタビューを踏まえて、人々は「本物の料理の写真」に魅了され、心を動かされたこと

で店を選んでいることに気づいたからです。そのような人々は、美食家が撮った写真を見たがったり、その人がおすすめするレストランを信頼したりしていたのです。どこか別の場所でインタビューしていたとしたら、それとは別のインサイトが得られていたことでしょう。これこそブランド構築のインタビューの重要なポイントです。想定外の発見が大事なのです。

フライ・オンザ・ウォール（壁にとまったハエ）

　この方法が私のイチオシです。壁に止まったハエを想像してください。そのハエになりきるのです。このタイプの観察では、観察者は数時間、環境の一部に溶け込んでユーザーの普段の状況を理解するのです。ユーザーの生活からどんな機会や脅威が見つかるでしょう？　教師を対象にするなら、その生活の場である学校に数時間滞在して、できる限り細かく記録を取るのです。

　2012年に私の代理店は、地元の女性政治家から「オンラインにおけるブランドプレゼンスの構築」を依頼されました。彼女は選挙で当選していましたが、彼女に投票しなかった市民の共感を得ることができずに困っていました。ブレインストーミングのセッション中、私たちは彼女のブランドメッセージを伝えるために、市民自身の表現を使うことにしました。市民自身の言葉で、彼女に批判的な人にメッセージを届けると同時に、支持者にも継続的にアピールをしていくのです。

　このため、私たちは4ヵ月のあいだ、彼女が参加したすべてのイベントに足を運びました。この間、介入や質問は一切せず、観察に徹したのです。私たちのメンバーはただそこでメモを取り、彼女が口にしたことを分析し続けたのです。その後で、私たちは観察結果を整理し、市民の懸念や満足を反映するメッセージを考案しました。その結果、ソーシャルメディアのエンゲージメントが急増し、市民の関心が高かったテーマで市民と対話（それまでは数ヵ月間も停滞していた）することができるようになったのです。

シャドウイング

　シャドウイングとは、2時間ほどあとをつけることについて、事前に許可を得はするものの、れっきとしたストーカー行為であり、上品に言い換えただけです。シャドウイングの目的は、相手の特定のルーチンや相手が言葉にしたくない／できないながらも観察できるニーズや欲求、相手にリーチする最善のチャネルを把握することです。あなたは相手の意識の外にいて、その生活を乱さないようしなければなりません。こ

れは学術的なストーカー行為なのです。

　ここで少し、あなたのブランドが実現させようとする願望は何かを考えてみましょう。ファイル共有サービスによって、顧客のテンポの速いライフスタイルをサポートする。何かと有害なものが多い市場に、健康的で環境に優しいオプションを提供する。アプリで時間の過ごし方を最適化する。政治的ブランドとして経済的繁栄と教育をもたらす。あなたが実現させてあげようとする願望が、シャドウイングでメモをとりながら相手を観察する出発点になります。

　プロクター・アンド・ギャンブル社の場合、実現を目指す願望は「より良い方法で床をきれいにする」だったことがありました[†]。1994 年、革新的な床掃除の方法を考案するために、イノベーションとデザインのコンサルティング企業 Continuum 社に仕事を依頼しました。その調査チームは、自宅の台所の床を掃除する人たちを観察しました。そして「モップは汚れを付着させることによって機能するが、床掃除と同じくらいそのモップをすすぐことに時間がかかっている」と気づきました。この問題を解決するため、同社は生活に「ファーストクリーン」をもたらす新たなアイデアを実現する新製品をデザインしました。モップ部分が取り替え式になった、革新的な「Swiffer」はこうして誕生したのです。

　潜在／既存顧客を追跡する際は行動（Action）、環境（Environment）、相互作用（Interaction）、物（Object）、人（User）についてメモを取ります。これらの観察対象はエスノグラフィーの記録を容易にするために、1991 年にドブリン・グループ社の研究者によって開発された「AEIOU」（5 つの観察対象の頭文字から成る）と呼ばれるフレームワークです[‡]。

　次に、AEIOU のフレームワークに従って記録されたシャドーイングによる観察記録のサンプルを示します。このフレームワークは、フライ・オンザ・ウォールでも使用できます。

[†]　http://continuuminnovation.com/work/swiffer/

[‡]　Bruce Hanington and Bella Martin, Universal Methods of Design: 100 Ways to Research Complex Problems, Develop Innovative Ideas, and Design Effective Solutions (Beverly, MA: Rockport Publishers, 2012).

3.3 ブランドの材料を集める | 41

件名：ジョン、To-do リスト・アプリのため潜在 ユーザー開始：2013 年 3 月 5 日午前 8 時　終了：2013 年 3 月 5 日午前 11 時	
観測対象	観察結果
Action（行動）	仕事の準備 / 車での通勤 / 仕事前にコーヒーショップに寄る / 毎日のタスクを行う
Environment （環境）	自宅：2 ベッドルームのアパート、町の北西。リビングルームに仕事スペースあり。机の横にピンボードを設置。デスクに月間カレンダー。 コーヒーショップ：薄暗い照明、スロージャズの BGM。 オフィス：個人用キュービクル、白色光、デスクにノートが散在。キュービクルの壁に月間カレンダー。
Interactions （相互作用）	コーヒーを飲む、バリスタと話をする、急ぎの文書を印刷する、スマートフォンで E メールをチェックする、コンパクトカーを運転して地下鉄の駅に行く、地下鉄に乗って職場に行く。デスクトップコンピュータ上で再び E メールをチェックする。壁のカレンダーに予定を追加する。コンピュータ画面に付箋を追加する。昨日から保留にしていたタスクを最初に終わらせる。タスクが完了したら付箋を捨てる。
Objects（物）	自宅のデスクに月間のカレンダー、低脂肪乳入りのカプチーノ、メトロカード、プリンター、21.5 サイズの iMac、カラフルな付箋、iOS スマートフォン、キュービクルの壁に月間カレンダー。
Users（人）	妻、上司、バリスタ

　ジョンへの数時間の追跡を終える頃には、ブランドについておもしろい疑問が浮かんできます。この疑問に対して、検証を継続するのです。

- ブランドメッセージには、「To-Do リストを 1 箇所に集約」、「To-Do リストをアクセスしやすく」などの言葉を含めるべきか？

- ジョンの E メールへの依存度を考慮すると、E メールに広告を掲載するのは私たちのブランドにとって効果的なコミュニケーション戦略になるのでは？

- コーヒーとデスクは、計画と To-Do リストの作成を連想させるか？ もしそうなら、これはブランドのビジュアルアイデンティティーを構築するための効果的なイメージになるのでは？

- ジョンが重要な予定を壁のカレンダーで視覚的に確認することを好んでいることから、ブランドメッセージもスクリーンと紙（オンライン／オフライン）の統合にフォーカスしたものにすべきでは？

フィールドガイドを携帯する重要性

こうした調査では、以下の点に注意しましょう。

- 適切な相手を選択する

- インタビューの質問内容は予め準備しておく（ただし、相手と打ち解けることに気を配る）

- 適切に項目がまとめられているフィールドガイドに必要事項を記入する

- 通常から逸脱した行動に注意する

　また、具体的な製品のユーザーペルソナを調査している場合も、全方位的に観察しましょう。新しいアイデアがどこから生まれてくるかは、わからないからです。

　次に、サンプルのフィールドガイドを記載します。ケースに応じた追加的な質問項目も役立ちます（例：車やシャンプーのブランドの場合なら、「好きな SNS」、「車種」、「髪の色」など）。このガイドをフィールドに持って行くことで、「効率よく」創造的になりましょう。必要に応じて、自由に質問を編集／追加しても構いません。

フィールドガイドのサンプル

氏名	
年齢	
配偶者の有無	
収入レベル	
住所	
子供の数	
To-Doリスト	毎日しなければならないこと （あなたのブランドが約束する解決策に関するもの）
不満点	目標（あなたのブランドが約束する解決策に関するもの）
痛み	実行が難しいと感じていること （あなたのブランドが約束する解決策に関するもの）
基準	あなたのブランドの約束（プロミス）と似た既存の解決策を購入する 決め手になっているもの。その解決策にいくら払うか
チャネル	もっとも読みそうな広告媒体 ブランドメッセージはどこに向けて発信するのが賢明か

www.leanbranding.com

潜在ユーザーへのインタビューと観察をたくさんやり遂げたらそこから見つけたパターンを要約して、最初のユーザーのペルソナを作ります。これらのペルソナが、あなたのストーリーの主人公になります。これが「私たちがその後を追いかける人」になるのです。

以下のテンプレートを使って情報を要約しましょう。

カスタマーペルソナ

	プロフィール	不満	願望	To-Do	購入理由	リーチ方法
写真 氏名(仮名) 職業 住所	性別: 収入レベル: 年齢: 配偶者の有無: 子供の数: 教育レベル:	— — — — — —	— — — — — —	— — — — — —	— — — — — —	— — — — — —
写真 氏名(仮名) 職業 住所	性別: 収入レベル: 年齢: 配偶者の有無: 子供の数: 教育レベル:	— — — — — —	— — — — — —	— — — — — —	— — — — — —	— — — — — —
写真 氏名(仮名) 職業 住所	性別: 収入レベル: 年齢: 配偶者の有無: 子供の数: 教育レベル:	— — — — — —	— — — — — —	— — — — — —	— — — — — —	— — — — — —

www.leanbranding.com

3.3.4　ブランドパーソナリティ：あなたは誰？

人間のサポートが必要なのに機械に向かって語り（叫び）かけながら、立ち往生してしまったことはありませんか？ これはブランドパーソナリティがないときや、うまく伝わっていないときに、顧客が感じることです。Apple や Microsoft が人間だと想像してください。この2人がデートしているところを思い浮かべてみましょう。もしあなたがデートをしているアップルとマイクロソフトの会話や姿を1分間以上想像できるなら、この2つのブランドは、ブランドパーソナリティの面で合格と言えます。

彼らがあなたにストーリーを語るとき、あなたにはそれが「機械」よりも「ヒト」に近いと感じるのです——実際には、これらは機械であるにもかかわらずです（夢を壊してすみません）。

人は人に親しみを覚える。あなたのブランドが「人間」のように感じられれば、人はそのブランドに親しみを覚える。

ブランディングの裏技

ソーシャルメディアでの調査

　次のことを試してみましょう。SNS で対象となる見込み客の問題を検索するのです。その際、「#teacherproblems」、「#ceoproblems」、「#momproblems」、「#teenageproblems」、「#athleteproblems」などのハッシュタグを使用します。そこで見つかるものは、値千金です。これまで、私たちはおカネを払ってこのようなインサイトを入手していました。マーケッターは以前はよく人々に日誌を渡し、日常生活の体験を記録するよう依頼していました（この手法は現在も行われています）。日誌のことは忘れましょう。SNS を使えば、リアルタイムで本物の市場調査ができるのです。
　私が頻繁に使用するツールを次に列挙します。

- Topsy
- Twitter（［高度な検索］機能）
- Quora
- Google Plus
- Instagram
- Flickr

アメリカ心理学会は、パーソナリティをこう定義します。「異なる状況下において長期的に、さまざまな（顕在的／潜在的）特徴的行動パターンに影響を与える、個人のユニークな心理的な特性」[†]。パーソナリティは私たちが外界に対して何を考え、どう振る舞い、何を感じるかに影響を与えています。同様にブランドも、条件が不確実で刻々と変化する市場に反応しなければなりません。そのためには、柔軟で強力なブランドパーソナリティを構築することで、環境に迅速に適応しやすくするのです。リーンブランドは顧客を発見するために世界に向けて船出をするものであり結果は予測できません。しかし、見つけたものにどのように反応するかはいつでも決定できます。ブランドパーソナリティがこのような迅速な意思決定プロセスを導いてくれるからです。

本書では「ブランドパーソナリティ」を、ブランドから連想される人間の心理的特性と見なします。ブランドパーソナリティは、市場におけるさまざまな状況下の相互作用に長期的な影響をもたらします。人間のパーソナリティを記述するために用いられてきた特性をブランドと結びつけることで、消費者がより関与しやすいストーリーを構築できるようになります。

私は数十社のスタートアップが、優れたブランドパーソナリティを構築するのを間近で観察してきた経験をもとに、ブランドパーソナリティの構築を支える形容詞のリストを作りました。**7章**では、このパーソナリティが顧客の心に響いているかを計測し、結果に応じて適合させる方法を説明します。他の言葉を追加してもかまいません。これまでに記述してきたポジショニング、ブランドプロミス、ペルソナ、製品体験に基づき、46ページのブランドパーソナリテイ・プロフィールの中から、どの形容詞が自分のブランドにとって最適なのかを考えましょう。

ではブランドパーソナリティを使って何をすればよいのでしょうか？ 伝達方法は？ 収益をあげる方法は？ ブランドパーソナリティを作る理由は？ これらは、みな大事な質問です。明確なブランドパーソナリティがあれば、多くの決断が簡単にできるようになります。なぜもっと早くブランドパーソナリティをつくらなかったのかと後悔するでしょう。次に例を挙げます。

[†]　Richard J. Gerrig and Philip G. Zimbardo, Psychology and Life, 16th edition (Boston: Allyn and Bacon, 2002).

ブランドパーソナリティ・プロフィール

愛嬌のある	カリスマ的	自尊心がある	楽しい	敏感
愛国的	頑固	シック	頼もしい	敏捷
哀愁を秘めた	患者	実用的	断固とした	ファッショナブル
愛想の良い	感情的	支配的	断定的	無遠慮
あか抜けた	寛大	社交的	単刀直入な	深い
遊び心のある	規律がある	宗教的	知識豊富	不注意
温かい	機知に富んだ	周到	父親らしい	古めかしい
頭の良い	きちんとした	純真	秩序だった	フレンドリー
安全	気難しい	衝動的	知的	分析的
安定した	器用	情熱的	忠実な	分別のある
育成的	共感的	上品	慎み深い	勉強家
勇ましい	郷愁に満ちた	触発的	強い	便利
いたずら好き	競争力がある	女性らしい	丁寧	冒険好き
一貫性がある	協力的	思慮深い	伝統的	保守的
田舎くさい	勤勉	深遠	洞察力がある	炎のような
意欲的	クレイジー	深刻	都会的	未来的
うらうら	警戒した	進取的	独創的	魅力的
うるさい	芸術的	親切	独立した	無口
鋭敏	軽薄	慎重	情け深い	夢中
エキセントリック	劇的	神秘的	ナチュラル	無分別
おしゃべり	決然とした	進歩的	鼻持ちならない	優しい
おせっかい	潔癖	頼りがいがある	生意気	野心的
穏やか	謙遜	信頼できる	にぎやか	勇敢
落ち着いた	厳粛	ずさん	如才ない	有能
落ち着きがない	献身的	鋭い	人気がある	裕福
男らしい	現代的	正確	抜け目のない	ユーモアがある
思いやりのある	好奇心が強い	性急な	熱狂的	用心深い
面白い	幸福	誠実	熱心	楽観的
愚か	公平	成熟した	熱烈	乱暴
温和	傲慢	熟練した	能力が高い	理屈っぽい
外交的	効率的	整然とした	のんき	利口
顔立ちが良い	こぎれい	精力的	のんびりした	理想的
科学的	子どもっぽい	責任感がある	派手	利他的
革新的	怖い物知らず	セクシー	母親らしい	理路整然としている
学問的	繊細	センスがいい	破壊的	礼儀正しい
賢い	才能がある	洗練された	バランスのとれた	ローカル
堅苦しい	細部まで行き届いた	騒々しい	反抗的	狡猾
型破り	先を見越した	創造的	控えめ	論理的
格好いい	時間に正確	率直な	皮肉的	若い
悲しげ	自信がある	多才	批判的	わんぱく

www.leanbranding.com

- あなたのブランドが日常生活でどう感じられるかがわかれば、どのパートナーと組めばよいかがわかりやすくなります。

- ブランドをどのように伝えればよいかわかっていれば、ソーシャルメディアのメッセージの選択がはるかに簡単になります。

　ブランドパーソナリティを定義すれば、顧客とどう向き合えばよいかがわかるようになります。ストーリーを伝えるべき「声」がはっきりわかるのです。この、ブランドの声という考えを忘れないようにしてください。そのうえで、先ほど作成したブランドパーソナリティに基づいて、次のことを検討してみましょう。

- ブランドによって、何を、どのように伝えるのか？ 同じく、ブランドはさまざまな段階を体験する顧客に何を伝えるのか？ この点については、後述する「製品」のセクションで詳しく説明します。

- ブランドが嫌うものは何か？

- ブランドが大好きなものは何か？

- ブランドの好みの飲み物や食べ物は何か？ その理由は？

- （ブランドパーソナリティを作成しているので、このような質問を延々と続けることができます）

　次のブランドパーソナリティの例が、どのようにブランドの声に翻訳できるかを考えてみましょう。

ブランドパーソナリティ	ブランドの声	
若い、クール、ユニーク、知的、自信がある、魅力的、面白い、現実的 **嫌いなもの**：傲慢、独創性の欠如、ひどい音楽 **好きなもの**：芸術家、デザイナー、物をつくっている人、優れた音楽 **好きな食事**：チョコレート **好きな飲み物**：ハッピーアワーに飲むモヒート	励ますとき	「みんなが素晴らしい月曜日を過ごせるように！ 人生を表す3つの単語で表してみるよ。それは It goes on さ（Friday will come でもいいね）。今朝の XYZ HQ はまさにそんな感じだよ」
	興奮したとき	「最新機能の発表にわくわくしているよ！ XYZ！ すぐにチェックして、どんなふうに思ったかを知らせてね」
	謝罪するとき	「ごめん、みんな。すぐに戻るからね。良いものには時間がかかるのさ！ その間、この曲を聴いておいてね。曲名は XYZ だよ」
	感謝するとき	「昨日のローンチパーティーに参加してくれたすべての人に大きな感謝を！ 今日も全員が元気そうにしているみたいでよかったよ。ええと、ほぼ全員かな──」

次は、ブランドパーソナリティがさまざまな段階の顧客との相互作用で、どのように作用するかについて見ていきます。さあ、声をあげましょう！

リーンブランディング事例

MailChimp の Freddie von Chimpenheimer IV

　Freddie von Chimpenheimer IV（フレディ）を紹介しましょう。Eメールマーケティングサービスを提供する MailChimp の、軽妙で小さなキャラクターとしておなじみです。フレディは MailChimp を利用中のユーザーを、コンシェルジュ、コーチ、友人としてサポートしてくれる賢いチンパンジーです。さらに、突発的なジョークや短い励ましの言葉を言って楽しませてくれることもあります。

　こう紹介すると、フレディが単なる漫画のキャラクターではないような気がしてきませんか？　それは、フレディが MailChimp のブランドストーリーを体現する、パーソナリティと声を持っているからです。www.voiceandtone.com で、このストーリーがどのようなものかがわかるインタラクティブなガイドを見ることができます。

　このサイトでは、次のような価値あるヒントを学べます。

- 「フレディのジョークは、役に立つようものではなく純粋にユーモアをサイトに加えるだけでよい。面白くあること！」
- 「ユーザーを驚かせ、喜ばせろ！　考えられる限り最善の方法で意表を突くこと」
- 「キャンペーン（MailChimp のサービスを使って送信する購読者向けEメール）を作成するユーザーを励まして、作業を完了に導こうとしている。ユーザーは嬉しさや安心感を味わっているはずだ。カジュアルな言葉でこうした感情を刺激しよう！」

- 「このアプリは MailChimp の核心であり、ユーザーにとってトラッキングはもっともエキサイティングな部分だ。私たちのパーソナリティにとっても、このステップは重要だ」

3.3.5　製品体験：顧客にどんな体験を提供するのか？

　強力なブランドは、単に製品を「売る」ことが出来ればよいとは考えていません。「製品体験」という言葉は、ブランドが意味するものの本質を突いています。私たちは「製品（とサービス）とは、機能の集合体」と考えてしまいがちですが、顧客が体験するものをよく見てみれば、そうではないことがわかります。製品とは、価値を提供するためのさまざまな機会の集合体なのです。そこには当然、具体的な機能も含まれますが、他にも外観、サービス、サポート、保証、流通、設置など、人々が余計におカネを払う要素が含まれているのです。強いブランドは、このような要素で成り立っています。

　　　製品は単に機能するだけではなく、その体験も良くなければならない

ジャーニーマップで製品体験を設計する

　製品体験を視覚化するために有用なのは、「カスタマージャーニーマップ」です。このマップは、顧客が製品を消費する体験の全体図を示します。消費には「購入前」、「購入」、「購入後」の段階があり、消費者はすべての段階でブランドを見極めていることを忘れないようにしましょう。カスタマージャーニーマップは、この3つの段階がすべて含まれて、初めて完成します。ポイントは顧客が価値を探しているのは購入時点

だけではないということです。3つの段階はすべて、価値を付加することのできる「ブランド接点」であり、消費者がどの段階にいて何を求めているのか、それぞれにどう反応すればよいのかを認識することが、極めて重要です。あなたの顧客が製品を消費する際に通過するこれらの段階について考えてみましょう。

購入前

顧客は、あなたのブランドを購入するか決める前に、他の選択肢を検討するはずです。顧客にあなたのブランドを知ってもらうため、この段階では何をすべきでしょうか？ 法人客の場合、ユーザーは誰かの承認を必要とするでしょうか？ 個人客では妻の許可がいるでしょうか？[†] 顧客に認知された後、あなたのブランドの特徴と、購入を決定すべき価値を、どのように伝えればよいでしょうか？（コミュニケーション戦略については5章で詳述します）。

購入時

顧客が、製品代金を実際に支払う瞬間です。このプロセスを、顧客にとって抵抗感なく有益なものにするため、あなたが伝えられることや、行動できることはありますか？ 意思決定プロセスを単純化できるような工夫をこらせないでしょうか？

購入後

購入された製品は、その後顧客にどのように使われるのでしょうか？ 顧客のもともとの願望をどう満たすのでしょうか？ 導入に手続きが必要な製品もあります。そうでなくても、消費者は購入後にあなたとコミュニケーションをとり、自らの選択が正しかったと再確認したいと考えるものです（「掘り下げよう」コラムを参照）。顧客にその購入判断が正しかったと感じてもらうため、何をすればよいのでしょうか？ 法人客の場合、製品の購入判断に関して、他の部門が反感をもっていないでしょうか？ 顧客の同僚が、購入によって業務フローを変更させられたことに不満を抱いていないでしょうか？ 製品が、顧客の日常業務へ円滑に組み入れられることを担保するため、何を伝え、何を行うことができますか？

[†] あなたとユーザーの間について、ユーザーの意思決定に影響を与える人のことを「ゲートキーパー」と呼びます。

3.3　ブランドの材料を集める　| 51

掘り下げよう

認知的不協和とそれが重要な理由

　「認知的不協和」とは、何かについて「複雑な心境である」ことを指す、消費者心理学で用いられる用語です。1950年代この用語をつくった心理学者のレオン・フェスティンガーによると、人間は誰でも「内的整合性（internal consistency）」を求めています。内的整合性とは、私たちが自らの内側で矛盾を生じさせるような態度や意見を示すのを避けようとすることを意味します。自分の内部で態度や意見が矛盾するとき、私たちはこの認知的不協和を体験するのです。

　この概念は、購入前後のブランド体験を設計する上で不可欠です。なぜなら、消費者は製品／サービスを購入した後、頻繁に疑念や後悔、不安を体験するからです。私たちは、顧客として、価格が本当に製品の質に見合っているのか、宣伝されていた機能が製品の実際の機能と一致しているかを疑ってしまうのです。

　認知的不協和は、リスクをはらんでいます。それは、顧客との長期的関係だけでなく、不満が広がった場合の波及効果もありえるからです。インターネットのレビュー欄に批判的な書き込みをされ、将来の顧客を逃してしまうことを想像してください。言うまでもなく、ブランドは認知的不協和を防止し、修復する役割を担わなくてはならないのです。

　認知的不協和を防ぐため、以下の質問に答えてください。

- ブランドメッセージは購入前から、正直で正確になっているか？
- 販売前に、製品の性能について十分客観的な情報を提供しているか？
- 販売の後で、顧客を安心させるために何かしているか？

　「購入」が、いつも最重要なコンバージョン[†]、すなわち、あなたが顧客に期待する行動とは限りません。その場合は、「申し込み」、「登録」、「投票」など、あなたのビジネスモデルにおいて顧客に期待する行動に置き換えて考えてください。

[†]　訳注：ここでのコンバージョンは、「決定的な転換点」のような意。

1章で、「ブランドと製品は競合しない」という理解が重要と説明しました。ブランドには、製品はもとより、消費者があなたについていだくユニークなストーリーのあらゆる構成要素も含まれます。顧客があなたの製品を消費する際の全てのブランド要素の観点から製品体験を考えてみましょう。このためのツールが「ブランドジャーニーマップ・テンプレート」です。各段階のマス目を埋めながら、提供すべき製品体験を設計しましょう。

ブランドジャーニーマップ

	コンバージョン前 顧客の獲得を試みる	**コンバージョン中** 顧客の行動を促すことを試みる	**コンバージョン後** アップセル、クロスセル、ネクストセル、 紹介(リファーラル)を生じさせることを試みる
成長戦略	顧客のコンバージョンの前、どのブランドコミュニケーション戦略を採用すれば、成長を確保できるか？	顧客のコンバージョンの最中、どのブランドコミュニケーション戦略を採用すれば、成長を確保できるか？	顧客のコンバージョンの後、どのブランドコミュニケーション戦略を採用すれば、成長を確保できるか？
視覚的シンボル	コンバージョンの前、顧客はどのようにこのブランドのメッセージを視覚化するか？	コンバージョンの最中、顧客はどのようにこのブランドのメッセージを視覚化するか？	コンバージョンの後、顧客はどのようにこのブランドのメッセージを視覚化するか？
価値創造ストーリー	コンバージョンの前に、顧客に伝えるブランドのメッセージは何か？	コンバージョンの最中に、顧客に伝えるブランドのメッセージは何か？	コンバージョンの後に、顧客に伝えるブランドのメッセージは何か？

www.leanbranding.com

　ブランドジャーニーをマッピングすることで、この一連のプロセスを可視化できます。数分間かけてどこで、どのように、ブランドストーリーを伝えるべきかについて、あなた独自の手順を作りましょう。

　各ステップでは、ブランド体験のどの要素が顧客に作用しているかを考えてください。少し抽象的かもしれませんが、ともかく次の「アイデアのヒント」コラムで、Webベースのソリューション向けのジャーニーステップの例を見てみましょう。

アイデアのヒント

ブランドジャーニーを始める

ブランドジャーニーに含まれる各段階の例を紹介します。

- サインアップ
- CTA（Call To Action：行動へのきっかけ）
- 顧客によるスタートを支援するチュートリアル（「オンボーディング」と呼ばれる）
- 紹介（リファーラル）
- 製品の使用
- ログアウト
- 通知
- 確認（コンファメーション）
- 定期的なEメール受信
- プレミアムバージョンへのアップグレード
- ヘルプの表示

製品は
単に機能するだけではなく、
その体験も良くなければならない

LEAN
BRANDING

3.3.6　価格：ソリューションの価値はいくらか？

　これまで、ブランドプロミス、ポジショニング、ペルソナを構築してきました。魅力的なブランドパーソナリティを構築し、それを考慮したうえで、顧客を引きつけるプロダクトジャーニーもマッピングしました。さあ、次は報酬を得るときです。

　報酬は、どのように決めればよいでしょう？ ユーザーにとって魅力的でありなが

ら、会社の経営を健全に保てる価格を見つけるにはどうすればいいのでしょう？ ユーザーに与えるソリューションの価値に対して、「価格が高すぎる／低すぎる」という判断は、どのように下せばよいのでしょう？

さまざまな観点から価格戦略について議論をすれば、それだけで何日もかかってしまいます。価格モデルの種類は、両手では足りませんが、広く使われている3つについて注目します。

コストベースの価格設定

生産コストと、利益目標に基づいて価格を設定します。生産コストの測定方法は、企業によって異なりますが、価格設定のための本質的な考え方は同じです。「この製品／サービスの生産にコストXがかかり、これを販売することで利益Yを獲得したい場合、顧客にいくら課金すべきか？」

価値ベースの価格設定

顧客が認識する価値に基づいて価格を設定します。価格設定のプロセスでは、ブランドが提供する製品やサービスに、「顧客がどのくらいの価値を見いだしているか」を探ります。「顧客はこの製品にいくら支払うか？」

競争ベースの価格設定

競合他社の戦略に基づいて、製品やサービスの価格を設定します。競合がほとんどない場合や、まったくない場合（破壊的なカテゴリにいるために）は、代替となる製品を参考にできます。「ライバル社は、同じような製品やサービスに、どれくらいの価格を設定しているか？ その価格と同じにすべきか、それよりも高くすべきか、低くすべきか？」

ブランドの価格戦略は、たいていこの3つのモデルのうち、2つ以上の組み合わせで行われます。例えばサムスンのような企業は、生産に要したコスト、ターゲット顧客向けの価格帯、他メーカーの戦略の3つをすべて考慮して、製品価格を決定します。

この他に次のような価格戦略も広く採用されています。

浸透（ペネトレーション）価格設定

製品ローンチ時に、一気に大きな市場シェアをつかむため低価格からスタートします。

「スキミング」または「クリーミング」価格設定戦略

製品開発への投資額を取り戻すため、最初に高い価格を設定します。

フリーミアム

製品／サービスのあるバージョンを無料で提供し、高度なバージョンは有料にします。

プレミアム価格設定

ブランドが購買力のある特定の市場セグメントにアピールできるようにするために、意図的に価格を高くします。

心理的価格設定

消費者の意思決定プロセスにおいて、数字がどのような役割を果たしているかを考慮して、価格を設定します。例えば、5.00 ドルよりも 4.99 ドルの方が、製品を売りやすくなります。この戦術は、「顧客は（無意識に）端数を切り捨て、製品を割安と感じて購入に至る」という考えに基づいています。

価値ベースの価格設定を採用する場合は、(この章で前述した) ペルソナのセクションでの、以下の質問に潜在ユーザーがどのように答えるかに留意しましょう。

購入基準と動機：この潜在ユーザーにとって、あなたのブランドプロミスと似た既存ソリューションを購入する決め手になったものは何か？ 彼はどれくらいなら金を支払うか？

7章で、ブランドストーリーの要素を計測するとき、「支払い意思」と呼ばれる価格設定に関する指標について学びます。この指標によって、ユーザーにとって理想的な価格の近似値を導き、価値ベースの視点から、ブランドの価格を設定できるようになります。

3.4　すべてを統合する：ブランドストーリーボード

これまで、ブランドのポジショニング、ブランドプロミス、ペルソナ、ブランドパーソナリティ、製品体験、価格を構築してきました。これらは、ブランドストーリー全体を継続的に視覚化するのに使います。

私は、いろいろなハイテクスタートアップと関わってきた経験から、これらの会社

56 | 3章　ブランドストーリー

にとって、ストーリーテリングが簡単ではないことに気づきました。そこで編み出したのが、このブランドストーリーボードというシンプルなツールです。

ブランドストーリーボード

昔々	顧客はいつも	しかし、常に問題を抱えていました	顧客はそれを解決しようとしました
しかし、顧客は不満を抱えていました	ある日まで	それまでのソリューションとは異なり	顧客の願いは叶いました

www.leanbranding.com

　これらのシーンのそれぞれを埋めることで、強力なブランドストーリーを作る上での重要な論点をカバーすることができます。ストーリーボードを埋めながら、それぞれのシーンについて検討しましょう。

昔々

　この章の前半で説明した、「ユーザーのペルソナ」を、画像や言葉によって記述します。あなたのブランドストーリーの主人公は誰ですか？

顧客はいつも

　顧客の「日常的なタスク」を定義します。顧客は毎日何をしていますか？ あなたが提供する製品やサービスに関連するものとして、顧客の生活や仕事における

主な役割は何ですか？

しかし、常に問題を抱えていました

顧客が、タスクを完了させようとする際に直面している主な課題を記述します。「満たされていないニーズや願望」は何ですか？

顧客はそれを解決しようとしました

課題が本当に存在するのであれば、顧客はおそらく何らかの解決策を試みています。この課題に対する現状対策は何でしょうか？ 顧客はこの願望を部分的であれ満たすために、どのような手段を用いているのでしょうか？

しかし、顧客は不満を抱えていました

顧客が現状対策の欠陥の概要を記述します。現状対策として他の製品やサービスを購入しているにもかかわらず、顧客はまだ不満を抱えています。既存のソリューションに欠けているものは何でしょうか？

ある日まで

顧客があなたのブランドを知る、一般的な手段について記述します。顧客があなたのブランドについて耳にした日、何が起きたのでしょうか？

それまでのソリューションとは異なり

競合他社にはない、あなたのブランドの製品体験の特徴を列挙します。あなたのブランドの提供物には、顧客の現行ソリューションとどのような違いがありますか？

顧客の願いは叶いました

あなたのブランドが満たす願望をはっきりと定義します。あなたは顧客のどのような願いを叶えますか？

各シーンへの記入を終えたら、それぞれの答えがもたらす影響について検討しましょう。なぜこれらは重要なのか？ これらをどのように活用できるか？ なぜこれらはブランド構築とコンバージョンにとって重要なのか？ 次のストーリーボードに記載された内容を参考にしてみてください。

昔々	顧客はいつも	しかし、常に問題を抱えていました	顧客はそれを解決しようとしました
このマス目ではすべてのコミュニケーション活動の対象となる「ターゲットオーディエンス」を定義します。広告、コンテンツ、他のキャンペーンは、このセグメントに向けて設計・発信します。	「ブランドが満たすべきニーズがもっともはっきり発現する機会（時と場所）」というものがあります。この機会が、ブランド・プレースメントや広告に最適です。	ブランドのコミュニケーションに反映すべき顧客の不満や願望。この表現があることで顧客はメッセージが自分に向けられたものだと感じて共感してくれるのです（そうそう！それは私のこと！）。	競合や代替ソリューションについて学ぶこと。そしてその欠陥や潜在的な解決策を考えること。消費者はあなたが新たな何かを提供してこれらの競合と違うことを望んでいるはずです。
しかし、顧客は不満を抱えていました	**ある日まで**	**それまでのソリューションとは異なり**	**顧客の願いは叶いました**
これらの未解決の課題を、あなた自身の製品/サービスで解決する方法を探ります。競合や代替ソリューションの欠陥は、そのままあなたにとってのチャンスになるのです。あなたのブランドを既存顧客の課題に対する最適なソリューションとしてポジショニングするのです。	顧客があなたのブランドを知るにいたるシナリオをいくつも描きます。インターネット、動画、口コミはどれもブランド・ストーリーを共有し始めるチャネルになりえます。	あなたのブランド・ストーリー、シンボル、戦略における主な差別化要因を記述します。コアバリューがブランド・プロミスに含まれているようにします。	顧客の願望が満たされたという情報はその後のコミュニケーションのコンテンツとして活用でき、顧客を満足させるためにブランドが果たす役割をサポートしてくれます。この「満たされた願望」はブランドの動画やイメージなど視覚的なシンボルで表現します。

3.5 まとめ

1章で見た通り、私たちは「顧客をA地点からB地点に連れて行くビジネス」をしています。A地点は「今日、顧客がいる場所」、B地点は「顧客が『明日こうなりたい』と望む場所」です。ダイナミックなブランドストーリーを構築すれば、消費者にこのメッセージを強く伝えることができます。デジタルのコミュニケーションチャネルは重要ですが、価値あるブランドストーリーを示すツール以上のものではありません。

ブランドストーリーは、さまざまな要素から成り立っています。この章ではそのうち、「ポジショニング」、「ブランドプロミス」、「ペルソナ」、「ブランドパーソナリティ」、「製品体験」、「価格」の6つを紹介しました。ブランドのポジショニングは「市場のどのスペースを占拠するのか」、「満たそうとしている主な願望は何か」、「そのスペースで誰と競合しているのか」を伝えます。ブランドプロミスは、基本的にはポジショニングステートメントのコアバリューを強調する短縮版であると言えます。それは「これは私に何をもたらしてくれるの？」という顧客の問いに答えるものでなくてはなりません。

ペルソナは、「真の」ニーズや願望を持つ架空の人物像のことで、ブランドはそこ

から機能やメッセージを含むあらゆるアイデアを得ます。ペルソナを中心にして、ブランドメッセージを作り上げることで、私たちのストーリーは、より人間的になりますが、これが重要です。なぜなら、人は人に親しみを覚えるものだからです。ブランドが人間のように感じられれば、それだけ顧客はそのブランドに強い親しみを覚えてくれます。

　強力なブランドのストーリーは、全体の流れを見通して設計された製品体験によって消費者の願望を満たしてくれます。製品は単に機能するだけではなく、その体験も良くなければなりません。ブランドパーソナリティを定義することで、「どう顧客と向かい合うべきか」についてアイデアが得られます。それはストーリーを伝える「声」を明らかにしてくれるのです。

4章
ブランドシンボル

ロゴの主な役割は識別を助けることであり、その役に立つのは単純さである。
ロゴの有効性を決めるのは、独自性、可視性、適応性、記憶しやすさ、普遍性、そして永遠性である。
——ポール・ランド[†]

本は表紙カバーのデザインで判断されてしまいます。これは、書き手にとって公平とはいえません。知性にとってもよいことではないし、読者にとっても役に立ちません。でも事実です。人間はインターネットで何かを目にしたとき、50ミリ秒以内に第一印象を形成すると言われます[‡]。私たちは、一瞬のうちに不完全な証拠だけで、身のまわりのものへの判断をしているのです。そのときどきに、意識にのぼったニーズや、願望に応じて、視覚的、心理的な優先順位付けをしてしまうのです。このことが、大切な物事を見落とさせてしまいます。

幸い、色や言葉、画像の無数の組み合わせを工夫すれば、消費者の知覚に戦略的に影響を与えることもできます。この本の序盤で「ブランドはグラフィックスではない」と述べましたが、この章のテーマは「ビジュアルが持つパワー」です。ビジュアルよりも数値が好きなタイプの人も、心を柔軟にして読んでください。

この章では、ロゴ、カラーパレット、タイポグラフィ、イメージ、ステーショナリー、販促資料などのブランドの視覚的シンボルを実際に作成します。

3章で強力なブランドストーリーを構築したので、ビジュアルアイデンティティに時間をかける必要性に懐疑的な人もいるでしょう。私は「製品に集中する」あまり、グラフィックスにほとんど注意をはらわない起業家を何人も見てきました。もっと賢く立ちまわりましょうよ！　あなたは新しい製品や会社を売り込むために、投資家の前に立っています。最初のスライドが表示されます。さてこのときあなたは、話を始めていないのだから、何も起こっていないと考えていますね。まだミスはしていない。

[†]　　Paul Rand (1993), Design, Form, and Chaos. New Haven: Yale University Press.

[‡]　　Gitte Lindgaard et al., "Attention Web Designers: You have 50 Milliseconds to Make a Good First impression," Behaviour and Information Technology 25, no. 2 (2006): 115-126.

まったくの白紙、と。でもこれは大きな間違いです。

　その時点ですでに、いろいろなことが起こっているのです。あなたが口を開くまでに、目の前の人たちは耳で聞くより先に、目から入ってきた情報で強烈な第一印象を形成しています。私たちの脳内では、論理的思考の入り込む余地なく、次のような状況が起こっているのです。「いいか目と脳、判断をする用意をするんだ。この人が誰で、何を提案しようとしているのかアイデアを10個浮かべてくれ。制限時間は50ミリ秒以内。とりかかれ！」。極めて人間的な第一印象の形成は、私たちの意識下、脳の扁桃体と後帯状皮質と呼ばれる部位で起こっています[†]。あなたは、実際にこれらの部位に命令を出しているわけではありません。第一印象は瞬時に形成されるので、脳には命令を出している時間もありません。興味がある人は、後の「掘り下げよう」コラムで、心理学者のリンドガードによる第一印象についての研究を読んでください。

　では、ここでユーザー——「その後を追いかける先達」——について考えてみます。この人は、財布を握っていて、ブランドストーリーを成功にみちびく人のことです。ユーザーは、あなたとその製品についていつでも第一印象を形成し続けています。この人を実験室に完全に隔離して、製品を試すことでも強制しない限り（そしてその場合ですらも！）、第一印象を取り出してコア製品に活かすことなどできません。その他の（拷問的でも違法でもない）市場では、次のことに留意する必要があるのです。

コア製品を取り巻くシンボルに基づいて消費者の第一印象が決まる。

　ビジュアルコミュニケーション・キューは、印象の形成にとって極めて重要なので、本章と次の章では、このテーマに取り組みます。まずブランドシンボルとは何か、リーンマインドセットで、ブランドシンボルにアプローチする方法論について検討した後、おカネと時間を無駄にせずに、ストーリーとシンボルを効果的に伝達するブランド戦略について考察します。

[†]　Daniela Schiller et al. (2009) "A Neural Mechanism of First Impressions," Nature Neuroscience, 12, 4, 508-514.

4.1 まず着手すべきこと：ブランドウォールを作る | **63**

> **掘り下げよう**
>
> ## Webデザイナーはご注意を。良い第一印象を与えるための時間は 50ミリ秒しかありません！
>
> 2006年には、カナダ、カールトン大学Human-Oriented Technology Labの研究者4人が、人間はどれくらいの時間で、特定のWebサイトの視覚的魅力について意見を持つようになるかを調べた研究結果を発表しました[†]。彼らはインターネットユーザーがWebサイトの美しさをどれくらいの時間で判断しているかを調べたのです。
>
> リンドガード、フェルナンデス、ドゥデク、ブラウンは3つの実験を行い、被験者に所定の時間、Webページを表示し、その美しさをいくつかの観点から判断させました。ある実験では、参加者のグループには500ミリ秒間、別のグループには50ミリ秒間、同じサイトを見せて評価を行わせました。その結果、両群の評価には有意な相関が見られました。人間は、50ミリ秒Webサイトを見ればその美しさを評価でき、それ以上時間をかけてもほとんど違いは生じないことがわかったのです。
>
> 研究者は、「視覚的な美しさは50ミリ秒以内で評価される。つまりWebデザイナーは50ミリ秒以内で、ユーザーに良い第一印象を与えなければならない」と結論付けています。
>
> この本では、その50ミリ秒でブランドの印象付けを成功させるべく、準備をするためのツールを提供します。

4.1 まず着手すべきこと：ブランドウォールを作る

クリエイティブな業界の人なら、ワーキングウォールが何か知っているかもしれません。そうでなくても、それが何かを知ったからといって、特に驚くことではないでしょう。ご想像の通り、ワーキングウォールとは、仕事の成果物を掲示する壁のことです。私自身のケースでも、家庭やオフィスで採用しているこの空間は、ブランドについてのインスピレーションの源になっています。適当な壁を選んでコルクボードや

[†] Gitte Lindgaard et al., "Attention Web Designers: You have 50 Milliseconds to Make a Good First impression," Behaviour and Information Technology 25, no. 2 (2006): 115-126.

ホワイトボードを設置し、ブランド開発プロセスについての情報を掲示できる、データやイメージを貼り出しましょう。

　同じようなことは、写真共有サイトの Pinterest を使えばできると思った人もいるかもしれません。しかし、触発的なクリップを「物理的に」壁に貼ることには、それよりも大きな意味があります。私たちが働いていないときにも、毎日それらを目にすることになります。私たちは自らを才能ある仕事人と思い込みがちですが、人間が創造的思考をするためには、時間と空間が必要です。それに、大きなひらめきの感覚（「アハ！」の体験）を味わったことがある人なら、「その瞬間」が予期していないときに訪れることが経験的にわかりますよね。

　製品の文脈や競合、顧客などに関連するグラフィックスを収集するポイントは、「視覚監査」を実施することです。私たちは基本的に、次のように、市場の視覚的言語を推論しています。「顧客はいつも何を見ているか（結果として何を期待しているか）」、「競合ブランドが顧客を説得するために使っているものは何か」、「購入する過程でどんなものを見ているか」

　壁を組み立て、ピン留めを始めましょう。類似点や相違点を探し、素材の位置を入れ替えてみます。アイデアが浮かぶ度、それを壁に貼りつけます。必要な場合は、最初からやり直しましょう[†]。

　ブランドウォールに貼り出すもののヒントを紹介します。

- **3章**で思い付いたものすべて：ブランドストーリー。

- 競合他社の販売資料、ロゴ、カラーパレット、画像。

- 競合他社のソーシャルメディアプロフィールのスクリーンショットを印刷したもの。

- ブランドの参考になりそうな雑誌広告の切り抜き。

- キャッチフレーズや、興味深い暗黙的／明示的なメッセージを付箋に書いたもの。

[†]　これを行うためのテンプレートやヒントについて詳しくは、以下の雑誌に寄稿した私の記事を参照してください。Smashing Magazine: "Up On The Wall: How Working Walls Unlock Creative Insight," http://bit.ly/1lCJG6n

- ブランドの参考になりそうな触発的なパッケージをマスキングテープで貼り付ける。
- 当然、レストランのナプキンに走り書きしたメモも。

4.2 レシピに戻る：リーンブランドの材料

リーンブランドのシンボルの材料リストを思い出し、それらの作成方法について1つずつ見ていきましょう。ただし、これらは市場でのブランド体験を構築するために必要な最小限の要素であることを忘れずに。

- ロゴ、カラーパレット、タイポグラフィ
- イメージとモックアップ
- ステーショナリー：名刺
- 販促資料：ワンシートとプレゼンテーションスライド

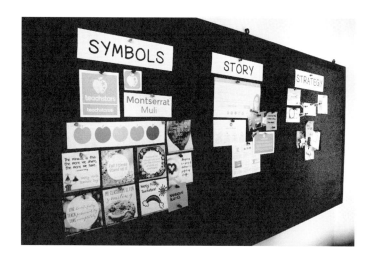

視覚だけでなく、聴覚や嗅覚といった感覚も、ブランドシンボルを記憶に残すために活用しましょう。この章では、視覚的なシンボルに焦点を当てていますが、香りや音をブランドストーリーの伝達に役立てる方法に興味がある人は、章末の「掘り下げよう」コラムを参照してください。

4.2.1 ロゴ

ブランド名を考案することへの恐れが、一種の恐怖症だとしたら、ロゴの作成はおそらくこの病気のステージ II に該当します。内製化するのであれ、外注であれ、クリエイティブな人間と、ビジネスの人間は、異なる言語を話しているようです。そして成果物には「OK。でもここは——」という、大きな赤字があちこちに入れられることがほとんどです。

実際、ビジネスとデザインの両立は、今世紀の課題のひとつと言っていいでしょう。今やデザインは、単に美しさを追求するものではなく、価値を創造、付加、伝達するための戦略的ビジネスツールになっているのです。Apple や Airbnb のような企業は、それまで隔離されてきた孤島からデザインを脱出させ、戦略的な事業計画の一部にする動きに取り組んでいます。

Apple のデザイン部門の上級副社長ジョナサン・アイブは、Apple におけるデザインとビジネスの統合を次のように説明しています。

Apple ではいつも、デザインを単なる外観以上のものとしてとらえています。デザインはすべてに関わっています。それは、製品がさまざまなレベルで機能する方法を体現しているのです。そして最終的には、デザインが顧客の体験を定義するのです[†]。

同様に、Airbnb の共同創業者であるジョー・ゲビアは、既存ビジネスモデルにデザインを統合したことが、会社の未来をどのように変えたか、について Mediabistro にこう説明しています。

Airbnb の初期、ニューヨークには素晴らしい宿泊先が揃っていたのに予約状況は芳しくなかった。そこで、プロのカメラマンに依頼してこれらの宿泊先を撮影して「Airbnb 確認済」という透かし文字を入れてサイトに掲載したんだ。このデザイン上の小さな判断によって、ユーザーが私たちの製品と対話する方法は、がらりと変わったんだよ[‡]。

デザインの判断は、その基礎となるビジネス戦略を反映したものでなければなりません。この本で、**3章「ブランドストーリー」**が、**4章「ブランドシンボル」**の前に置かれている理由もまさにそれゆえです。明確なポジショニング、製品、ブランドパーソナリティ、ペルソナ、ブランドプロミス、価格なしでは、視覚的シンボルを開発する時間が無駄になってしまいます。根拠のない視覚的シンボルは妄想であり、誰も理解できないでたらめな方言にすぎません。デザイナーの貴重な時間も無駄になります。厳密な調査の結果と、そこから導いたインサイトがあってはじめて、視覚的シンボルの開発に関わる全員がコンセンサスを得られるのです。また、あなたがデザイナー（および他のほとんどすべてのメンバー）から理解されるためのカギになります。

ロゴデザイン・ワークショップ

ロゴのアイデアを出すブレインストーミングを難しいと感じたことはありませんか？ 良いスタートを切るため手順を紹介します。

1.　**ブランドについて考えます。**白紙に、ブランドのポジショニング・ステート

[†]　Apple Worldwide Developers Conference, 2013.

[‡]　Stephanie Murg, "Seven Questions for Airbnb Co-Founder Joe Gebbia," Mediabistro, August 30, 2012, http://bit.ly/1kI4WHw

メントを書きます。

2. **ロゴの感情的な影響**について考えます。「このロゴによって、顧客にどのような感情を抱かせたいか？」という問いの答えとなる形容詞を列挙します。「幸せ」、「悲しい」、「興味深い」などの一般的な言葉ではない方がよいです。このブランドで達成したい影響を真に表す言葉を見つけます。力を与えられる、触発される、意欲をかき立てられる、興味をそそられる、興奮する、プロフェッショナルな、前向きな、など。

3. **ロゴのメッセージとその認知的な影響**を考えます。「このロゴによって顧客に連想させたいことは何か？」という問いへの答えとなる語句を列挙します。ここでも、製品やその名前のような、明白なもの以外を挙げるようにします。特徴的な機能はありますか？ 顧客は、創造性、革新性、健康、人間関係、幸福感のような大きなテーマについて、考えることになるのでしょうか？

4. **グラフィック**で考えます。このステップでは、マインドマッピングを行います。白紙に4つの小さな円を描き、そのなかに次に挙げる4つの項目をタイトルとして書き込みます。次に、それぞれの項目に対して普段から連想しているシンボルを、円を中心に描いていきます。できる限り多くのシンボルを描きます。プロセスを単純にするために、この時点では黒と白ですべてのシンボルを描画します。シンボルの数が増え、マインドマップが複雑になってくると、それまで思いもつかなかった関連性が見えてきます。またこれは、デザインを堅牢なものに仕立てることにつながります。

   - **ブランド名**：ブランド名で使われている特定の単語に、関連付けられる文字と抽象的なシンボルを考えます。
   - **ブランドが使用される状況**：製品やサービスが実際に使われる環境や時間、場所について考えます。市場で競合から自社の製品の違いを際立たせるものや道具、ツール、素材、気象条件、自然要素、場所はありますか？
   - **ブランドが解決しようとする課題／ニーズ／願望**：ブランドに関連する課題や不満について考えます。消費者は既存のソリューションに対して、価格が高い、トラブルが多い、使用方法が難しいなどの課題を抱えていますか？ あなたのブランドはそれを解消しますか？ 解消できるならそれをどうグラフィカルに表現できるでしょうか？

- **課題を解決するために、ブランドが取るアクション**：ブランドの中核的な活動を動詞で表現します。保存する、改善する、節約する、権限を与える、通知する、設計する、楽しませる——さまざまなものが考えられます。顧客に価値を付加する行動だけでなく、その実行に関するブランドパーソナリティについても考えます。通知するときにはユーモアを、楽しませるときには風刺を効かせていたりはしませんか？ 保存するときには親しみやすさを、デザインするときには冷静さを表現してはいませんか？ ブランドがこうしたアクションを取るとき、そのパーソナリティを反映する動物や人間のキャラクターで表現することはできませんか？
- **伝えようとしている感情的な影響**：ステップ3で作成した形容詞のリストを参考にしながら、ブランドが喚起しようとしている感情を視覚的シンボルで表現します。
- **伝えようとしている認知的な影響**：ステップ4で作成した語句のリストを参考にしながら、ブランドが表現しようとしている主な概念を視覚的シンボルで表現します。

5. **フォントを考えます。**グラフィックシンボルについて考えたところで、今度は同じ考えをフォントで伝える可能性を検討してみましょう。前のステップで検討した感情的な影響を表現できるフォントはありますか？ これらの感情を伝達するのに、どのように単語や文字を組み合わせればよいでしょう？

6. **競合他社について考えます。**業界の他社のロゴを収集します。目に見えるパターンや傾向はありますか？ あなたから見て好ましいもの、好ましくないものは？

7. **美しさについて考えます。**作成したいと考えているロゴに似たデザインの例を見つけます。あなたにとって好ましいと感じる形状、色の組み合わせ、書体を持つロゴを探しましょう。

8. **用途について考えます。**このロゴはどこで使われるのでしょうか？ アイコン、値札、Tシャツ、飛行機の翼など、さまざまなシナリオを考えてみましょう。グラフィックシンボルの用途を想定し、用途に応じてデザインをすることが重要です。

70 | 4章　ブランドシンボル

　こうした手順を踏むことでどんなロゴを求めているか明確になり、ブランドに相応しいシンボルが何か、十分な考察に基づいて明らかになります。その後、概念を具体化するステップに進むのです。ロゴを作成するには洗練化、カラー化、デジタル化など、デザイナーが精進する手順を踏む必要がありますが、その前段階として概念的なプロセスを踏むことで外部のデザイナーに作成を依頼する場合でもこちらの意図を理解させることが容易になるし、ロゴを内製する場合でもデザイナーではない人材にアイデア創出に関与させたり、メンバー全員からの価値あるインプットを得やすくなるのです。

　ロゴデザインを外注する場合は、次のセクション「なぜ誰も望むロゴをデザインしてくれないのか」に記載した、ブランドシンボルについて、本当に求めている／必要としているものをデザイナーに伝えるヒントを参考にしてください。

　ロゴが完成したら、確認のために次について自問してみましょう。

- **柔軟か？** いろいろな背景にあわせたり、将来ブランドを拡張する際の柔軟性は？ 正方形（プロフィール写真など）や長方形（ヘッダーなど）として使用できるか？

- **ロゴはシンプルか？** 普通の人にも理解できるか？ 適度な距離から認識するのに複雑すぎないか？ 白黒でも表現できるか？

- **ブランドを適切に表しているか？** 3章で作成したブランドパーソナリティを伝えているか？ 陽気なブランドなのに厳粛なロゴになっていないか？ 真面目なブランドなのに遊び心のあるロゴになっていないか？

- **Webに適しているか？** 水平方向と垂直方向にそれぞれ適応できるか？ アイコンや小サイズフォーマットに使えるミニチュア（ストリップダウン）のバージョンはあるか？

- **スケーラブルか？** 名刺や大型ポスターでも使えるか？

- **差別化できるか？** そのロゴは、一見したときに他のロゴのなかで目立っているか？ App Storeやテンポの棚など差別化が必要となる場所での状況を考える。

8章では、新しくデザインしたロゴの有効性をテストする方法を紹介します。ブランドの感情や概念を伝えようとすることは、ストーリーの半分しか意味していません。あとの半分は消費者がそれを同じように感じていることを検証することです。

4.2.2　カラーパレット

ロゴのデザインと同じく、内製であれ外部デザイナーであれ（自分でできるなら、あなた自身であれ）、市場でブランドを際立たせるための色の組み合わせを作らなければなりません。次のことを強調しておきます。カラーパレットはお飾りではありません。色彩は製品購入の引き金にもなれば、それを妨げる要因にもなる深層的心理を刺激するものであり、製品に密接に関わるものです。

　ブランドのパレットの構築にあたっては、色彩の文化的な意味合いも考慮すべきです。国によって、色には多様な意味があり、年齢、価値観、民族、宗教など、人々の生活の実にさまざまな側面に関連しています。それは、人々にとって極めて重要で、ブランドの色合いを決める際には忘れてはいけません。ブルーについて考えてみましょう。この色はアメリカでは「企業」や「男性的」といった意味がありますが、マレーシアではなんと「悪」を意味します[†]。これは見逃すことのできない違いです。

　安上がりな方法としてクラウドソーシングも検討できます。詳しくは、以下のコラムを参照してください。

ブランディングの裏技

ロゴデザイン

　理想の世界では、誰もが大量に資金を持っていて一流のデザイナーに仕事を依頼することで、開発に着手すらしていない製品のために最高のロゴを作成することもできます。

　でもスタートアップの現実はそうはいきません。誰にも十分な資金などなく、多くが家賃負担にすら苦労していて、クレジットカードは限度額まで使い込んでいるのです。チームにデザイナーがいないこともあるし、必要なときすぐに外部デザイナーに発注できるとも限りません。

[†]　Mubeen M. Aslam, "Are You Selling the Right Colour? A Cross-Cultural Review of Colour as a Marketing Cue," Journal of Marketing Communications 12, no. 1 (2006): 15-30.

大丈夫、落ち着きましょう。

このようなときに、コストと時間の観点から効果的なのはインターネットを使うことです。

世の中には、質の高いブランドアイデンティティ・サービスを提供する優れたデザイン事務所があります。あなたも、予算があればそうしたサービスを利用できるかもしれません。結局、デザイナーと膝をつき合わせて打ち合わせをしながらカスタムソリューションを構築していくのが、理想的なシナリオであることには変わりありません。

とはいえスタートアップでは、理想通りにシナリオを描けることはほとんどありません。そこで、私はあなたが製品のロゴデザインというミッションに取り組むのを支援するために、便利なリソース（さらにいえばハック）のリストを作りました。

次に示す決定図の質問に回答し、あなたにとって最善の道が何かを探してみましょう。

4.2　レシピに戻る：リーンブランドの材料 | 73

ロゴを作成する

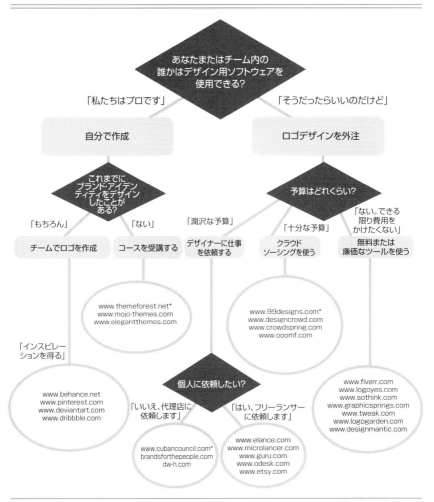

www.leanbranding.com

4.2.3 タイポグラフィ

次の2つの文を見て、それぞれにあなたがどう反応したかについて考えてください。

> I am a hot new technology product.
> TIMES NEW ROMAN

> **I am a hot new technology product.**
> MONTSERRAT

上はハイテクブランド、下はアンティークショップが使うフォントだと思いましたか？ もし、上が時代遅れ、下が最高のテクノロジーブランドに似合うと考えたのなら、あなたはタイポグラフィが仕掛けた罠にはまっています。タイポグラフィには、このように私たちの知覚をもて遊ぶ力があります。だからこそ、私たちはそれを自らに有利な方法で働かせるべきなのです。

ブランドパーソナリティがフォント次第でいかに効果的に表現できるか（あるいは台無しになるか）についての例を見てみましょう。

> I'm a stylish brand.
> COMIC SANS

> I'm a stylish brand.
> JOSEFIN SANS

どちらが「スタイリッシュさ」を想起させるのに成功していますか？ 下のフォント（Josefin Sans）を選んだのなら、あなたは「スタイリッシュ」と呼べるデザインの詳細——長いアセンダーとディセンダー、薄くて繊細なウェイト、幾何学的で洗練された形状——を本能的に見抜いたと言えます。

> *We're all about speed and performance*
>
> CLICKER SCRIPT

> **We're all about speed and performance**
>
> CLEMENTE

以下の例について考えてみましょう。

> We sell amazing food
>
> ANDALE MONO

> *We sell amazing food*
>
> GELATO SCRIPT

前章で、ブランドパーソナリティを定義したことで、ロゴやカラー、タイポグラフィの選択を 100 倍も簡単にする準備ができているはずです。理由は説明した通りです。

製品に相応しいフォントを自分で探してみたくなった人もいるかもしれません。Google Fonts なら簡単です。以下はそのチュートリアルです（http://www.google.com/fonts）。

GOOGLE FONTSの使用

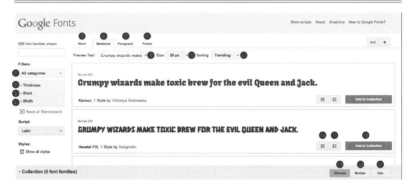

なぜ誰もがあなたが望むようなロゴをデザインしてくれないのか

　以前にロゴやカラーパレット、タイポグラフィの作成を外注して後悔したことがある人なら、仕上がってきたものの出来がひどかったからでしょう。でも、そうなった

とき、発注先にデザイン上のさまざまな判断に、必要な情報を十分与えていましたか？

ここでは、この情報を「ブリーフ」と呼ぶことにします。リーンブランディングの精神に従ってブリーフは簡潔なものにします。

- **3章**で行ったポジショニング、製品体験、ブランドパーソナリティ、ペルソナ、ブランドプロミス、価格の情報。

- 制作してほしいアイテムのリスト。ロゴ、タイポグラフィ、カラーパレットなど。アイデアを得るには、この章のブランドシンボル要素の一覧を参照すること。

- あなたが好きな／嫌いなデザインの例をそれぞれ3つ。

- （以上）

どうでしょう？ 簡潔（ブリーフ）ですよね？ この情報を、社内／外部のデザイナーに渡せば、それは基本的にはブランドにとって、効果的な成果物を作るにあたって失敗しようのない指示になります。デザイナーからは——いきなり完璧なものは仕上がってはこないにしても——相当に改善されたプロポーザルが提出されるようになるはずです。

デザインブリーフ・テンプレート

当社について

自社の説明

会社概要

自社が提供するサービスの説明

製品/サービス

価値の説明

製品/サービスの特長

ブランドが顧客に約束（プロミス）する内容

ブランド・プロミス

顧客について

どんな人に買ってもらいたいのか？

対象顧客

依頼内容

希望成果物
□ロゴ　　　　　□フォント　□ステーショナリー：名刺　□スプレゼンテーション・スライド
□カラーパレット　□イメージ　□販促資料：ワンシート　　□その他

望ましいデザイン例（3点）

望ましくないデザイン例（3点）

www.leanbranding.com

4.2.4　イメージとモックアップ

　これでロゴ、カラーパレット、タイポグラフィを作成するツールが揃いました。しかし、人間がブランドを認識するためには、メリットを実感させる文脈が必要です（顧

客を現状の A 地点から「なりたい自分」である B 地点に連れて行くのです）。ですから、私たちはこの B 地点を説明しなければなりません。顧客が探し求めている「憧れの場所」を示す風景を見つけるのです。

ここでのタスクは基本的に、製品を念頭におきながらブランド体験を説明することです。スマホアプリを開発しているなら、ユーザーがそれをどこで使うのか、何をするのか、誰と一緒に使うのかがわかるようにします。製品が実際には製品とサービスの組み合わせなのだとしたら、誰がサービスを提供しているか、どのような環境にいるのか、ユーザーはそれを得たときにどう反応するのかなどを説明します。

ひとつ例をあげましょう。私はノート PC、タブレット、スマートフォンを所有しています（たいてい、これらを同時に使っています）。そのため、電子リーダーは買う必要がないと思っていました。手持ちのデバイスからはそれぞれ電子ブックにアクセスできるし、毎日のように新しい電子リーダーアプリが登場していたからです。しかし、そんなとき、Kindle の広告動画を見て虚を突かれました。動画では、私と同じくらいの年頃の若い女性が、ハンモックや飛行機、ビーチで電子ブックを読んでいる様子が描かれていました。それは「私の場所」でした。彼女たちは快適に読書を楽しみ、すっかりそれに没頭しているように見えました。なぜ？ 煩わしい通知が画面に表示されないからです。画面には日光が反射しないようになっているし、充電器を持ち運ぶ必要もありません。読書のみに機能が集中されていて、他の用途はありません。美しい読書体験のように見えました。Amazon はその場で私に、Kindle を売ることに成功しました。適切なイメージが私に Kindle を購入させたわけです。

次に、基本的なブランドのイメージを列挙します。その後ろには、ブランドイメージ・チートシートを記載します。

- 製品の画像／モックアップ

- 製品を使用する消費者の画像

- 誰かと製品を共有する消費者の画像

- E メール署名用の画像

- URL の隣に表示する小アイコン（ファビコン）

- 各種サイズのソーシャルメディア・アセット

80 | 4章　ブランドシンボル

- ・ プロフィール写真用の正方形のサムネイル
- ・ カバー写真用の長方形のサムネイル

リーンブランド・イメージ・チートシート

ソーシャルメディア プロフィール用写真 200 x 200px 以上	LinkdIn会社カバー 646 x 220px Facebookページカバー 851 x 315px Google+ページカバー 1080 x 608px Twitterヘッダー 1500 x 500px YouTubeチャンネルカバー 2560 x 1440px
縦型のロゴ バージョン 1. ベクターファイル 2. JPG, PNG, TIF:600px以上、 幅300dpi	**水平型のロゴバージョン** 1. ベクターファイル 2. JPG, PNG, TIF: 600px以上、高さ300dpi
アイコン 32 x 32px PNG, GIF またはICO	**Eメール署名用画像** JPG, PNG: (目安)高さ50px、300dpi
水平型製品モックアップ JPG, PNG, TIF: 高さ1000px、300dpi以上	**垂直型製品 モックアップ** JPG, PNG, TIF: 高さ1000px、 300dpi以上

www.leanbranding.com

4.2.5　ステーショナリー：名刺

　ブランドステーショナリーは数十種類もありえます（レターヘッド、封筒、ファイルフォルダなど）、ここでは「名刺」に焦点を絞りましょう。

　名刺を考え抜いて作成する重要性は、はかり知れません。この章の冒頭では、第一印象について説明しました。名刺は将来のユーザー、投資家、メディアパートナー、従業員に与える第一印象を高めることができます。

　多くの人がめったに開けない引き出しのなかに、数十、数百枚の名刺をしまい込んでいるか、せいぜいバインダーで管理しています。いずれにせよ名刺を目立たせることの重要性はわかりますよね？ 私は、さまざまな条件で働く人を見てきました。オフィスを持たない人、ホームオフィスで働く人、成熟した製品がある、MVP がある、大量の顧客がいる、顧客がいない、巨大なチームがある、チームがない等々。でも、名刺を持っていない人とは会ったことがありません。

　名刺の作成では、創造性が求められると当時に、以下の項目も含めなければなりません。

- ブランドロゴ（+ブランド名）

- ブランドプロミス（キャッチフレーズ）

- 名

- タイトル／位置

- 住所

- 電話／ファックス番号

- E メールアドレス

- Web サイトの URL

- オプション：Skype、LinkedIn、Facebook、Twitter などの SNS のアカウント

氏名
役職
☎ 電話番号
✉ Email
📍 住所
SNSアカウント1
SNSアカウント2

ロゴ
ブランド・プロミス

4.2.6　販促資料：ワンシートとプレゼンテーションスライド

　販促資料は世の中にブランドをアピールするための資料です。広告と違って販促資料は特定の層だけにアピールするために使います。メディア、投資家、従業員、特定のユーザーなど、直接会うことのできる人々のことを考えてみましょう。最初のステップでは、ブランドの新しい名刺を渡します。次のステップでは、何か他のものによって相手の記憶に残るような印象を与えることが必要になります。

　誤解しないでください。この「何か他のもの」には、優れた製品自体も含まれます。当然メディアや投資家、ユーザーは、記事を書いたり、投資をしたり、購入したりするために、製品を試してみたいと考えます。彼らは、各製品の機能を異なる視点から検討します。それぞれの予備知識に基づいて異なる質問をします。製品をどう捉えるかはそれぞれの願望により変わってきます。でもひとつだけ確かなのは、人々はみなビジュアルに影響されているという事実です。

　このことを、別の方法で強調してみます。

優れた製品は、相応に優れた販促資料を与えられるに相応しい。

　これから、時間／費用あたりの効果が高い2種類の販促資料、ワンシートとプレゼンテーションスライドを取り上げます。この2つは、顧客が新製品を初めて吟味する多くの場面で効果を発揮します。

ワンシート

　現代では、誰も製品にじっくりと細かな目を向けてくれたりはしません。だからこそ、簡条書きや短時間動画、画像、インフォグラフィックなどが多用されているのです。

　投資家やメディア、ユーザーも例外ではありません。彼らは、あなたの製品に興味を持ってくれるかもしれませんが、じっくり見てくれる前提で販売資料を作成してはいけません。

　ワンシートは長々とした説明に嫌気が差してため息をついて去ってしまう前に、聞き手の関心を惹き、ブランドストーリーを伝えるよい方法です。

　もちろん、最終的にはブランドを売りこむために、分量のあるパンフレットやポートフォリオ、カタログを準備する必要も出てくるでしょう。でも最初は、人は聖書のような分厚い販促資料をほしいとも必要とも思っていません。

　ワンシートは、情報過多で聞き手を圧倒することなくブランドストーリーを伝えるためのものです。記載する内容を要約すれば、こんなふうになります。「こんにちは、この製品の名前は X です。外見はこのようになっています。この製品が重要な理由はこれです。あなたに今すぐやっていただく必要があるのはこれです。これが私を信頼できる理由です。連絡を取りましょう」。では、それぞれの要素を見ていくことにしましょう。

「こんにちは、この製品の名前は X です」セクション

　製品名とブランドプロミスを記載します。この 2 つは 3 章で作成しました。

「外見はこのようになっています」セクション

　製品の画像を 1 ～ 2 点記載します。4 章で作成した画像で、効果を発揮するのがここです。実際の文脈のなかで製品のコア機能(製品のもっとも優れている特長)を示す写真を 1 ～ 2 点選びます。

「これが製品で、それが重要な理由はこれです」セクション

　製品が何をし、何を提供するかを説明します。3 章で作成したポジショニングステートメント・テンプレートを使用します。必要に応じて、文章を変えたり移動させたりします。次に、他社製品から自社の製品を差別化する機能を数点挙げていることを確認します。

「あなたに今すぐやってもらう必要があるのはこれです」セクション

CTA（コールトゥーアクション）としても知られています（読み手がなぜこれを読んでいるのだろうと、ふと思うときの答えに相当）。まず目標を考えてください。今、読み手にしてもらいたいことは何ですか？ 見積もり依頼のメールをあなたに送ること？ アプリをダウンロードすること？ アップデートを購読できるWebサイトに移動する？ 私は極力小難しい専門用語を避けることを勧めるのですが、CTAは簡単なメッセージにこだわるメリットが大きい最たるケースです。ワンシートを小学生に読ませてみて、何をすべきか完全に理解できているかどうか尋ねましょう。また、複数のCTAが互いに競合しないように気をつけましょう。

「これが私を信頼できる理由です」セクション

「製品が極めて重要であり、今すぐ購入すべきである」という主張を裏付ける、顧客の声、パートナーシップ、メディア掲載記事、受賞歴などの情報を使用します。この本で私たちが構築しているような新しいブランドでは、競合の多い市場で良いスタートを切るために（合法的で倫理的に入手できる）信頼性を高める情報を表示する必要があります。

「連絡を取り合いましょう」セクション

連絡先情報を記載します。電話番号やEメールアドレス、相手があなたに連絡できるチャネルを含めます。ワンシートを渡す相手によっては、できるだけ直接的なものにします。例えば、投資家には個人のEメールアドレスや携帯電話番号を教えます。投融資や取材の要件で、連絡してきた相手を待たせても平気（そんな人がいるとは思えませんが）でない限り、留守電話やメールの転送対応は避けましょう。

4.2 レシピに戻る：リーンブランドの材料 | 85

この不動産業界向けのワンシートのテンプレートには、前述した要素がすべて含まれています——製品名、外観の画像、コア機能、明確なCTA（Call Today／今すぐお電話を）、信頼性を示唆する情報（認定エージェント）、連絡先情報。

次のテンプレートは、ワンシートの迅速な作成に役立ちます。

ワンシート・テンプレート

ブランド名とロゴ	製品の利点
製品の外観	読み手に求める行動
信頼性を高める情報	連絡先

www.leanbranding.com

プレゼンテーションスライド

　ブランドのプレゼンテーションでも、オーディエンスの（とてつもなく散漫な！）注目を集めるには、ビジュアルの力を借りることが不可欠です。プレゼンするとき、

4.2 レシピに戻る：リーンブランドの材料 | 87

考え抜かれたプレゼンテーションスライドがあれば、違いを生むことができます。これまでに作成してきたブランドストーリーと、ブランドシンボルがあれば、ブランドの紹介用の魅力的なプレゼンテーションスライドを作成する材料はすべて揃っています。

プレゼンテーションスライドは、以下のような局面で効果的です。

- 投資家との会議
- 大口顧客との会議
- 記者会見やメディアとの会議
- チームミーティング

本書の専用 Web サイトからプレゼンテーションスライドのテンプレートをダウンロードし、編集して使ってください（www.leanbranding.com/resources）。

ピッチイベントは起業家にとって特に重要な瞬間です。ほとんどのシナリオでは、ストーリーを伝えるために視覚的な素材を使えます。視覚的なシンボルが効果を発揮する場面です。この写真は、**Apps.co** プログラムに参加している若い起業家が、自身のオンライン教育ソリューションについてデモデーで説明をしているところです。

> **掘り下げよう**

音、匂い、その他

音と匂いをカスタマイズすることでブランドに持続的な関係を作ることができます。企業は、何世紀にもわたってアイデンティティの確立のために音や匂いを使ってきましたが、マーティンリンドストロームは近年、「五感ブランディング」と呼ぶものの利点を分析するムーブメントを主導してきました。

リンドストロームの5年間に及ぶ「プロジェクトブランドセンス」の研究には、4大陸の研究者数百人と、消費者数十万人が参加しました。その結果、ブランドのポジショニングに匂い、音、テクスチャを使用すると、長期的に魅力的なつながりを構築できることが示されたのです[†]。

この研究結果が示唆するのは次のことです。「感覚的な深みのあるブランドが特に効果的なのは、それが明確に定義され、グローバルに理解され、特徴的なブランドアイデンティティを持つ場合である。関連性が高く、野心的なブランド価値を持つことも、もちろん重要である」[‡]

ブランドアイデンティティに、匂いや音を含められる可能性を探るため、次のことについて考えてみましょう。

- 現在のブランドプレゼンスに、カスタマイズした香りを統合できる方法はありますか？ ない場合は、製品やサービスを販売する小売店をオープンすることを想像してみましょう。店内はどのような匂いがするでしょうか？
- 現在のブランドプレゼンスに、カスタマイズした音を統合できる方法はありますか？ 音を組み込めるのはどの資産ですか？ ブランドの動画、Web サイト、ユーザーインターフェイスなどについて考えてみましょう。

[†] Martin Lindstrom, Brand Sense: Sensory Secrets Behind the Stuff We Buy (New York: Free Press, 2010).

[‡] 同上。

4.3 まとめ

この章では、ブランドの視覚的シンボルを構築する方法について説明しました。重要なブランド要素として、ロゴ、カラーパレット、タイポグラフィ、イメージ、ステーショナリー、販促資料の6つを取り上げました。

消費者の知覚に影響を与えるために、色、言葉、イメージの無限の組み合わせを使うことができます。カラーパレットは、お飾りではなく、製品購入の引き金にも妨げる要因にもなり得る深層心理を刺激するものであり、製品に密接に関わるものです。消費者は、(常にとまではいわないにしても) 頻繁にコア製品を取り巻く視覚的シンボルに基づいて第一印象を形成します。ブランドイメージは戦略的なリソースです。人はブランドを理解するために、「それが自分にとって何をもたらすのか」という文脈を必要とするからです。

名刺や販促資料のような視覚的な素材は、ブランドの第一印象を形成するカギです。名刺はユーザー、投資家、メディアパートナー、従業員との関係構築において良いスタートを切る役に立ちます。ワンシートとプレゼンテーションスライドなどの販促資料は交渉において効果を発揮します。優れた製品は、同じくらい優れた販促資料が不可欠なのです。

5章
ブランド戦略

ショータイムの始まりです。これまでブランドストーリーとブランドシンボルを作成したのは、後生大事に手元に置いておくためではありませんよ。市場に出向く準備はできていますか？ **5章**のテーマはリーチ、エンゲージ、コンバージョンです。突撃目標は顧客の耳と目、心と頭、そしてもちろん財布。

ブランドコミュニケーションは、説明の時間でも説得の時間でも弁解の時間でもなく、ショータイムであることを忘れずに。

この章で紹介するツール——動画、画像、Web コンテンツ、レビューシステム、パートナーシップなどはすべて、ブランドが提供する製品をショーのように「見せる」ものです。どのように伝達すべきかを考えるときは、次の質問に答えてください。

私は「見せている」のか「話している」だけなのか？

「話すのではなく、見せる」と考えることでブランドをレベルアップします。詳しくは、この後説明します（私はそれを「見せて」いきます）。

戦略というものは、あるブランドにとって魔術的な効果をあげることもあれば、別のブランドにはまるで効き目がない場合もあります。戦略上使う材料を、ブランドに応じて微調整する必要があるのです。微調整の方法については、**7章**で説明する「材料選択がブランドにもたらす効果の計測方法」を参考にしてください。

第II部の冒頭では以降の章で構築するリーンブランディングのレシピと 25 の材料を紹介しました。ここではブランドコミュニケーション戦略の材料を作る方法を学びます。あらゆるブランドに当てはまる、魔法のコミュニケーション戦術などは存在しませんが、次の要素を見ていきます。

- ソーシャルメディア・マーケティング

- ランディングページ

- 検索エンジン最適化

- コンテンツマーケティング：ブログ

- 有料広告

- メールリスト

- 動画

- レビューシステム

- メディア対応

- POP 最適化

- パートナーシップ

この章ではブランドを円滑に伝達する戦術を説明します。こうしたコミュニケーションのための材料の構築ツールは無数にあり、新しい機能も毎日のように登場しています。この本では

1. コンバージョンに効果的であること、

2. 時間／コスト効率が良いこと、

3. 現時点でアクセスしやすいことを基準にして選びぬいたツールを紹介します。ツールや機能の更新情報については、本書の Web サイト（www.leanbranding.com）を参照してください。

さあ、始めましょう！

5.1 ソーシャルメディア・マーケティング

ソーシャルメディアをビジネスに活用することをテーマにした本は、何百冊もあり

ます。それぞれのソーシャルメディア・プラットフォームに特化したビジネスをテーマにした本も、何百冊も刊行されています。ブログ記事もたくさん書かれています（"social media marketing" でグーグル検索をすると、3.7億件以上もヒットします）、こうした状況には今後、ますます拍車がかかっていくことでしょう。今ソーシャルメディアは熱く、誰もがそれに便乗しようとしていて、どうすればよいかをみんな知っているようにすら思えます。

　あえて改めて、ソーシャルメディアについて考えてみましょう。人間は生物学的に他者との交流をするようになっています。こうした交流をオンラインでするときも「自然」と感じます。新たなプラットフォーム機能がその感覚を強化することもあります。新たな交流の方法を手に入れた！と実感しています。でも、ブランドに関しては、そこまで単純ではありません。そこで表現するのは、自分自身のことではなく（3章で構築した）ブランドパーソナリティだからです。ソーシャルメディア・マーケティングは、人間同士の自然な会話ではなく戦略的なビジネスコミュニケーションチャネルなのです。

　ブランドがメディアを通じてメッセージを伝達するとき、オーディエンスはその話者は創業者であるあなただけではないと明らかにわかっています。製品そのもの、その開発チームやサポートチームが話者になることもありますよね。従ってメッセージのトーンや内容もそれを反映していなければなりません。

　それでもブランドは、文脈のなかで生じる出来事や変化に自然に、そしてリーンに反応していくことはできます（そう期待されています）。ここがポイントです。ただし、ソーシャルメディアへの関わり方は、個人の場合と、会社（製品）のブランドの場合では異なります。ブランドのメディアへの関わり方は演技のようなものといえます。

　パーソナルブランドはその例外です。パーソナルブランドはユニークな個人の声を反映するものであり、あなた自身という個人の関心を映すものです。しかしここでも注意しなければならないことがあります。「自然とは、ありのままと同義ではない」ということです。「パーソナルである」とは、「私が感じるものを何でも投稿する」ことではありません。製品ブランドと同様に、パーソナルブランドにも慎重さや一貫性、簡潔さが求められるのであり、利便性を提供しなければなりません。この章では、そのための具体的な方法とビジネス上の利点について見ていきます。

　私はいつでも、ソーシャルメディア・マーケティングのワークショップの受講者に以下の質問をします。

- なぜ投稿するのか？

- 誰が投稿するのか？

- 何を投稿するのか？

- どこに投稿するのか？

- どのように投稿するのか？

- いつ投稿するのか？

5.1.1　なぜ投稿するのか？

　ソーシャルメディアのユーザーの 10 人に 4 人は、Twitter や Facebook、Pinterest で共有したり、「お気に入り」にしたアイテムをオンラインや実店舗で購入したりした経験があります。VisionCritical がこれを発表した 2013 年の報告書 "From Social to Sale" には、さまざまなインサイトが掲載されました[†]。

　ここからわかることは何でしょうか？ ブランドは潜在的な顧客の間のパーソナルな会話を遮るようにして、ソーシャルネットワークで自社製品を宣伝します。常識的に考えると、これは「妨害」に思えますが、上手に見せることで良い方に解釈されれば「便利」と見なされることもできます。「妨害」か「便利」かは、ソーシャルメディアにおける究極の論点です。ブランドによる投稿でユーザーに妨害しているのでしょうか？ 利便性を提供しているのでしょうか？

　言い切ってしまえばブランドは投稿すべきです。それは購入につながる自然なステップだからです。

5.1.2　誰が投稿するのか？

　ソーシャルメディアでは、誰がブランドを代表するのがよいでしょう？「ブランドの声」を代表するのが重大な役割であることは明らかです。それゆえ社内でソーシャルネットワークを管理するのか、外部委託するかを決めることは重要な意志決定になります。最初は、社内で取り組む方が、オーディエンスから多くを学ぶことができます。とはいえ戦略の方向性を策定したり、インフォグラフィックやイメージ、動画な

[†]　VisionCritical, "From Social to Sale: 8 Questions to Ask Your Customers" (white paper), http://www.visioncritical.com/social2sale

どのデジタルコンテンツを作成したりするために、代理店やフリーランサーを雇うことまでは止めません。ここでのポイントは次の通りです。

社員全員がソーシャルメディアに耳を傾け、注目しなければならない。

顧客を知り始めたばかりのとき、直接その声を聞くチャンスを逃そうと思う人はいませんよね？ ソーシャルメディア・パブリッシングを誰に任せるにしても、戦略的に行うことが重要です。

多くの人は「ソーシャルメディアはマーケティングに任せておけ」と考えます。広報や営業、カスタマーサービス、はては CEO の仕事だろうと見なす人もいます。しかしソーシャルメディアは、社内の特定の誰かが担当するのではなく複数の部門が対処することでメリットが得られるのです。

後の「どのように投稿するのか？」のセクションでは複数のメンバーがソーシャルメディアで顧客との対話を同時に担当する方法を紹介します。

とはいえ、社内の誰かがソーシャルメディアの取り組みのリーダーを務め責任を負わなければなりません。あなたの会社の規模は次に挙げるすべてのタイプの従業員がいるほど大きくはないかもしれませんが、例を挙げておきます。

- マーケティング部門のマネージャー

- カスタマーサービス部門の責任者

- 広報部門のマネージャー

- （当然ながら）ソーシャルメディア・マネージャー。以前は社内にソーシャルメディア管理の訓練を受けた専門家はいませんでしたが、今日ではこの分野の専門学部が大学院にあります。予算が許すなら、専門的な教育を受けた人材を雇うのもよいでしょう。

- あなた自身。チームの人数に限りがあるならそのなかで、担当者を決めなければなりません。自分自身がソーシャルメディアの責任者という自覚を持って読み進めましょう。

5.1.3　何を投稿するのか？

ビジネスでもっとも重要な質問は、「それが私にどう関係あるの（So what）？」です。

96 | 5章　ブランド戦略

人はメッセージを一方的に押しつけられるのを好みません（そのような扱いを受ける
べきでもありません）。ブランドと顧客の対話は、血の通った人間同士の対話のよう
であるべきです。この考えはソーシャルメディアのフォロワーに働きかけるうえで大
事です。

　ソーシャルメディアに記事を投稿するときは、次に例示する基準を満たしているか
について、慎重に吟味しましょう。これらの基準はブランド独自の声やブランドの価
値を維持することを目的にしています。また、特定のニーズに合わせて変えても良い
でしょう。ソーシャルメディアにおけるメッセージの基準をどう活用するのか、架空
／現実のツイートの例に見ていきます（必ずしも模範例ではありません）。

基準	悪い例	理由
慎重に内容を検討したか? この記事は、ブランドや個人を怒らせないか? 引用元のクレジット情報は掲載してあるか? 言葉遣いはオーディエンスにとって適切か?	「みんな、慌てないで!『フォーリングマン』のストーリーに、技術的なヘマがあったけどすぐに修正したよ。混乱させてごめん。」Esquire Magazine (@Esquiremag)、2013 年 9 月 11 日	「技術的なヘマ」は、謝罪をするときに使う言葉ではないし、こうした表現は人の神経を逆撫でするリスクがあります。実際にこのケースはそうなり、何千人ものユーザーが同誌のツイートを「無神経で傲慢」と批判しました。
一貫性はあるか? まったく別のブランドのように聴こえないか? 過去の自分の主張と矛盾していないか? 将来的に主張するかもしれないメッセージと矛盾しないか?	「アフリカに行く予定。エイズに感染しないことを願ってるわ。冗談よ! 私は白人だもの!」Justine Sacco (@justinesacco)、2013 年 12 月 20 日	このツイートはアメリカの巨大メディアの広報部門の女性幹部のものであることが判明しました。彼女のツイートは不快であるだけではなく、同社が主張するブランドの価値にも反していました。同社はこの点について、断固とした態度をとり彼女を解雇しました。
簡潔か? 時間がない読者（ほとんどのソーシャルメディアのユーザーはそうです）も十分に内容を理解できるくらい簡潔か? 見出しは長すぎたり、情報を詰め込みすぎたりすることなく、かつ十分に意味が伝わるものになっているか?	「Photolic のフォトアルバムをEvernote の API に統合することで、リアルタイムでの画像保存を促進する新しい機能を公開しました。この機能はバージョン 5.2 のリリースから利用できます」	このメッセージは、エンドユーザーにとっては冗長で複雑すぎます。もっと短くてわかりやすい表現を考えましょう。「新しい Evernote では、Photolic の写真を保存できるようになりました——今すぐ確認しよう!」

5.1　ソーシャルメディア・マーケティング　|　**97**

(続き)

基準	悪い例	理由
オーディエンスにとって役に立つか？ 「それで？」と自問しましょう。この記事は顧客の役に立つでしょうか？ どのような方法で顧客の役に立つのでしょうか？ 私たちの目標は、最終的には読者に購入を促すことであるとはいえ、読者を笑わせることにも価値があります。後に出てくるユーモアの説明を読んで、笑いを上手に活用してください。	「今日が国際的な教師の日なのをご存じですか？」	これだけでは「へえ。で、それが私にとってどう関係あるの？」と思われてしまいます。次のような価値を加えてフォロワーを惹きつけるのです。「教師の日に関する興味深い引用を10個紹介します[リンク]#worldteachersday」
共有可能か？ すべてのメッセージがウイルスのように広がるとは限りませんが、この表の上の列で検討したこと（オーディエンスにとって役に立つか）はあらゆる投稿に当てはまります。コンテンツが他の大勢の投稿のなかで際立ち、共有に値するほど興味深ければ、自然に（オーガニックに！）に広がっていくものです。	「新たなインフォグラフィック：2013年における我が社のグローバルな経済的影響」[リンク]	このインフォグラフィックはデザインに何時間もかけているかもしれませんが、ユーザーに注目する価値があると伝えない限り、投稿はたちまちソーシャルメディアの闇のなかに消え去ってしまいます。成功例として@Airbnbのツイートを紹介します。「[インフォグラフィック] Airbnbのグローバルな経済的影響について知りたい？ 私たちも同じです。私たちが見つけたものを紹介します。[リンク]。#collcons」(2014年3月24日)
多彩な表現方法を適切にミックスして用いているか？ エキサイティングなマルチメディアツールが大量にあるにもかかわらず、文字だけの投稿をしていませんか？ 動画や写真、曲などと組み合わせて、読者を引き込む投稿にしましょう。	「私たちのシカゴ新社屋は素晴らしいですよ。今日引っ越します！」	「見せる」を増やし「話す」を減らします。テキストと画像／動画を組み合わせてエンゲージメントを高める好例です。「シカゴに新設した本社です。[画像や動画]」

　これらの基準をクリアしながら、適切なコンテンツを投稿していきましょう。次に、普及している効果的なソーシャルメディアの記事を挙げます。いうまでもないことで

すが、イノベーションにはインスピレーションが必要です。

- オーディエンスが重要かつ有用だと見なす情報のインフォグラフィック。
- 製品のイメージと、購入を促す魅力的な見出し。

- Webサイトやブログに公開された、興味深い（そして便利な）コンテンツへのリンク。この戦略をコンバージョンに役立てる方法については、後述のブログのセクションで説明します。
- 外部のWebサイト／ブログで公開されている有益なコンテンツへのリンク。ツールを利用することで業界の最新情報を入手できます。Google AlertsやFeedly Searchを使うと対象分野に関する記事が投稿される度に通知されます。例えばカレンダーアプリのブランドに関連するコンテンツを監視したいなら、新しく投稿された記事に「time」や「management」などの用語が使われているかどうかを自動的にチェックできるのです。
- 製品を使っていて、楽しんでいる既存顧客の写真。（適切なタイプの）有名人の写真を使うことで、信頼感を高めることができます。ただし問題を引き起こすことの多い人物の写真は、使わないように気をつけましょう。
- オーディエンスへの質問。あったらいいなと思う機能やニーズを尋ねます。

5.1 ソーシャルメディア・マーケティング | 99

- ブランドの機能的または感情的なメリットを示す動画。

- ビジネス上の進捗。目標としていたユーザー／フォロワー／従業員／顧客に達したことや、新しいオフィスに移転したこと、投資を得たことなどを報告します。

- 先行情報。フォロワーに身内のように感じてもらうのです。またブランド体験がゼロからどのように作り上げられていくのかを示します（企業秘密は漏らさないように）。その目的はブランド体験の構築の一連のプロセスを強調することで、ブランドの企図、信頼性ならびに製品の魅力を示すことにあります。チームに強いプロ意識があること、毎週ブレインストーミングをして、製品の改善に努めていること、オフィス／社風／場所についての特徴的なことなど、新たなブランド作りの一環で何かアピールできるものがあるはずです。ファッションデザイナーのカール・ラガーフェルドは、「あなたの名前の話を大げさに語っていけない。あなたの仕事の話を大げさに語るのだ」と表現しています。

- コンテスト／賞品／無料トライアル／プレゼント。「無料」という言葉に魅力を感じない人はいません。これは人の注目を集める世界共通の方法であり、うまく実装できれば、そのブランドは注目とコンバージョンを集めることができます。これはフォロワーを煽ったりたぶらかしたりするのとは違います。合法的であること、スパムの印象を与えないことは、ブランドを成功させるための最低条件です。

- 重要な(そのうえブランドに関連が深い)日付を強調する記事。七面鳥を売っているなら感謝祭を、カレンダーアプリを販売しているなら大晦日を使うのです。1年365日、ほとんどの日には、何らかの特別な意味があります。詳しくは、daysoftheyear.com、holidayinsights.com、checkiday.com などのサイトを参照してください。

- ブランドストーリーに関する刺激的な引用。3章でブランドストーリーを作ったのはまさにこのためです。「どこから来たのかはっきりしないブランド」は、「これからどこに向かうか」についてもはっきりせず、価値が認められません。3章ではブランドが提供しようとする価値に基づき、一連のブ

ランドパーソナリティや、明確なブランドプロミスを整えました。このような ブランドストーリーにまつわる記事で刺激をうけたユーザーは、投稿を共有してくれるものです。投稿が共有されればより多くの人の目に届き、コンバージョンの可能性が高まります。人の目に触れない限り誰も購入してはくれないのです。

- ユーモア。既存顧客の不満を取り上げ、そのニーズをユーモラスな形で表現する工夫ができます。「あなたのブランドが解決できる『何か』がうまく行っていない『誰か』」について考え、その状況のおかしみのある側面に注目し、購入を促しながらフォロワーに笑いを提供します。

あなたがこれを読んでいる今も、新しく魅力的なコンテンツが次々と出現しています。新たなコンテンツマーケティングのトレンドをつかむために、業界のベストプラクティスを研究し続けましょう。簡単にそうした研究をするためには以下の方法がお勧めです。

- 業界のトップブランドに注目して、そのブランドがフォロワーを引きつけ、コンバージョンに導くためにしていることを探る。

- ソーシャルメディアの利用に関する成功例のケーススタディを読む。

- 毎年、ウェビー賞などを受賞したブランドのブランドコンテンツ戦略を読む。また、本書のウェブサイト（leanbranding.com）でもヒントになる事例が記載されている。

5.1.4　どこに投稿するのか？

「どこでも」というのでは、お粗末すぎる（そして無駄な）答えになってしまいます。「ターゲットオーディエンスがいま時間を費やしている場所ならどこでも」というのが良い答えです。誰も製品を買ってくれない場所で話を始めることで、時間、金、労力を無駄にしたくはないでしょう？ 教会ではポルノを売れませんし、ルイ・ヴィトンはスラム街で店を開きません。誰も聞く耳をもっていない場所でソーシャルメディアのプロフィールを設定してはなりません。

シンプル、戦略的、リーンであることを心がけましょう。**3章**で作成したペルソナ

がいそうなソーシャルネットワークを探します。政府機関、メディア、そして SNS 企業自身も各種プラットフォームのオーディエンスの人口統計学的データを定期的にリリースしています。

ピュー・リサーチセンターの 2014 年の調査によれば、若年層は他の世代よりもソーシャルメディアを多く使用しています[†]。他の世代は別の場所やサービスに興味を持っています。この調査結果を参考にして、ターゲット顧客に向けて情報発信するにはどのプラットフォームを選ぶか検討しましょう[‡]。

SNS サイト	利用者のうち成人が占める割合	多数を占めるジェンダー	もっとも利用者の多い年齢層（歳）	もっとも一般的な教育レベル
Facebook	71%	女性	18-29	大学
LinkedIn	22%	男性	30-64	大学以上
Pinterest	21%	女性	18-49	大学以上
Twitter	18%	有意差なし	18-29	有意差なし
Instagram	17%	女性	18-29	大学

5.1.5　どのように投稿するのか？

複数のソーシャルネットワークに毎日記事を投稿するのは大変なようですが、ソーシャルメディアを管理する便利なツールは、いくらでもあります。代表的なものとして、複数のソーシャルメディアチャネルで、ブランドのプレゼンスを管理するツールがあります。こうしたツールを利用することで、いろいろな SNS で起きていることを俯瞰的に把握したり複数の SNS に、同時に記事を投稿したりできるのです。次のような利点もあります。

スケジューリング

事前に記事を仮投稿して、いつ公開するかを時間設定できます。後述する HootSuite には、いつ記事を公開するのが最適かを決定する便利な機能 "Autoscheduler" があります。

[†]　Maeve Duggan and Aaron Smith, "Social Media Update 2013," Pew Research Center, January 2014, http://pewinternet.org/Reports/2013/Social-Media-Update.aspx

[‡]　この表では、Pew Social Media Update が報告した人口統計学的特性に留意し、統計的に有意な差を表示しています。

短縮 URL

1回の投稿の文字数が制限されている Twitter で、文字数の多いリンクを扱うのは大変です。ソーシャルメディア管理ツールが提供する URL 短縮機能を使えば、重要な「メッセージ」に多くのスペースを割けるようになります。アプリでメッセージを「追跡」して、クリック数をカウントすることもできます。このようなクリック数の統計データが何を意味するかについては、**第Ⅲ部**で詳しく見ていきます。他にも「バニティ URL」というブランド付きのリンク短縮サービスも購入できます。この方式は USA トゥデイ（usat.ly/ <XXXXX>）や、マッシャブル（on.mash.to/ <XXXXX>）のようなブランドで採用されています。

複数プロフィール

ある種のコンテンツは特定のプラットフォームに適していますが（Pinterest や Instagram 向きの画像、Facebook 向きの画像、Twitter や LinkedIn 向きのリンクなど）、1つのメッセージを複数のプラットフォームに同時に投稿したい場合もあります。タブを5つも6つも開いて、1つずつ投稿するのは手間がかかります。そういうときには、ソーシャルメディア管理ツールを使って、複数のプラットフォームにコンテンツを同時にプッシュする方が効率的です。ワンクリックでマルチプラットフォームに投稿するのです。

分析とレポーティング

記事が（インターネットで）公開された後は、それがどれくらいクリックされて意図するページに移動し、読まれたかを追跡する必要があります。**第Ⅲ部**では、このテーマに取り組み、メッセージがオーディエンスにどれくらい響いたのかを把握し、それに応じて今後の記事を調整する方法を探ります。今すぐにそれを知りたい人は、**8章**に目を通してください。

共同作業

これらのツールを使えば作業を分担できるようになります。複数のユーザーが設定したスケジュールに従ってコンテンツを公開でき、作成者が誰かを全員が確認できます。私の体験でも、このチーム分担機能にははかり知れないメリットがありました。誰かが記事のドラフトを作成し、別の誰かがそれを確認／編集して公開する、というワークフローもできます。とても効果的です。

5.1 ソーシャルメディア・マーケティング | 103

キーワードの研究

3章でハッシュタグを使って2次的な検索をすることについて説明したのを覚えているでしょうか？（「ソーシャルメディアでの調査」というタイトルのコラム「ブランディングの裏技」をもう一度読んでください）。このツールを使えば、ハッシュタグ検索を活用でき、リアルタイムのキーワード検索を24時間365日実行できるようになります。この検索結果を見ると、次はどんなコンテンツを公開すればよいか、競合の動向、顧客が、あなたのブランドについて考えていることは何か、を把握しやすくなるのです。

ここまで記事を投稿すべき理由、その内容、場所について見てきました。また、投稿する方法についても便利なツールを紹介し、その機能についても検討しました。ツールの一部を挙げます。

- HootSuite/www.hootsuite.com [†]

- Buffer/www.bufferapp.com

- Sprout Social/www.sproutsocial.com

5.1.6 いつ投稿するのか？

ソーシャルネットワークによって、オーディエンスの層が異なることは上述した通りですので、記事を投稿する最適なタイミングが、それぞれのプラットフォームによって異なるのも驚くことはありません。クリック数や訪問者数などの統計データに基づき、プラットフォームごとに投稿の最適なタイミングがいつなのか、調査がなされています。

短縮URLサービスのBit.lyは、露出の最大化を目的として、各ソーシャルネットワーク対する投稿のベストタイミングのデータを公表しています[‡]。

Twitter

- クリックの獲得に最適な時間帯：月曜日から木曜日の午後1時から午後3時

[†]　私は個人的にHootSuiteが好みです。しかし、どのツールを選ぶかは、あなたのビジネスの目的次第です。HootSuiteは無料版でもツールの必要な機能をすべて提供してくれます。

[‡]　Bitly blog, "Time Is on Your Side," May 8, 2012, http://bitly.com

- トラフィックがもっとも多い時間帯：月曜日から木曜日の午前9時から午後3時

Facebook

- クリックの獲得に最適な時間帯：月曜日から木曜日の午後1時から午後4時。ピーク時間：水曜日午後3時

- トラフィックがもっとも多い時間帯：平日の午後1時から午後3時

　もちろん、この時間帯は一定不変ではないし、特定のオーディエンスやニッチが一般の傾向から逸脱することもありますから、「あなたのオーディエンスにとって、もっとも効果的な時間帯はいつなのか」を計測しましょう。前のセクションで説明したツールには、最適なタイミングでの投稿を支援する、オートスケジューリング機能があります。

5.2　ランディングページ

　ランディングページは文字通り、見込み客があなたのブランドを知るために最初に着地（landing）する場所のことです。第一印象は非常に重要であり、強力なビジュアルがあれば、よい影響を与えることができます。ランディングページに活かすビジュアルについて検討しましょう。

見出し

　訪問者に詳細を知りたいと思わせる魅力的で役立つフレーズを使いましょう。キーワードは「誘惑的」です。3章で作成したブランドプロミスを活用するのです。

コピー

　製品を差別化する3〜4つの主要機能に焦点を当てて顧客へのメリットを強調しながら説明します。顧客の散漫な注意力（現在ではすべての顧客がそうだと思いませんか？）をつなぎとめるには、箇条書きが効果を発揮します。

画像／動画

　静的なモックアップや短い動画を使って「製品がどのように見えるか」を示します。ただしこれらはサイトの読み込みを遅くするリスクがあります。ランディングページは短時間でロードできることが、極めて重要です。

CTA（Call to action ／行動へのきっかけ）

訪問者にしてほしいことは何ですか？ 直接アプリを購入すること、メルマガの購読、サイトでのアカウント作成など、何であれ、テーマが明確であれば、実行しやすくします。CTA が多くあって、それらが競合していると、ユーザーは混乱し、行動をとれなくなります。多ければ良いとは限りません。

レビューと実績

ここでも「話すのではなく見せる」が重要になります。あなた自身がブランドに夢中になっているのを示すことと、他の誰かが夢中になっているのを示すのは、まったく違った意味合いを持ちます。顧客の感想やメディアによる好意的な記事、受賞歴などを使って第三者があなたのブランドについて何を考えているかを見せましょう。

5.2.1　ヒント

話すのではなく見せる

製品と関わる人や文脈を含む場合、イメージを見せると特に効果的です。4 章で説明したようにイメージはブランド価値を伝えるために極めて重要なのです。

機能ではなく、メリットを強調する

競合製品にない機能を 100 個も提供できるなら素晴らしいですが、それだけでは顧客が製品を買う理由にも、ランディングページに数秒間長く滞在してくれる理由にもなりません。独自の価値提案は？ 顧客の暮らしを楽にするためにできることは？ 1 章で説明したように、ブランドは顧客の現状（現在の自分）と、理想状態（いつかなりたい自分）をつなぐ橋でなくてはならないのです。

これはホームページではない

だからこそ、単に Web サイトではなく「ランディングページ」と呼ばれているのです。ランディングページの主な目的はコンバージョンです。訪問者を目的のアクションへと導くことです。1 つの Web サイトにあなたが提供する価値のさまざまな側面に関連するランディングページを複数作成することができます。次のように考えてみましょう。Web サイトがメインディッシュだとしたら、ランディングページは前菜です。訪問者を空腹にさせ味見をさせて美味しさを伝え、サイト全体を訪問するように誘い込むのです。

ブランディングの裏技

ランディングページ用のツール

HTMLの知識がない人でも使えるランディングページの作成ツールがあります。ランディングページの作成プロセスをスピードアップしたいなら、以下をチェックしてください。

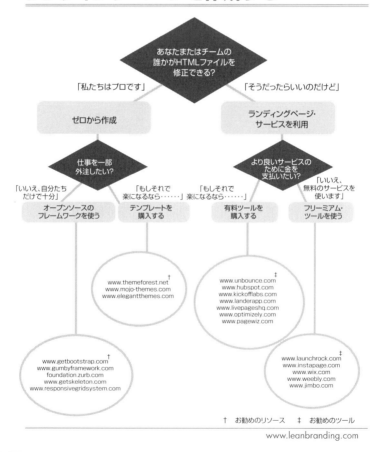

5.3　検索エンジン最適化

　検索エンジン最適化（SEO）については既に多くが語られています。人によって定義が異なり、誰もがかたくなに自説を曲げようとしないバズワードです。でも、突き詰めれば SEO とは「検索エンジンが適切にブランドを見つけ、参照できるようにするために、コンテンツに手を加えること」と言えます。

　ここでひとつ、次のことをやってみてください。検索エンジンで自分のフルネームを入力します。何が表示されましたか？ ソーシャルメディアのプロフィールが 1 番目に表示されたでしょうか？ それとも 2 番目？ 3 番目？ 個人で Web サイトを持っている場合、一般の人があなたの名前を検索したときに、その Web サイトを見つけることはできますか？ 言い換えれば、あなたは Web 上に存在しているのでしょうか？

　あなたの「インターネット上での存否」は、あなたを見つけられるかどうか次第です。ブランドの場合、インターネット上に存在し、検索結果の上位にランク入りすることはさらに重要です。潜在ユーザーが、ブランド名はもちろん、そのニーズに関連するある語句を入力して検索したとき（通常はこの検索方法を用います）には、あなたを見つけられなければなりません。こうした、ニーズや望み、競合、機能に関する言葉を「キーワード」というのです。

　より直接的に言えば、キーワードとは「あなたの製品に関連していて、人を購入まで導く言葉」のことです。キーワードを検出し、計測し、使用するシンプルな方法を幾つか紹介しましょう。

　どのキーワードを使うかを判断するには、次のリソースを参照してください。

- Google Adwords Keyword Planner（https://adwords.google.com/o/KeywordTool）

- Keyword Discovery（www.keyworddiscovery.com）

- Wordtracker（freekeywords.wordtracker.com）

- Ubersuggest（www.ubersuggest.org）

- Spyfu（www.spyfu.com）。

- Bing Tool（www.bing.com/toolbox/keywords）

これらは、競合他社が現在使用しているキーワードが何かを調べるのにも役に立ちますし、あなたにとって効果的かもしれない言葉についてヒントも得られます。ただし、競合他社と同じものは使わないように気をつけましょう。

以下のツールは、新しいキーワードを長期的に管理したり、ソーシャルメディア・コンテンツを見つけたりするのに役立ちます。

ハッシュタグ検索

この本の中で紹介してきたすべてのソーシャルメディア管理ツールには、キーワードを入力することでリアルタイムのフィードが生成される機能が搭載されています。使用可能なオプションを見るには前述した「ソーシャルメディア・マーケティング」を参照してください。

Google Alert

興味のある言葉（キーワード）を指定すると Google が「興味深い新たなコンテンツを監視」してくれる機能です。www.google.com/alerts で簡単なフォームに項目を入力すると、指定したキーワードに関する新しいコンテンツがインターネット上に公開されるつど、通知メールを受信することができます。

Feedly Tracking Tools

ニュースリーダーとして Feedly を使用すると、Tracking Tools という機能が、あなたの興味のあるトピックを通知してくれます。それに基づいたフィードも生成されます。

Topsy

対象のカテゴリ内で、誰がインフルエンサーかを把握するのに不可欠なツールです。www.topsy.com でキーワードを入力するだけで、そのトピックに関連する指定期間内で重要なツイート、リンク、写真、動画、インフルエンサーについて詳細な分析結果を入手できます（訳注：本書の出版時点では Topsy サービスは終了しています）。

アプリ内の検索ツール

Twitter で「高度な検索」機能を使うことで、特定のトピックに関するユーザーや、個々のツイートを検索できます。Facebook には Open Graph 機能があり強力な検索が可能です。画面上部にある検索バーに名前やフレーズを入力する

と、関連性の高い人、アプリ、ページ、イベントなどを見つけることができます。LinkedIn、Pinterest、Instagram にも同様の（よりシンプルな）検索機能があります。

これらのキーワードに基づいて、検索エンジンのランキングを向上させる方法を挙げてみます。

- キーワードをメタディスクリプションやヘッダーに含めるなど、目的のサイト内にキーワードをできるだけ多く入力して基本的な HTML SEO をしっかりとやりましょう。メタディスクリプションとは、Web サイトのコードに挿入できる、さまざまなメタタグの 1 つです。「メタタグ」は、「訪問者には見えないが検索エンジンには見える情報」や「検索エンジンの言語」のことです。もっとも最近の検索エンジンでは、メタタグにキーワードを仕込む「見えない」設定ではなく、自然（オーガニック）にキーワードがサイトで見える形で使われるのを歓迎する傾向があります。

- コンテンツの本文そのものに検索キーワードを入れたいのはやまやまですが、本文でキーワードをスパムのように乱用するのは、不自然でよくありません。コンテンツの流れに自然に挿入しましょう。

他にもランキングを向上させる方法として、次のようなものがあります。

他のサイトと相互リンクを張る

他のサイトからリンクされることを、「バックリンク」といいます。検索エンジンは他のサイトからのリンクが多いほど、そのサイトの信頼性が高いと判断するのです。論理的ですよね？

ディレクトリにサイトを提出する

いくつかのサイトは、URL を収集しカテゴリ別に整理します。こうしたサイトこそ検索ランキングを押し上げる貴重なバックリンクの提供元になります。

サイトの所有権を主張する

Google と Bing などの検索エンジンは、検索インデックスを作成するプログラ

ム（ボットとかクローラとかいいます）が、あなたのサイトを「間違いなく読め
るようにする」ためのダッシュボードを提供しています。こうした Webmaster
Tools にサインアップすると、サイトの所有権を確認するよう求められます。つ
まり、その確認をすることで、問題が生じたときの公式な連絡先として登録され
るわけです。Webmaster Tools はサイトの可視性やクロールエラーに関するレ
ポートも提供してくれます。

サイトマップを検索エンジンに送信する

検索エンジンは常に Web サイトを「巡回検査」してサイトの構造を調べ、どの
セクションをインデックスにするか、新しいコンテンツが追加されているか判
断しています。そこで、検索エンジンが求める情報を適切に与えることで、検
索エンジンの仕事を楽にしてやるのです。サイトマップを送ってサイトの構造
を見せることでユーザーが検索エンジンで情報を見つけるときに役に立ちます。
Google と Bing なら、Webmaster Tools のダッシュボードでサイトマップをアッ
プロードできます。

高品質のトラフィックを生成する優れたコンテンツを作成する

後述の「コンテンツマーケティング：ブログ」のセクションで、この方法につい
て説明します。

ソーシャルネットワークのプロフィールを作成する

「ソーシャルメディア・マーケティング」のセクションに戻って、アイデアを得
ましょう。Facebook や Pinterest、Twitter でシェアされる回数が多いほど、サ
イトの信頼性が高まり検索エンジンに拾われやすくなります。

5.4　コンテンツマーケティング：ブログ

ブログは、ブランドストーリーへの関心を高める「くさび」の役割を果たします。
ユーザーや既存顧客、メディア、投資家にブログを読んでもらうことで、あなたやそ
の製品を信頼する根拠になる「声」や「新たな（更新され続ける）理由」を見つけて
もらえるのです。

**人は「ブランドの黒子」の存在を煙たがるどころか、それに親近感を覚えた
ときにこそブランドに惹かれるのです。**

5.3 検索エンジン最適化 | 111

　手入れの行き届いたブログなら、製品が提供する価値をも超えて、潜在顧客と既存顧客に多くの価値を提供します。ブランドブログで取り上げるのに効果的なトピックを紹介します。

- チュートリアル

- ケーススタディ

- 役立つリソースとツールのリストやまとめ

- 動画

- レビューや紹介文

- ゲストの投稿

- リサーチ（インフォグラフィック、ホワイトペーパー、ケーススタディ）

- コンテスト、割引、プレゼント

- 啓発的な引用

- 印象的なイメージ

- 一般的な質問への回答

- インタビュー

- プレゼンテーションで使用したスライドショー

ブランディングの裏技

ブログブースター

　一見無意味に見えるとして見落としてしまいがちなブログの機能が、意外にもコンバージョン率の向上に役立ちます。

- **顧客が望んでいるダウンロード可能なコンテンツを作成する。**そのうえで、顧客のメールアドレスや Twitter での拡散を求めるのです。

顧客が喜んで「反応」してくれるコンテンツを注意深く選びましょう。
ここでいう「反応」とは、必ずしも、おカネを支払ってくれることだ
けを指すわけではありません。顧客には「ツイートする」、「友人を招
待する」、「E メールアドレスを送信する」、「Facebook で共有する」
などリーチを増大させるさまざまな反応によって「支払う」ことを求
められるのです。

便利なツール：InboundNow.com、PayWithATweet.com、Cloud
flood.com、SocialPay.me

- **あらゆるものを共有しやすくする**。顧客が簡単に友人とコンテンツ共
有できるようにするために、SNS 用のバーやボタンを用意します。
主な SNS にはすべて Web サイトのコードに簡単に追加できる「シェ
アボタン」機能があります。

便利なツール：Addthis や Sharethis のようなソーシャルバーは、
1 つのウィジェットに複数のソーシャルネットワークのボタンを組み
合わせており、ブログに簡単に埋め込むことができます。

- **コンテストを開催する**。顧客と積極的に関わりこちらが求めるように
反応してもらうのと引き替えに、トークン(優待券)を提供します。ソー
シャルメディア経由でコンテスト参加を呼びかけ、価値ある反応が得
られたらトークン(理想的にはあなたが販売している製品か関連商品)
を無料提供します。ここでいう「価値ある反応」とは、現時点のコンバー
ジョンの目標となる行動のことです。誰かにページを「いいね」して
もらったり、プロフィールをフォローしてもらったり、サインアップ
を集めたり、特定の調査の回答を集めたりすることです。コンテスト
を簡単に立ち上げる専用アプリもあります。

便利なツールは以下の通りです。

- Woobox（www.woobox.com）
- EasyPromos（www.easypromosapp.com）
- Shortstack（www.shortstack.com）
- Pagemodo（www.pagemodo.com）

5.4　コンテンツマーケティング：ブログ　| 113

- SocialTools（www.socialtools.me）
- Rafflecopter（www.rafflecopter.com）
- Contest Domination（www.contestdomination.com）

- **特別割引を与える。**最重要の顧客向けには予算が許すかぎり、エンゲージメントのフックになる割引を用意します。この顧客に求める行動を起こしてもらうには、「その割引が誰にでも与えられるものではない」と明確にするのが重要です。この手法は、サンプリングにも使えます。例えば新しい顧客の心理的抵抗を超えて製品を試してもらうような場合です。このような特別割引が効果的なわけは、特別でユニークで価値ある体験をしていると感じることが、人間の判断の強力な誘引になるからに他なりません。「特別」と示すことで感謝のシグナルが伝わり、相手もお返しをしようという気持ちになり、こちらが求める行動をしようという気になってくれるわけです。

便利なツールは以下の通りです。

- Daily Deals サイト。以下のようなユーザー層にアピールできます。
  - デジタルグッズ：AppSumo、MightyDeals
  - 他のグッズ：Groupon、LivingSocial
- Web サイトのショッピングカートに備わっている「クーポン」や「ディスカウント」機能を活用するのも手です。
- マーケットプレイスに出店している場合でも、ほとんどのマーケットプレイスが割引の機能を提供しています。モバイルアプリの iTunes ストアでさえ、影響力あるユーザー（レビュアー、ブロガー、メディアなど）に送信できる限定配信できるプロモーションコードを開発者向けに提供しています。iOS アプリなら UseTokens.com を試してみましょう。

> 人はブランドの黒子を
> 煙たがるどころか
> 親近感を覚えるときにこそ
> ブランドに惹かれるのです。

5.5 有料広告

　成長がすべてオーガニックなものだけとは限りません。ソーシャルメディアのプロフィールや動画、ランディングページは、放っておくだけでは誰にも見てもらえません。有料広告をうまく使えば、ブランドメッセージのリーチを拡げ、高品質の見込み客（すなわち、潜在顧客）を販売場所まで導くことができます。オンライン広告の場合、ランディングページがコンバージョンを達成する「魔法の場所」になります。この章の後半では、これを最適化する方法を、1セクションまるごと費やして説明します。

　オンライン広告では「クリックして移動する」、「広告を見る」、「ソーシャルメディアでフォローする」などの行動を取る顧客に、どれだけ費用を費やしたかを簡単に見ることができようになりました。

　ブランドの宣伝のためにおカネを払って広告を出すなら、それを掲載すべき、以下の3つの優先度の高い場所から考えましょう。

- 顧客が実際に読んでいるコンテンツを公開しているサイト
- 顧客が探している可能性が高い検索結果ページ
- 顧客の利用頻度が高いソーシャルネットワーク

顧客の目に触れるスペースを選んで広告費を使いましょう。顧客が見ることのない広告スペースにおカネを使うのは時間、金、労力の無駄です。

5.5.1　ディスプレイ広告

　広告を掲載すべき3つの優先度の高い場所のうち、1番目の「顧客が実際に読んで

5.5 有料広告

いるコンテンツを公開しているサイト」について考えてみましょう。

複数の代理店から広告スペースを購入することもできますが、Google AdWordsのようなアグリゲータを使って広告を配信する方が、簡単で効率的です。Google AdWordsはあなたの広告を、数千のパートナーサイトに掲載し、クリック数、表示回数、コンバージョン数に基づいて課金します。

 各種の検索エンジンや、国によって異なる多くの広告プラットフォームがあります。ここでは、もっとも広く使用されているGoogleを取り上げます。

Googleはデフォルト（追加設定なし）では「コンテンツターゲッティング」により広告配信されます。これは、あなたのキーワードに、適切なサイトをマッチアップさせるというものです。あなたがしなければならないことは、Display Network上に魔法を起こしてほしいとGoogleに知らせることです。

次に順を追って手順を示します。

1. adwords.google.com でアカウントを開きます。

2. ［＋キャンペーン］を選択します。

3. ［ディスプレイ ネットワークのみ］を選択します。［マーケティング目標なし］を選びます。

4. ［キャンペーン名］ボックスでキャンペーンに名前をつけます。［マーケティング目標なし］を選びます。

5. ［地域］で、含めたり除外したりする地域を選択します。［言語］で、指定したターゲットとなるオーディエンス向けの言語を選択します。

6. ［入札戦略］でインプレッション、クリックしてコンバージョン、または、それらの(より高度な)の組み合わせごとに課金されるよう指定できます。［予算］で1日あたりの予算を設定します。

7. ［広告表示オプション］で、自社の住所や電話番号を追加して、顧客からリーチされやすくします。電話番号を追加するとユーザーは広告を見て直接あなたに電話ができるようになります。

8. ［保存して次へ］をクリックし、［広告グループ名］ボックスで広告グループに名前をつけます。

9. ［広告のターゲットの選択]や[ターゲットからさらに絞り込む(オプション)]でターゲットを細かく指定できます。製品を購入してくれない人に対して広告費を無駄に使わないように、できる限りオーディエンスを絞り込むべきです。重要なのは「顧客の目に触れるスペースを選んで広告費を使う」ことでしたよね？ これを忘れないようにしましょう。必要に応じて**3章**で作成したカスタマーペルソナに戻り、ターゲットとすべき顧客層についてのヒントにしましょう。Google も、顧客層を絞り込むためのさまざまな方法を提供しています。
   - サイトのキーワードを基準にする
   - 人々の関心を基準にする
   - ディスプレイサイトのトピックを基準にする
   - プレースメントを基準にする：広告を表示したい特定の Web サイトを選択
   - オーディエンスの年齢を基準にする
   - オーディエンスの性別を基準にする

5.5 有料広告

10. これで、実際の広告を作成できるようになりました。広告の種類には、イメージ広告、テキスト広告があります。次に、従来型のイメージ広告のサイズを示します。

広告の寸法	広告の種類
スクエアとレクタングル	
200 × 200	スクエア（小）
240 × 400	レクタングル（縦長）
250 × 250	スクエア
250 × 380	トリプルワイドスクリーン
350 × 250	レクタングル
336 × 280	レクタングル（大）
580 × 400	ネットボード
スカイスクレイパー	
120 × 600	スカイスクレイパー
160 × 600	ワイド スカイスクレイパー
300 × 600	ハーフページ広告
300 × 1050	縦

広告の寸法	広告の種類
ビッグバナー	
458 × 60	バナー
728 × 90	ビッグ バナー
930 × 180	トップ バナー
970 × 90	ラージ ビッグ バナー
970 × 250	Billboard
980 × 120	パノラマ
モバイル	
300 × 50	モバイル バナー
320 × 50	モバイル バナー
320 × 100	モバイル バナー（大）

　いずれの広告でもテンプレートが表示され、製品写真、見出し、説明文、広告クリック後の移動先リンクなどの指定が求められます。クリック後の移動先はもちろん、ランディングページですね？

5.5.2　検索連動型広告

　ユーザーの検索結果ページに、ブランドを表示させたい場合もあります。検索結果ページは2番目に優先度が高い広告スペースです。

　検索結果の隣に広告を表示するキャンペーンを作成するには、前述の手順を繰り返します。ただし［ディスプレイ ネットワークのみ］のかわりに［検索ネットワークのみ］を選択します。また［検索ネットワーク（ディスプレイネットワーク対応)］を選択することで検索結果とパートナーサイトの両方に広告を掲載できます。

　手順7. の［広告表示オプション］では、2つ以上のオプションが表示されます。サイト内のリンクの追加や、Google+ ページへの関連付けが可能です。

　手順9. では、ターゲッティングする検索キーワードを指定します。これにより、顧客は、Google 検索の結果、あなたのブランドを見つけることになります。顧客が入力する言葉（検索キーワード）に連動させて広告が表示されるのです。次のような画面が表示されます。

Google がブランドに関連すると見なすキーワードを変更したい場合は、[キーワード] タブに移動してキーワードを修正、追加、削除します。

次に、見出し、2 行の説明、表示 URL（ユーザーが実際に広告上で参照するリンク）、リンク先 URL（ユーザーが広告をクリックしたときに表示される Web ページへのリンク）の指定が求められます。いつものように、便利なプレビューが表示されます。

5.5.3 ソーシャルネットワーク広告

消費者はソーシャルネットワークに多くの時間を費やしています。ソーシャルネットワークは 3 番目に優先順位が高い広告スペースです。

顧客同士が活発に交流する SNS プラットフォームに広告を出すのは効果的です。ここではユーザー数が多い Facebook の広告を取り上げます。Twitter や LinkedIn も魅力的な広告プログラムを提供しています。

Facebook の広告の作成方法を見ていくことにします。

1. https://www.facebook.com/ads/create/ に移動します。

2. この広告キャンペーンの目的を選択し、［広告キャンペーン名］ボックスでキャンペーンに名前を付けます。

3. ［オーディエンス］に必要事項を記入し誰に向けて広告を表示するかを指定します。地域や年齢層、性別、言語、興味、特定の Facebook のページ、アプリ、イベントに紐付いている対象者やその友人といった属性を指定できます。

4. 広告を配信する場所を選択します。

5. キャンペーンの上限予算を指定します。1日あたり（最大）または通期でどれだけ支払いをするか、掲載期間、Facebookにクリック／インプレッションごとに支払う額を決定させるか、自分で決定するかを指定します。インプレッションごと（CPM）に支払う場合は広告配信数に基づいて支払いをします。クリック単価（CPC）ごとに支払う場合は、ユーザーがクリックして指定URL（ステップ手順6で指定）を訪問した場合にのみ支払います。

6. どの目的を選んだ場合でも、4つの項目の指定を求められます。対象URL（ユーザーをクリック後に移動させたい場所）、見出し、少量のテキスト（コピー）、メッセージを説明する画像等のメディアです。

7. 実際の広告がニュースフィードと右側の広告枠にどう表示されるかが示されます。これらのフォーマットを取り除くには、各ボックスの右上隅の［削除］リンクをクリックします。

モバイル広告について

　GoogleとFacebookの広告プラットフォームは、どちらもモバイルに対応しています。新規作成したGoogle AdWordsキャンペーンは初期設定ではデスクトップ、タブレット、携帯電話を含むすべてのタイプのデバイスをターゲットにしています。これらのデバイスの入札単価を変更するには、各キャンペーンの［設定］タブ内の［デ

バイス］で変更を行います。

　Facebook 広告ではモバイルデバイスユーザーだけをターゲットにすることもできます。Google Play や iTunes App Store 対応のモバイルアプリを宣伝したい場合は、モバイルアプリ広告を作成します。これらの広告はモバイルユーザーをアプリが購入可能なオンラインストアに直接誘導するもので世界中の開発者が利用しています。

　こうしたキャンペーンの成果を計測する方法は **8 章**で学びます。

5.6　E メールリスト

　広告によって注目が集まったら、つなぎとめることが大切です。オンラインコンテンツによって人を注目させるだけでは、簡単には販売につながりません。潜在的な顧客には、あなたが「どのように A 地点から B 地点に連れていってくれるか（つまり、顧客の願望をどうかなえるか）」を理解する時間がないからです。そこで効果を発揮するのが E メールリストです。E メールリストはブランドの体験を押し広げ、潜在顧客や既存顧客との、持続的な関係を構築するのに役立ちます。

　E メールリストを作成し成長させる際、次の格言が役立ちます。

> **みんな猛烈に忙しく、納期に終われていて、こちらの言うことなど気にしちゃいられないと思え！**

　E メールのマーケティング戦略を構築しようというのは「効果的なタイミング」と「飽きあきされる状態」の微妙な境界線上を歩くことです。共感できず、自分と関係もないコンテンツに晒されたユーザーは、購読を中断して、ブランドに対して否定的な感想を抱くようになります。

　購読者に関心を失わせないためには、効果的な頻度、効果的なトピック、効果的なスケジュールを把握することが大事ですが、これは継続的に計測することで把握できます。ある特定の購読者リストにとっては効果的でも、別のリストの購読者にはさっぱり効かないということもあります。

　さらに、以下のような E メールのマーケティング戦略を成功に導く一般的なアドバイスがあります。

- **消費者特性に応じてリストを分割する**：これにより消費者が自分のニーズに関連性の高いコンテンツだけを選択的に受け取りやすくなります。購読者リストは性別、居住地、年齢、業界などで分けられます。消費者の過去

の行動（購買、サイトでのインタラクション、エンゲージメント、当該ブランドについてレビューをしたかどうかなど）に基づいてリストを分割することもできます。

- **キャンペーンで発送するEメールの要素をパーソナライズする**：あなたの名前を宛先にしたメールをブランドから受けとったことはありませんか？こうした要素を細かく設定することで、相手個人の名前を件名や見出しや本文に埋め込むこともできます。

- **端末に合わせて設計する**：ユーザーはスマートフォンやタブレットなどの小画面のデバイスを使用してEメールをチェックすることも多いので、Eメールのテンプレートをモバイルフレンドリーにすることで応答性を高められます。

- **Eメールを、ソーシャルメディアやランディングページのような他のコミュニケーションチャネルと統合する**：ソーシャルメディアのフォロワーにEメールリストを購読できることを、Eメールリストの購読者にソーシャルネットワーキングサイトであなたをフォローできることを知らせましょう。

- **Eメールの購読者だけが限定的にアクセスできる特典を提供する**：特別割引、無料トライアル、景品などを検討しましょう。

- **行動につながるパフォーマンス指標を計測する**：6章では、ブランド戦略のさまざまな要素がコンバージョンにもたらす影響を計測するための一連の戦略について説明します。メールもその要素の1つです。継続的に各要素（例：見出し、件名、時刻、日付）の有効性をテストすることによって、Eメールキャンペーンのパフォーマンスを最適化します。

- **ロボットに対してではなく、ユーザーペルソナに向けて語りかける**：コミュニケーションでは、画面の裏側に生身の人間がいることに注意しましょう。3章で作成したユーザーペルソナを思い出しこのペルソナに向かって語りかけることで適切な言葉や表現をつかみやすくなります。

- **ロボットのようにではなく人間らしく話す**：消費者だけではなく、あなたも生身の人間です。大声でコピーを読んでみてください。ツールが読み上げた

ように聞こえるとすれば、人間味が足りないということです。**3章**で作成したブランドパーソナリティを忘れないようにし、そのパーソナリティになったつもりでコピーを描いてみましょう。「人」は「人」に共感するのです。

- **E メールの受け取り手が次に行ってほしいことを明確に、CTA をわかりやすくする**：あなたの CTA ははっきりとわかるものになっていますか？ メールの一番下に 5pt の文字で、わかりにくく表記されていませんか？ 読み手を威圧するような表現を使っていませんか？ ここはあなたの文章力を誇示するところではありません。「行動は動詞である」ことに留意して文章をつくってください。相手に行動を起こさせたいなら簡潔で明瞭な動詞を使いましょう。

  記入／提供する
  共有する
  助ける
  チェックする
  注文／取得／購入する
  購読／参加／登録／サインアップする
  記入／回答する
  見る／調べる
  リンクをクリックする／たどる
  読む
  送信する
  スタート／開始する
  接続／連絡する
  試す
  作る
  詳しく知る
  ダウンロード／つかむ

- **ストレートな件名を使う**：E メールの件名をうまく作成する確実なコツは存在しませんが、Mailchimp は 4,000 万件のメールを分析し、何が効果的で何がそうでないかについてのインサイトを与えてくれています。次にいくつ

かを紹介します。

では、E メールの件名についての私たちからのアドバイスは何でしょうか？ あたりまえに聞こえるかもしれませんが、こうです。E メールの件名（subject）には、E メールの主題（subject）を書いてください。どうです？ あたりまえでしょう？

オプトインのプロセスでは、受信した E メールの内容がメールの購読者にわかるようにします。プロモーションとニュースレターを混同してはいけません。E メールがニュースレターの場合は、件名にニュースレターの名前とテーマを含めます。特別なプロモーションの場合は件名にそう書きます。単なる広告のような件名にしてはいけません。

E メールマーケティングの場合、よい件名は中身を「伝える」もの、悪い件名は中身を「売ろうとする」ものです[†]。

- **他のツールを活用する**：異なるタイムゾーンのメールの購読者とやり取りしているなら、E メールプラットフォームによっては受信者の（こちらのタイムゾーンとは異なる）タイムゾーンに基づいて E メールを送信できるものがあります。

5.7 動画

混沌とした市場で生き残るためには、次のように想定しておきましょう。

潜在顧客には「忙しい人」、「もっと忙しい人」、「もっとも忙しい人」の 3 種類しかいない。この問題を突破できないなら、あとは死を待つのみ。

動画は潜在顧客に向けて、ビジュアルを工夫して、短いバージョンのブランドストーリーを印象づけるチャンスです。優れた（かつ簡潔な）マーケティング動画があれば、次のようなことを達成できます。

- ブランドが顧客を A 地点（今の自分）から B 地点（なりたい自分）に連れて行く方法を見せる。

[†] "Subject Line Comparison: The Best and Worst Open Rates on MailChimp," MailChimp, http://bit.ly/1kIoBHg

- ブランドがなぜ「はるかに」競合よりも優れているのかという理由を見せる。

- 消費者がためらいなく「今すぐに」ブランドを購入する方法を見せる。

ここで私が「見せる」という言葉を使っていることに注意してください。これは偶然ではありません。私の経験では、「見せる」ことが顧客の財布を開かせます。未だに、見せることができるほどの確固たる証拠がないのに、製品を売りこもうとするブランドがありますが、これは理解できません。潜在顧客は確固たる証拠を探していて、それがないとわかれば、さっさと通り過ぎてしまいます。

では確固たる証拠はどこにあるのでしょう？ レビューシステムがそのカギです。

ブランディングの裏技

初めての動画制作

身内に動画のスペシャリストがいないなら、映像制作会社に外注するほうが良いでしょう。とはいえ、現時点で予算がないチーム向けのツールがあります。以下のマーケットプレイスやエージェンシーを見てみましょう。

動画制作者を見つけることのできる市場：

- Video Brewery (www.videobrewery.com)
- VeedMe (www.veed.me)
- Userfarm (www.userfarm.com)
- Wooshii (www.wooshii.com)
- SmartShoot (www.smartshoot.com)

スタートアップ向けに手頃な価格を提供している代理店：

- Epipheo (www.epipheo.com)
- Thinkmojo (www.thinkmojo.net)
- Grumo Media (www.grumomedia.com)
- Demo Duck (www.demoduck.com)
- SimplyVideo (www.simplyvideo.com)
- Viedit (www.viedit.com)

- Picturelab (www.picturelab.tv)
- LooseKeys (www.loosekeys.tv)
- Explania (www.explania.com)

DIY ツール（動画を自作するのは慎重に！）

- GoAnimate (www.goanimate.com/videomaker)
- PowToon (www.powtoon.com)
- Animoto (www.animoto.com)
- Sparkol (www.sparkol.com)
- Moovly (www.moovly.com)

5.8　レビューシステム

　あなたの製品を使っているユーザーは、もういますか？ すでに使ってくれている
ユーザーが 1 人しかいないか 100 人いるかに関わらず、そうしたユーザーは、ブラ
ンドコミュニケーション戦略において極めて重要です。彼らはあなたのブランドプロ
ミスの検証に活かせる最初の声（あなたの会社の外側の）に他なりません。**3 章**では
顧客を A 地点から B 地点に連れて行く（すなわち顧客に価値を提供する）方法を示
すブランドプロミスとブランドポジショニングを設計しましたが、それができている
なら、最初のユーザーがどこか A 地点と B 地点の間の地点——望ましくは B 地点寄
り——に到達できている結果、その製品に価値があることを、他のユーザーに伝え
てくれる準備ができているはずです。

　レビューシステムのポイントは、既存の顧客が新規顧客の購入を促すようなフィー
ドバックを簡単にできるようにすることです。そのためブランドが約束（プロミス）
をきちんと果たしているか、それとも改善余地があるかを、既存顧客が共有できるよ
うなツールを使うと良いでしょう。**第III部**ではこのレビューシステムを戦略的に使っ
て改善することの有効性を判断します。さらに**第IV部**では、この改善の方法を学びます。

　最初のユーザーのフィードバックを収集するには、以下の方法があります。

- インフルエンサーには早いうちにお試し利用を許可し、引き換えに、製品を
  レビューしてもらう。

- 物理的製品の購入時はコメントカードへの記入を、デジタル製品の購入時にはアプリケーションストアでのレビューを依頼する。

- トリップアドバイザーや Yelp のような、特化型のコミュニティフィードバック・サイトを使用する。

- Uservoice、Zendesk、Olark などのライブのフィードバックやサポートタブを使用する。

- Facebook のウォールや Twitter のフィードといったソーシャルメディア・スペースに投稿する。

ブランディングの裏技

レビューツール

初期顧客のフィードバックやレビューを収集するツールが数多くあります。人気の高いツールとしては「ライブチャット」機能や、Web サイトの小型タブで使用されるサポートフォームなどを備えたものがあります。以下のサイトを見て、ニーズと予算に適したツールを探しましょう。

- Olark（www.olark.com）
- SnapEngage（www.snapengage.com）
- Zopim（www.zopim.com）
- Uservoice（www.uservoice.com）
- GetSatisfaction（www.getsatisfaction.com）
- Qualaroo（www.qualaroo.com）

5.9 メディア対応

メディアの記者の日常は、特ダネ、E メール、執筆、電話、移動、締め切り――で多忙を極めています。そんな記者が、あなたの声を聴く（ストーリーを読む）ために、仕事を中断して、時間をとってあなたについての記事を書き、特集記事を書こうと思う動機は何でしょうか？ 顧客に関する考えは、そのまま記者にもあてはまります。

メディアの記者には「忙しい人」、「もっと忙しい人」、「もっとも忙しい人」の3種類しかいない。この問題を突破できないなら、あとは死を待つのみ。

「その他大勢」に埋没せず、注目されるプレスリリースを作成しましょう。プレスリリースとは、ブランドについてのニュースを、記者が報道に必要な形式で伝える文書と言えます。

大きな見出しになるようなネタに苦労している人もいるでしょうが、次のようなテーマで書かれているブログや新聞、雑誌の記事を参考にしながら、プレスリリースを作成してみましょう。

- クローズド／オープンのベータ版、正式なリリース版をローンチしようとしている。

- ユーザー数、フォロワー数、トラフィック、購読者数の記念碑的なマイルストーンに到達した。

- アプリが成功を収めている。新しい国や都市での発売開始。

- 新しい言語のUIをリリースした。

- 投資家がアプリを信頼した――投資を受けた。

- 専門家からアプリを信頼された――賞を受賞した。

- 新機能を追加した、方向性を変更した。

- 製品が新しいプラットフォームやストアで利用できるようになった。

- 紹介するに値する有能な人材を雇った。

次にすっきりしたプレスリリースを作成するためのテンプレートを紹介します。

プレスリリース用テンプレート

ブランド名とロゴ

日付
公開日(通常：即時リリース向け)
プレスリリースのタイトル
所在地(プレスリリースの発信地)

第1パラグラフ：誰が、何を、どこで、いつ、なぜ

第2-5パラグラフ：主張を裏付け、信頼性を高めるための引用。明確なCTAを伝える。
読者はどんなアクションを求められているか？
呼びかけに答えた人にどんな利点が提供されるのか？
このリリースがインターネットで検索されやすくするためのキーワードを使う。

ブランドの概要：ランド・ストーリーの概要説明。主な特徴や業績。URLを記載する。

記者が詳しい情報が欲しいときの連絡先。担当者氏名。

---

www.leanbranding.com

5.9.1 ヒント

- メディアの記者にはそのメディア（少なくとも名前）を知っていると伝える。

- 簡潔に表現する。内容が充実していてユニークで、共有に値するニュースについてツイート1回の長さに収める。

- CTAを含める。記者に積極的にフィードバックを求め、それに対してオープンであることを知らせる。

- これまで蓄えたビジュアルのパワーを活用する。4章で作成したビジュアルを駆使して、文字を越えた力で受信者を引き込もう。ビジュアルは製品関連の記事でも効果的。

　上級者向けの工夫として、ランディングページに一般消費者向けのセクションとは別にメディア専門のコーナーを設置するというものがあります。これを「プレスルーム」といい、メディアの関係者が感心するような統計、ニュース、紹介文、パートナーシップ、トラクションの証拠などを盛り込みます。次の「アイデアのヒント」コラムを読み、このセクションのためのヒントを見つけてください。

　プレスルームは、大々的な発表の時だけのものではありません。効果的なプレスセクションをつくって、記者があなたのブランドに関する記事を書くのに役立つ情報にアクセスできるようにするのです。OnSwipeの共同創業者であるジェイソン・バティストは、創業間もないスタートアップでも自社ブランドについての記事をメディアに書いてもらうための素晴らしい情報を提供しています。後述の「お役立ち情報」コラムの、「スタートアップを立ち上げたときにメディアに取り上げてもらう方法」を読んでください。

アイデアのヒント

プレスルームとメディアキット

プレスルームには次の情報を含めてください。

トラクション

ブランドを買っているのは誰か？ オーディエンスを定量化／定性化します。

信頼性
> ブランドストーリーを共有するために、あなたと提携してきたパートナーについてを。メディアアウトレットやその他の企業の社名を列挙し、あなたの会社のブランド開発に投じてきた労力の裏付にしましょう。

ブランドストーリー
> ブランドプロミス、ポジショニング、ブランドパーソナリティ（3章で作成）を共有する。価格表とそれぞれの価格レベルの特長を明示します。

ブランドシンボル
> 作成したシンボル（ロゴ、カラーパレット、タイポグラフィ、イメージ）が正しく使用されるように、メディア向けに用途ごとに規格が統一されたビジュアルのデータセットを提供している会社もあります。

メディアキットとプレスルームを効果的に使ってメッセージを伝達しているブランドの例を次に示します。

- Instagram: http://instagram.com/press/
- Balsamiq: http://www.balsamiq.com/company/press
- Crowdbooster: http://crowdbooster.com/press/#presskit
- Angry Birds: http://www.rovio.com/en/news/press-kits

Instagramは、ブランドの重要なマイルストーンを伝達するためにメディアサイトを活用している。

5.9 メディア対応 | **133**

お役立ち情報

立ち上げ中のスタートアップをメディアに取り上げてもらう方法

1. **ストーリーを語る。**（a）あなたの口から、（b）ジャーナリストのキーボードを通じて、（c）読者の目に渡るストーリーを語ります。

2. **入念に準備をする。** いったん公開された記事は修正できないし、記事にしてもらえるチャンスは 1 度だけ。アプリが良い印象を残せるようにベストを尽くしましょう。

3. **メディアリストを分類する。** 編集の切り口やトピックに応じて、メディアリストを分類します。

4. **未来について触れるのは少しだけ。** 先まわりしすぎてもよくないので、今後の展開については語りすぎないようにしましょう。将来性についてチラ見せするくらいにとどめましょう。その程度にしておくことで、将来展開のシナリオを作るのも楽になります。

5. **簡潔であること。** 売り込み文句は簡潔にしてメールの件名を見ただけで要点が伝わるようにします。

6. **詳細な情報にはすべてリンクを張る。** E メールでの売り込み文句は簡潔にして CTA（コール・トゥ・アクション）を明示します。詳細情報へのリンクを E メール内で明記します。

7. **PR 会社のコピーよりも創業者の言葉。** 創業者自身の言葉で製品を売り込む方が、PR 会社が創作した文句よりも効果的です。実際の創始者が語る言葉は（ジャーナリストにとっても）意味深いのです。

8. **個人の連絡先情報を渡し、迅速に応答する。** ローンチ期間中はメディアに創業者の個人連絡先を伝え、質問に対してすばやく答えられるようにします。

9. **波に乗る。** メディアの注目を得るには、すでに話題になっているトレンドの波に便乗するのが近道です。

10. **事前にコネクションをつくっておく。**あらかじめ個人的なコネクションをつくっておいて、メディアにデビューするまでには、あなたに関する好意的な雰囲気が生まれているよう根回しをしておきます。

11. **独占記事は効果的だが慎重に。**TechCrunch やブログは独占記事を書きたいと考えていますが、それでは他のブログに取り上げてもらえません。独占記事は目的とタイミングを計って提供するようにしましょう。

12. **コピー&ペーストはしない。**ジャーナリストに売り込むときは、差し込み印刷機能を使ったり、文章の内容をコピー&ペーストして使い回したりするのは避けること。会社の事業内容など再利用できる要素もありますが、あくまで個別に連絡しているよう演出しましょう。

13. **フォローアップをする。**メディアが興味を示してくれたら、その相手に注意を払いましょう。相手がフォローアップを忘れているようなら、情報を追加してフォロー記事を書いてもらうように仕向けます。

14. **読者に何かを提供する。**記者は「記事の読者に役に立つ情報」を与えることを目的にしています。メディア先行でアプリを使う機会を提供することで、その記者が書くストーリーが耳寄り情報を読者に与えられるようになるのです。

15. **派手なアクションはスタートの勢いを得るのには役立つ。**メディアに持続的に取り上げてもらうのに効果的とはいえませんが、派手なスタントプレーをすることで、勢いをつけることはできます。オレゴン州のハーフウェイ（Halfway）という町が一定期間、（同名の会社の宣伝のために）町名自体を "Half.com" に変えた例が有名です。

16. **人脈を活用する。**知り合いの中に、メディア企業で重要な肩書に就いている人を知っているなら、人脈は活用しましょう。

――ジェイソン・L・バティスト《Jason L. Baptiste》（Onswipe）[†]

[†] 詳しくは http://jasonlbaptiste.com/ を参照。ジェイソン・L・バティストは現在、タブレットパブリッシング／広告向けのプラットフォームである Onswipe 社の CMO 兼共同創立者です。

5.10 POP 最適化

POP（Point of Purchase）広告は、販売する製品の種類によって異なりますが、どんな製品であれ「POP がどこであっても、その製品が売れる方法でブランドを伝達すべき」と言うことができます。当然ですよね？ではそのために顧客に対して何を行えばよいのかを見てみましょう。

- 簡単に価格を見られるようにする

- 競合製品より優れている理由を明示する

- 他の顧客が何を考えているかを示す

- 問題が生じたときの対応を予め示す

- 製品の使用中にブランドから期待できることを示す

これを要約すると。

顧客が自信を持って購入を決断できるようにあらゆる手を打つ。

ということです。

次のスクリーンショットは、写真撮影アプリ Afterlight についての iPhone ユーザーの第一印象を表現しています。潜在顧客には、製品の主要機能とアプリの全機能を示すスクリーンショットを見せています。レビューのセクションもアプリの販売に貢献しています。顧客は好みのオプションがあったり、フィルター機能があったりすることをレビューで絶賛しています。「支払った額の価値は十分すぎるほどにある」と書いているユーザーさえいます。

モバイルアプリをブランディングしている人は、「掘り下げよう」コラムで紹介する App Store 最適化のヒントを参考にしてください。

上図中央の訳:

説明

Afterlightは、素早く直接的な編集ができる優れた画像編集ソフトです。シンプルなデザインとパワフルかつシャープなツールを使って、写真を一瞬で自在に加工できます。

今すぐダウンロードして、毎月提供される無料のコンテンツとアプリ強化機能を入手してください。

15種類の画像加工ツール

様々な画像加工ツールを使って、簡単に写真を思い通りに加工できます。

59種類のフィルター

27種類の調整可能なオリジナルフィルター、14種類のゲストフィルター（Instagramユーザー）、18種類のフィルターが含まれるシーズンフィルターパックと、合計59種類のフィルターを使用できます。

66種類のテクスチャ

35ミリのフィルム／インスタントフィルムインスタントフィルムで作成した幅広いリアル／ナチュラルなライトリークで、シンプルかつ手触り感のあるフィルムテクスチャを実現します。

上図右の訳:

3. 素晴らしい

★★★★★ by #1 TayFan - Jul 15, 2014

かなり前から使っていますが、他のどの写真編集アプリよりも気に入っています。写真をとてもプロっぽく、クリアに加工できます。ボケたような写真も、見違えるようになります。本当にイカしたアプリです……more

4. No.1の編集アプリ！

★★★★★ by YoCookieee - Jul 19, 2014

本当に素晴らしい編集アプリ！ 最新のアップデートも最高！ できれば、白のフレームの代わりに写真を使える機能があったら嬉しいです。 きっとクールで新しいクリエイティブな機能になるはずです！ 他にもあったらいいなと思う機能としては……more

5. 最高品質の写真編集アプリ

★★★★★ by s4in7 - Jul 30, 2014

クリーンで整然としたインターフェイス、パワフルでとても便利な編集機能、質の高いフィルターのライブラリ。これほど優れた写真編集ソフトには出会ったことがありません。

掘り下げよう

App Store の最適化

　ニールセンのモバイルメディアレポート（2011年第3四半期）によれば、iOS App StoreとGoogle Play Storeのユーザーは、主として1. 検索と、2. 家族や友人から推薦によって新しいアプリを見つけています。私たちはユーザーがアプリを見つけやすくするためにあらゆる手を打たなければなり

ません。

　検索エンジンを最適化する方法は説明済みです。App Store の最適化の
考え方は App Store の検索エンジンと同じです。以下、アプリのマーケッ
トプレイスで見つけてもらう可能性を高めるコツを示します。

- アプリのタイトルにキーワードを入れる。
- アプリの説明にキーワードを入れる。マーケットプレイスで「キーワー
  ド」欄への記入を求められたら、キーワードを記入する。
- 評価やコメントを促す。最初の土台づくりは、家族や友人といった身
  内にダウンロードや評価、コメントをするように依頼するところから
  始める。
- アプリのアイコンを魅力的で認識しやすくする。
- アプリの主な利点とユニークな UI 機能を示すためにスクリーン
  ショットを使う。
- ダウンロード数を増やすためにアプリマーケティングに投資する。こ
  の章で説明した有料広告等を実行することで、ユーザー数を増加させ
  ることができます。ダウンロード数が増えることで、マーケットプレ
  イスでの検索でアプリのランクを上げることにも役立ちます。

顧客が自信を持って
購入を決断できるように
あらゆる手を打つ。

LEAN
BRANDING

5.11　パートナーシップ

　パートナーの助けを得ることもできます。良いパートナーシップがあればリーチ可
能な範囲を拡大し、他の人が長い間をかけて構築したポジティブな価値にブランドを
関連付けることができます。パートナーシップには、さまざまな形があります。

- **消費者とのパートナーシップ。** ブランドを購入し気に入ってくれている顧客にはコミッションを与えて、他人と共有してもらうことによって助けてもらうことができます。これを、アフィリエイトマーケティングと呼びます。例えばAmazonアソシエイトは、大成功しているアフィリエイトプログラムで、Amazonのコンテンツに紐づけた特別なリンクを介して購入が行われると、そのサイトの所有者に報酬が支払われます。これは「信頼できる電子商取引のリーダー（Amazon）と組んで、広告料の最大10%を獲得できる」可能性を提供しています[†]。

- **有名人とのパートナーシップ。** 有名人には信頼性があり（ブランドと結びつく）価値を体現し、幅広く適切なオーディエンスを持っていることがあります。そのパワーに乗って、ブランドのコンバージョンを高めましょう。ブランドを支持してくれる有名人のことを「ブランド大使」と呼びます。次の「掘り下げよう」コラムでは、ブランド大使とそれが果たす心理学的な役割について詳しく説明します。現代は、ブロガーも有名人の仲間入りをしています。著名ブロガーは多くの読者をもっており消費者の購買判断に大きな影響力を持つようになっています。2014年には米国の小売大手Targetが「デザイン、ファッション、食べ物、日常生活の喜びの瞬間」をテーマにした人気ブログ「Oh Joy」のブロガーであるJoy Choのデザインによるエンターテインニング／パーティーコレクションを立ち上げました[‡]。この2つのブランドの価値観やパーソナリティ、そしてターゲットユーザーが似ていたため、このパートナーシップは成功しました。

- **他のブランドとのパートナーシップ。** 関連する別ブランドと同じコンテキストでコミュニケーションを開始することを、ブランド提携と言います。複数のブランドを合わせてオーディエンスを統合することは、リーチを倍増させるのに役立ちます。「サンドイッチと飲み物」、「ハードウェアとソフトウェア」のようにペアになる製品をバンドルするブランドパートナーシップもあります。どんなブランドとパートナーシップを築きうるかを考えてみましょう。

[†]　https://affiliate-program.amazon.com/

[‡]　Joy Cho, "Big News: Oh Joy for Target Collection Coming March 16!" Oh Joy blog. Februrary 10, 2014, http://ohjoy.blogs.com/my_weblog/2014/02/oh-joy-target.html

2012 年にモレスキンと Evernote が Evernote Smart Notebooks を共同で
プロデュースしました。これはモレスキンの有名なノートを、Evernote の
モバイルアプリとシームレスに統合して「スマートフォンやタブレットによ
るノートのキャプチャ」ができるものでした[†]。ちなみに Evernote は、ポス
トイット社とも戦略的にブランド提携しています。

- **メディアとのパートナーシップ**。あなたのブランドに特定のメディアの色の
  メッセージをつけることで存在感を増すというようなことはありません
  か？ あなたが詳しくて製品を売り込むトピックを特定のメディア経由で
  発信することを検討してみましょう。Mashable や Buzzfeed といったメディ
  アは、ブランドのメッセージを増幅する力があることをアピールしています。

掘り下げよう

ブランド大使と社会的学習理論

　製品に自信があるから、著名人の推薦などいらないよ、というあなた！
優れた製品でも、普及をスピードアップさせる手があるなら打ちましょう。
ブランド大使はコンバージョンを促すのに役立ちます。注目を集める有名人
が実際にブランドを使っている様子を見せることで、製品の普及を促すので
す。それに続く模倣効果という現象は、社会的学習理論として説明できます。
　1977 年、心理学者のアルバート・バンデューラが、人間の学習に関し
て大きな影響をもたらした概念を提唱しました。

　　人間の行動のほとんどはなんらかの手本の影響を通じて、意識的ま
　　たは無意識に学習されたものである[‡]。

　このように、影響力がありパーソナルブランドの価値が製品のブランドの
価値と整合している個人となら、パートナーシップを結ぶことで製品の普及
を促すことができます。以下の質問に答えてください。ブランドの価値観を
よく体現し製品やサービスの効果を適切に表現できるのはどんな人か？ 自

[†]　http://bit.ly/1kIt6Sn
[‡]　Albert Bandura, Social Learning Theory (New York: General Learning Press, 1977), 305-316.

140 | 5章　ブランド戦略

> 分のオーディエンスとその人のオーディエンスが共感する形でその人のライフスタイルを通じてブランドを紹介するにはどうすればよいのか？

　2013年、Mashableと日産は、日産のユーザーが自ら生成するコンテンツのキャンペーンを展開する提携に踏みきりました。日産はVersa Noteという車種の画像を使って動画を作るように会社のソーシャルメディアのフォロワーに依頼し、Mashableがそうして集めた動画の中で評価の高かった9本を特集したところ、5,000回以上もシェアされる人気記事になりました[†]。Mashableは、このようなブランドとメディアのパートナーシップの可能性に気づいたので「企業クライアントがコンテンツ制作者になる支援をし、そのソーシャルメディアの価値を増幅すること」を目的としてBrandLabというプロジェクト（mashablebrandlab.com）を立ち上げました[‡]。

ブランディングの裏技

成長をハックするシンプルなパートナーシップ

- **ゲストブロギングを通じてパートナーシップを組む！**　あなたの潜在顧客が好む価値を提供する会社が他にあるならその会社と話をして記事や投稿を作成してサイトで公開します。

- **共同割引を提供する。** 別のブランドのユーザーがあなたの製品を（おそらくは無料で？）優先的に使えるランディングページを作成します。

- **インフルエンサーを誘う。** 同様に、参入しようとする分野で評判が高く、大勢のオーディエンスを持つ影響力のある個人とパートナーシップを組んで、その人に面白いレビューを書いてもらうこともできます。インフルエンサーに製品レビューを依頼するときには、景品やちょっとしたプレゼントを使用します。インフルエンサーが書くレビューはブランドの評判を高めるので元は取れます！　友人や家族からの口コ

[†]　"9 Fast and Furious Vine and Instagram Videos," Mashable, August 12, 2013, http://mashable.com/2013/08/12/versavid-winners/

[‡]　[†] "Mashable Partners with Nissan for #VersaVid Contest," Mashable BrandLab, August 12, 2013, http://bit.ly/1kItq3y

ミが購買に影響を持つ市場では、少人数でも誰かと経験を共有してくれるブランドの応援者と、密接な関係を築くことが重要です。製品を初期に使ってくれたユーザーのリアルな体験談にまさる促進策はありません。

- **アフィリエイト・マーケティングを使う**。顧客やその他の関係者は製品やサービスを知人友人に勧めてくれているでしょうか？ 彼らが新しい顧客を連れてきてくれる度に紹介料を払いましょう。アフィリエイト（またはリセラー）と関係をつくり、彼らが紹介販売しやすいようにツールを揃えましょう。

- **無料サンプルや紹介プログラムを提供する**。他のユーザーを紹介してくれたユーザーに特典的な機能を使う優待を与えます。無料のプレミアムアカウントやトークン（優待券）を渡すことで、ユーザーに同じ市場セグメントの見込み客に製品やサービスを推薦してくれるよう促します。その時にはターゲットを明記してもらいましょう。例えば子育てのツールなら、育児中の人を対象にすべきであって、独身者は興味を示すはずがありませんよね。こんな当たり前のことでも、紹介を促す文言に「これは育児中の人向けです」という旨を明記していないケースが実に多いのです。

5.12 まとめ

この章では、ブランドを成長させるコミュニケーション・チャネルの作り方を紹介してきました。あらゆるブランドに普遍的に使えるコミュニケーション戦術などはありません。ソーシャルメディア・マーケティング、ランディングページ、検索エンジン最適化、コンテンツマーケティング（ブログ）、有料広告、E メールマーケティング、ブランド動画、レビューシステム、メディア対応、POP 広告の最適化、ブランドパートナーシップなどの、基本的な要素を紹介してきました。

これらは顧客を獲得し、望ましいアクション（購入、サインアップ、購読など）に導くのに役立ちます。ブランドのコミュニケーション・チャネルを構築するときは「話すのではなく見せる」という考え方を持ってください。コミュニケーションによって「顧客に利便性を提供するのか」、「顧客を邪魔しているのか」の違いを考えてください。

142 | 5章　ブランド戦略

ソーシャルネットワークにブランドとして参加するとき、ブランドと顧客の会話は人間的で、自然であるべきです。ブランドがオンラインに現れることで「相手の邪魔をしているのか」、「価値を付加しているのか」に注意しましょう。

　ビジネスで重要な質問は「それが私にどう関係あるの（So what）？」です。ブランドのコミュニケーション・チャネルを通じて「それが私にどう関係あるの？」という疑問に説得力ある答えを用意しましょう。顧客が自信を持って購入を決断できるようにあらゆる手を打ちましょう。

第Ⅲ部 計測

　私はソクラテスの大ファンです。世界を見渡して「私はずっと学び続けてきたが、自分がまったく無知であると宣言する」と言えるのは素晴らしいことです（実際に、彼が口にした言葉は、「私はたったひとつのことを知っている。それは自分が何も知らないということだ」です）。

　私たちはこれまでの章でブランドの構築に取り組んできました。そこでソクラテスのように考えてみる時間です。これまでに構築したものを、いったん捨てて──無条件に──粉々にしてみましょう。

　これまで、私たちは消費者に共感してきました（4章の「リサーチ」を参照）。そして、市場で私たちのことを表すブランドの各要素を構築するため、自分たちのチームの創造性に基づくインプットを活用してきました。でも現実には、こうした「ブランドの構成要素」は、検証しなければ仮説にすぎません。

　ここからは、各要素を検証するプロセスを理解するため、次のような「ブランド学習ログ」を利用します。この第Ⅲ部では、ブランド学習ログの「計測の対象」と「計測の実施」という項目について説明していきます（第Ⅳ部では、「計測結果」を扱います）。

ブランド学習ログ

計測の対象 🗺			計測の実行 🕐		計測の結果 ☑		日付 📅
ブランディングの要素	ブランディングの仮説	ブランディングの目標	計測する指標	予測される結果	実際の結果	学習したこと	学習した日

www.leanbranding.com

　これらのツールはリーンブランディング・プロセスにおいて仮説構築／計測／学習を記録するのに役立ちます。エリック・リースはその著書『リーン・スタートアップ』で「検証による学び」という言葉を提唱し、「スタートアップは持続可能なビジネスをどう構築すればよいのかを学ぶために存在している。起業家は、起業のビジョンに込められた要素をひとつひとつ検証する実験を何度も反復することで、仮説を科学的に検証するのである」と主張しました[†]。

　ブランディングも例外ではありません。ブランドに関する検証による学びがリーンブランディング手法のカギです。残りの章を読み進めるときも、次を忘れないようにしましょう。

　　リーン・ブランドとは、**仮説を継続的に検証した結果である**。

　第Ⅲ部を通じて、ブランドの仮説を検証するツールと、その検証プロセスを記録する「ブランド学習ログ」の使い方を見ていきます。さらに第Ⅳ部ではこれらの検証結果に反応して、軌道修正する方法について説明します。

[†]　『リーン・スタートアップ——ムダのない起業プロセスでイノベーションを生みだす』（日経 BP 社）

Ⅲ.1 何を検証するのか？

これは素晴らしい質問です。目的地がどこかがわからない限り「私たちを目的地に連れて行ってくれる何か」を計測することもわかりません。ヘンリー・キッシンジャーは次のように語っています。

> どこに向かっているかがわからなければ、どの道を進んでもどこにもたどり着けない。

同じように、

> 目指しているものがわからなければ、指標は何も教えてくれない。

あなたが「目指しているもの」は、「消費者をこちらが望む行動経路に導くこと」であるはずです。第Ⅱ部では、消費者を導くための行動のきっかけ（CTA）を提供する重要性について議論しました。こうした CTA は通常、ランディングページやワンシート、ソーシャルメディア・プロフィール、名刺のようなブランドコミュニケーションの要素に挿入されますが、ブランドシンボルもそれが望みの行動に消費者を導く引き金になるかどうかを検証できます。以降の 3 つの章では、ブランドのシンボル、ストーリー、戦略を検証／変更する方法について説明します。

コンバージョンは、前述で「私たちが目指しているもの」、「こちらが望む行動経路」と呼んでいるものです。ご想像の通り、コンバージョンはブランドによって異なります。ブランドの計測における最初のステップは、次のように自問することです。

> 消費者にここで何をさせようとしているのか？

「コンバージョン目標」（以降はそう呼ぶことにします）を確立したなら、次は実際にその目標に達したかどうかを確認する方法を見つけなければなりません。そこで 2 番目の自問の必要が生じます。

> 成功したかどうか、どのように知ることができるのだろう？

この質問への答えが「指標」です。それはブランド指標であったり、関連指標であったりします。それは、この広大なジャングルの中から、価値のある情報を教えてくれるデータです（そのジャングルも――データでできているのです）。

III.2　シャンパンはお預け

「消費者に望む行動（コンバージョン目標）に応じてどの指標が意味のあるものなのかを明確に理解しない限りデータに圧倒されてしまう」というのは、どれだけ強調しても強調しすぎることがありません。データに麻痺させられてしまうのです。偽の成功で祝杯を挙げ、本当に重要なマイルストーンを見逃してしまうのです。エリック・リースは、この「偽の成功」の指標を「虚栄の評価基準」と呼んでいます[†]。

虚栄の評価基準は、シャンパンと――もちろんリソースの――不幸な浪費につながる。

「虚栄の評価基準」と対照的に、「行動につながる評価基準」は、確かな情報に基づいた意思決定につながります。行動につながる評価基準は、ビジネスの真なる原動力に直結しており、私たちの収益源がどのように成長したり、停滞したり、縮小したりするかについての有用な情報を教えてくれるのです。

[†]　エリック・リース『リーン・スタートアップ』（日経BP社）

III.3　何が私のビジネスを動かしているのか？

　業界やビジネスモデルにかかわらず、何がビジネスを動かす原動力なのかについて、普遍的な考え方があります。

**　　あらゆる規模と種類の顧客が、ビジネスを駆動している。**

　企業、広告主、エンドユーザー、政府、団体——いろいろな顧客との関係こそが、あらゆるビジネスの核心であるといえます。顧客を獲得し、維持し、成長させることこそ、私たちにとって絶対のミッションになります。

　スティーブ・ブランクとボブ・ドーフは、著書『スタートアップ・マニュアル』のなかで、顧客を「ゲット、キープ、グロー」させる経路を、以下のように紹介しています[†]。

- **ゲット（顧客の獲得）** は需要の創出とも呼ばれ、顧客を販売チャネルへ誘導すること。

- **キープ（顧客の維持）**、あるいは保持は、顧客を会社／製品から離れないよう動機付けすること。

- **グロー（顧客の成長）** は、顧客にもっと買わせたり、新製品や別の製品を売り込むとともに、新しい顧客の紹介を促すこと。

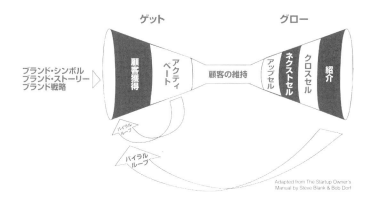

[†]　スティーブン・ブランク、ボブ・ドーフ著『スタートアップ・マニュアル——ベンチャー創業から大企業の新事業立ち上げまで』（飯野 将人、堤 孝志訳、翔泳社）

これまでに構築してきたブランドシンボル、ブランドストーリー、ブランド戦略は、すべてこのコンバージョンへの経路に顧客を導くためのものです。以降の章では、次のようなテーマについて考察していきます。

ブランドトラクション（6章）
　ブランドコミュニケーション戦略は、コンバージョンを促進しているか？

ブランド共鳴（7章）
　ブランドストーリーは、オーディエンスを引き込めるだけの共感を与えているか？

ブランドアイデンティティ（8章）
　ブランドシンボルは、ターゲットユーザーを引きつけるために適切なメッセージを送信しているか？

　第Ⅱ部と同じく、第Ⅲ部でもレシピの味をテストします。準備はいいですか？ このセクションでは、ブランドの各要素がコンバージョンを促し、上記の「ゲット、キープ、グロー」ファネルに顧客を導いているかどうかを判断するために適切に検証するための方法を説明します。

目指しているものが
わからなければ、
**指標は何も
教えてはくれない。**

6章
ブランドトラクション

スタートアップの世界が長い人なら、「トラクション」という言葉にイヤというほど聞き覚えがあるでしょう。投資やメディアに報道してもらえるか、そして起業家がちゃんと眠れるかどうかは、「トラクションの目標に到達できる」かどうか次第です。

昔ながらの馬車は長らく戦争から輸送までいろいろな用途で使われてきましたが、この原理は「アニマルトラクション」（動物の牽引力）で、つまり馬の力で引っ張られているということです。この「引っ張られる力」が「トラクション」の原義です[†]。

馬が目的地にむかって馬車を引っ張るのと同じように、市場では需要が製品やサービスを成長に向かって引っ張ります。誰かがトラクションについて聞いてきたなら、それは製品に対する市場の反応を知りたいということにほかなりません。投資家のNaval Ravikant は「トラクションはエンドユーザー需要の定量的な証拠である」と述べています[‡]。

トラクションについて考えるときは、次を自問してください。

市場は成長に向かって私のブランドを引っ張っているか？
誰が引っ張っているのか？
どれくらい強く引っ張っているか？

5章ではメッセージを発信するチャネルを使い分けることでブランドコミュニケーションを効果的に発信する戦略について説明しました。この章では、コミュニケーション戦略の各要素が生み出すブランドの成長のためにトラクションを計測する方法につ

[†]　http://www.merriam-webster.com/dictionary/traction
[‡]　Twitter(@naval) での発言。2012 年 8 月 29 日。

いて見ていきます。

　スタートアップのエコシステムにいる投資家その他の関係者は、上の質問に答えるため、際限なく指標を作り出しています。代表的な指標には次のようなものがあります。

- ビジネスの収益性
- アクティブユーザー／登録ユーザー／有料ユーザーの数
- 一定期間におけるユーザーベースの増加率
- 登録ユーザーから有料ユーザーへのコンバージョン率
- 有料ユーザーの平均契約金額の成長率
- 新規ユーザーひとりあたり獲得費用
- ユーザーのライフタイムバリュー
- 累計収益
- 一定期間における収益の成長率
- 製品／サービスによって獲得したエンゲージメントの数
- 構築したパートナーシップの数

- 生成したトラフィック

- 一定期間におけるトラフィックの成長率

- このトラフィックのリターン額

- （その他多数）

　今はブランドコミュニケーション・チャネルの成果を計測できる時代ですが、むかしはブランドコミュニケーション戦略の成果は実質的に計測不能で、成果につながる要因を把握することもできませんでした。

　企業が構築したブランド戦略と、実際の成果の間には巨大な溝があります。市場から「引き」があるかを判断したいなら、ブランド戦略への即時的な反応を計測する以上の方法はありません。高度な分析技術のおかげで、これも可能になりました。ブランドへの投資とそのリターンの関係が見えるようになったのです。いまだに投資とリターンを関連づけて計測することなんかできないと考えているなら、従来の思考に縛られています。これは危険な考えです。

ブランドへの投資　　　分析　　　結果

　コンバージョンとは、「顧客の望ましい行動」のことであり、トラクションとは製品やサービスが「どれくらい強く引かれているか」という、定量的な尺度のことです。コミュニケーション戦略が適切にコンバージョンを促しているかどうかを測るには、それが生成している「引き」が、どれくらい強いかを計測する必要があります。そうすることで、コミュニケーションチャネルにおいて、視聴者が製品やサービスにどれほど強く反応したか、そのような反応に関する指標と私たちの究極目標であるコンバージョンとの相関関係がどうなっているかを分析するのです。

トラクションと同様、コンバージョンの定義も、業界やビジネスモデルによって異なります。あるブランドで成功を意味するコンバージョンも、別のブランドでは同じ意味とは限らないのです。

広告スペースを販売しているファッション関連のブログを考えてみましょう。訪問者とページビューを獲得することは広告収入の増加に直結します。これはトラフィックに関連する指標（＝訪問者の数やページビュー）が、ブログのコアビジネス（＝広告収入）に影響を与えていると言えます。しかし、有料会員サイトの場合なら、訪問者のうち何割が有料会員になったか（どれくらいコンバージョンされたか）を示す指標を見て、初めて意味がでてくるのであり、トラフィックデータだけでは十分とはいえません。

「何を検証するか」、「どの数値を分析するか」にかかわらず、ブランドの主な収益源と計測対象の間に、明確な関連性がなければなりません。さもなければこのセクションの冒頭で説明した「虚栄の評価基準」の罠に落ち込んでしまいかねません。

この章では、**第Ⅱ部**で構築したブランド戦略の要素の計測方法を学びます。各要素を復習しておきましょう。

- ソーシャルメディア・マーケティング

- ランディングページ

- 検索エンジン最適化

- コンテンツマーケティング：ブログ

- 有料広告

- Eメールリスト

- 動画

- レビューシステム

- メディア対応

- POP最適化

- パートナーシップ

6章　ブランドトラクション ┃ **153**

6章の目標は次の質問に答えることです。

ブランドコミュニケーション戦略は、適切にコンバージョンを促進しているか？

ブランド学習ログをみながら更新しましょう。

計測の対象			計測の実行		計測の結果		日付
ブランディングの要素	ブランディングの仮説	ブランディングの目標	計測する指標	予測される結果	実際の結果	学習したこと	学習した日
ソーシャルメディア ランディングページ SEO 有料広告 Eメールリスト マーケティング動画 メディア対応 ブログ POP最適化 レビューシステム パートナーシップ							

　このログを記入するとき、まず難しいのは2列目の「ブランディングの仮説」に何を書くかというところです。空欄をにらんでいてもそれを埋めるアイデアは浮かんできません。ここは空欄のままにして指標や検証結果の欄に進みたい、と思うこともあります。

　でもここは踏ん張って考えましょう。リーン・スタートアップが難しいのは自分自身を客観的に観察したり、何を仮定しているのかを自覚したりするのが極めて難しいところです。ソーシャルメディアを例に取りましょう。ファンページを開設して更新するときブランドの仮定などないと思うかもしれませんが、それは違います。そこには以下のような仮定（仮説）があるのです。

- Facebookは対象のオーディエンスにリーチするための適切なプラットフォームだ。

- ○○のコンテンツを公開すれば、ユーザーがクリックスルーするはずだ。

- ○○の話題について○○のコンテンツを公開すればユーザーを引き込めるはずだ。

154 | 6章　ブランドトラクション

- Facebook は新たな顧客を呼び寄せるのに役立つ。

あらゆる仮定を明らかにしなければ、それを検証することもできません。著名な心理学者イワン・パブロフはこれを次のように表現しています。

実験しているとき、物事の表面的な事柄に満足してはならない[†]。

ブランドについての仮説をブランド学習ログに記入して支持 / 棄却するためのテストの設計に進みましょう。

6.1　テストの設計

基本的なレベルでは、どんなテストでも以下を検証することになります。

- 検証する必要があるステートメント（仮定、仮説）

- 計測／支持対象となる指標

- 仮説の検証と棄却の基準となる指標のレベル（期待される結果）

- 計測された（実際の結果）、その指標の実際のレベル

- 実際の結果と期待される結果を比較した結果

次に例を挙げます。

計測の対象			計測の実行		計測の結果		日付
ブランディングの要素	ブランディングの仮説	ブランディングの目標	計測する指標	予測される結果	実際の結果	学習したこと	学習した日
ソーシャルメディア	動画は私たちのオーディエンスにコンテンツをFacebookで共有させるための効果的な方法である	ソーシャルメディアでのリーチを拡大させるために、コンテンツ共有を増やす	動画の共有数	動画一本あたり1000回共有	動画一本あたり1030回共有	動画は私たちのオーディエンスにコンテンツをFacebookで共有させるための効果的な方法である	2012年6月6日

[†]　Ivan Pavlov (1936), Bequest to the Academic Youth of Soviet Russia.

ブランド学習ログには面白い特徴があります。それは動画より魅力的な新しいコンテンツフォーマットを使い始める時には「それまでに学んだこと」を、再び検証しなおす必要が生ずるということです。

検証した仮説とその検証を行った日付を記録していけば、結果がどれくらい最近のものかを容易に特定できます。チームの誰かにプロセスを引き継ぐ場合も、それまでの教訓を記録に残す説明の時間や労力を節約することができるのです。

6.2 スプリットテスト：理由を明らかにする

あるバージョンのランディングページをテストし、目標値と結果を比べてみて目標に達していないとします。その原因は何か？ それに答えるのがスプリットテストです。スプリットテストとは、同一要素の複数のバージョンを別々のグループに対してテストする実験です。A群とB群を用いることから「A/Bテスト」と呼ばれることもあります。

A群とB群が必要なのはなぜでしょうか？ この実験のポイントは実験対象の要素の成功／失敗の要因をつきとめることです。実験ではみなが同じ要素を見てしまうと、要因が特定できません。オリジナルのバージョンと新しいバージョンを比較したいのに、全員が2つの新しいバージョンを見てしまうと、オリジナルのバージョンのパフォーマンスがわからなくなります。このため1つのグループには新しいバージョンを示し、もう一方のグループにはオリジナルのバージョンを示すのがよい方法です。オリジナルのバージョンが示されるグループを研究用語で「対照群」、もう1つのグループを「実験群」と呼びます。被験者に提示するための異なる「バージョン」のことを「トリートメント」と呼びます（用語を説明したのは専門用語をいきなり持ち出すとそれだけでこの優れたツールを使うのをやめてしまう人が多いからです）。

156 | 6章　ブランドトラクション

　実験群を複数持つのは構いませんが、トリートメントは一度に1つずつテストしてください（個々の影響についてまったく見当がつかない場合を除く。その場合には、複数の実験群を使ってもかまいません）。

6.3　実験恐怖症

　誰でも「実験」と聞くと怖くなりますよね？　三角フラスコや、実験室での爆発、白衣が思い浮かぶのでしょうか。自分のことを生まれつき「実験者タイプ」と思っている人はめったにいないでしょう。

　でも実のところ人間は根本的なレベルでは誰もが生まれつき実験者なのです。私たちのDNAの一部を成している好奇心をうまく働かせればいいのです。映画監督のデヴィッド・クローネンバーグはうまく説明しています。

> **誰もがマッドサイエンティストであり、人生は実験室である**。**私たちはみな、生きる道を見つけ、問題を解決し、狂気と混沌を払いのけるために、日々実験しているのだ**[†]。

　実験をうまく設計することで、ブランドの仮説をテストすることができるようになります。そして、正しい仮説がどれなのかを判断し、その仮説を選択的に進めることができるようになります。この章では、ブランドコミュニケーション戦略（**5章**）の各要素についてテストを設計していきます。各セクションでは、テストする項目のリストと、その実行に役立つツールを紹介していきます。

6.4　ランディングページ：テスト方法

　ブランドのランディングページをインターネットに公開すると、すぐサービスプロバイダーによるアナリティクスを見たくなります。「アナリティクス」はデータ解析を意味する用語です。（ほぼ）すべてのオンラインでの活動は追跡可能であり、解析可能なデータは無数にあります。アナリティクスツールを使えば、この「データの海」から意味のある情報を引き出し、この章で説明するような十分な情報に基づいた意思決定を行うことができるようになります。

[†]　　Chris Rodley, ed., Cronenberg on Cronenberg (Toronto: Alfred A. Knopf Canada, 1992).

6.4 ランディングページ：テスト方法 | 157

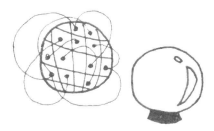

アナリティクスを使うことは、混沌としたワールド・ワイド・ウェブを、水晶玉を通して見るようなものである。

　本書ではGoogleアナリティクスの基本的な機能の利用方法について見ていきます。Googleアナリティクスでは各種の機能を無料で使うことができます。基本的な使い方を理解したうえで、さらに高度な機能を使いたくなったら他の有料のアナリティクスツールもあります。これらのツールのほとんどはGoogleアナリティクスに統合されているので併用することもできます。ランディングページのテストで有用なツールを紹介します。

- Googleアナリティクス
- Hubspot
- Optimizely
- KISSMetrics

それでは、まずはGoogleアナリティクスをインストールしてみましょう。

1. http://www.google.com/analytics/ に移動し、Googleアカウントでログインします。
2. ［アカウントを作成］をクリックして、Googleアナリティクスアカウントの作成を開始します。
3. 新しいアカウント名を指定します。Googleアナリティクスを利用する際の仕組みは、次のようになっています。あなた（1人のユーザー）は複数のア

カウント（対象とする会社／ブランド／サイトグループ）を管理できます。アカウントには、1つ以上のプロパティ（トラッキングIDを持つ個々のサイト）があります。以下の図のように考えてください。

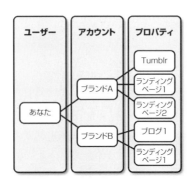

4. サービス規約に同意します。

5. Googleアナリティクスでは、Webサイトに小さなコードを挿入します。このコードを使ってサイト上の活動を追跡するのです。これをインストールすると、Googleアナリティクスの優れたツールキットにアクセスできます。このコードをうまく活用する方法は、チームのシステム担当と相談してください（担当があなた自身なら自分で決めてください）。

```
トラッキング ID        ステータス
UA-46638288-1         過去48時間に受信したデータはありません。 Learn more

ウェブサイトのトラッキング
これは、このプロパティのユニバーサル アナリティクス トラッキング コードです。
このプロパティでユニバーサル アナリティクスのメリットを最大限に活用できるよう、このコードをコピーして、トラッキングするすべ
てのウェブページに貼り付けてください。

<script>
(function(i,s,o,g,r,a,m){i['GoogleAnalyticsObject']=r;i[r]=i[r]||function(){
(i[r].q=i[r].q||[]).push(arguments)},i[r].l=1*new Date();a=s.createElement(o),
m=s.getElementsByTagName(o)[0];a.async=1;a.src=g;m.parentNode.insertBefore(a,m)
})(window,document,'script','https://www.google-analytics.com/analytics.js','ga');

ga('create', 'UA-46638288-1', 'auto');
ga('send', 'pageview');

</script>
```

Googleアナリティクスでは、サイトを視聴しているユーザーの属性データや、その行動履歴、使われているデバイス機器に関する膨大なデータを見ることができます。本書では基本的なデータを表示するGoogleアナリティクス・ダッシュボードを使用します。本書で使うリーンブランディング・Googleアナリティクス・ダッシュボード（Lean Branding Google Analytics Dashboard）は、leanbranding.com/resourcesからダウンロードできます。

6.4.1 Googleアナリティクスで目標を設定する

コンバージョン目標についての説明を思い返してください。コミュニケーションチャネルにおいて視聴者が製品やサービスにどの程度反応しているか、そのような反応に関する指標と、私たちの最大の関心事であるコンバージョンとの相関関係がどうなっているかを分析することが目的です。

Googleアナリティクスではこうした指標を指定してパフォーマンスを測ることができます。設定にとりかかりましょう。

1. leanbranding.comの例を見てみましょう。ふらりとサイトにやってきた訪問者が購読者になってくれるとランディングページleanbranding.com/thankyouに移動します。このページはどの見出しが多くの訪問者を購読者にコンバージョンしたかテストするためにあります。このため目標として［到達ページ］を選択し、次に、誰かが"Thank You"サイトにランディングしたのを記録するように設定します。他にもユーザーの行動、訪問1回あたりのページビュー数、訪問者がエンゲージしたイベントなどを追跡する方法があります。［管理］メニューから、［目標］を選び、［新しい目標］をクリックします。［目標設定］でテンプレートを選び、［目標の説明］で［名前］を設定し、［タイプ］で［到達ページ］を選びます。

2. ［目標の詳細］で、ユーザーがどのページを訪問したときにコンバージョンと見なすのかを設定します。この例では "Thank You" ページの URL を設定しました。

3. ［保存］をクリックします。これで設定は終了です。

6.4.2　Google アナリティクスで A/B テストを作成する

ダッシュボードの左メニューで、［行動］セクションの［ウェブテスト］をクリックします。サイトのどのバージョンがコンバージョンに有効かをテストするやり方は前述した通りです。このツールを使うことで、ランディングページ（トリートメント）の特定バージョンをグループ A に、別のバージョンをグループ B に割り当てることが簡単にできます。あとは Google がこの実験を自動で進めてくれてどれが「もっとも有効なバージョン（勝者のバージョン）」なのかを知らせてくれるのです。

サンプル実験の設計と、それが Google でどのように機能するか見てみましょう。

サンプル実験の設計

leanbranding.com のどのバージョンが週次で発行されているニュースレターの購読登録というコンバージョンにもっとも有効なのかを明らかにしたいとします。

計測の対象			計測の実行		計測の結果		日付
ブランディングの要素	ブランディングの仮説	ブランディングの目標	計測する指標	予測される結果	実際の結果	学習したこと	学習した日
ランディングページ	サイトのバージョンA（見出しA）は、サイトのバージョンB（見出しB）よりも訪問者を多く購読者にコンバージョンしている。	ユーザー購読	新規購読数	新規購読者コンバージョン率は、バージョンAの方がバージョンBよりも高い。	新規購読者コンバージョン率は、バージョンBの方がバージョンAよりも高い。	見出しBは新規購読者のコンバージョンにおいてより有効であった。	2012年6月6日

162 | 6章　ブランドトラクション

「Google アナリティクス」でこの実験を行うための設定方法を示します。

1. ［テストを作成］をクリックしてテストを作成し始めます。

2. テストに名前をつけ、勝者を選ぶのに使う目標を指定します。このとき 2 つ（またはそれ以上）のバージョンの間でパフォーマンスを比較するための目標を選択します。前のセクションでは、「訪問者がニュースレターの購読登録すること」を成功と定義するコンバージョン目標を設定しました。「いいかい Google。君が最高のランディングページのバージョンを選択する方法は、どのページが購読登録を一番多く作りだしているかを見ることだよ」と言い聞かせているのです。この例では、この目標を使うことにします。

3. Google はサイトのいろいろなバージョン（前の手順で定義済みですね）から購読登録してくる購読者の動きに目を光らせます。こうして「勝者のバージョン」が決定されます。この実験に参加させる訪問者の割合を指定します。この例では、訪問者の 25% を対象にします。［詳細のオプション］では実験をどれくらいの期間実施するかをはじめとしたさまざまな設定を行うことができます。

4. この実験の準備の次のステップは、訪問者に交互に提示する 2 つのバージョンを決めることです。そのためには、URL の異なる 2 つのバージョンのラ

ンディングページが必要です。この例では、「メイン見出し」という1つ
の要素だけを変えたリーンブランディングのランディングページ1の2つ
のバージョンをテストします。オリジナルのバージョンでは "FINALLY: A
DIY branding guide for startups that hate waste and love customers."（つ
いに登場！ ムダが嫌いで顧客を大切にするスタートアップのための DIY
のブランディングガイド）という見出しを、もう一方のバージョンでは
"100+ DIY tactics to create, communicate and sell your brand? without the
waste."（ブランドをムダなく作成、伝達、販売するための 100 個を超える
DIY 戦術）という見出しを表示します。

5. 実験を開始するにあたって、私たちが実験していることを Google に知らせ
ておかなければなりません。そのため、サイト（具体的には、ランディングペー
ジのオリジナルバージョンの <head> セクション）にコードを挿入します。

6. Google は（このコードで）すべてがうまく動作していることを確認します。確認が終わったらあとは［テスト開始］をクリックするだけです。

お役立ち情報

iOS/Android アプリのブランディングの場合
——Google Mobile App Analytics の紹介

　Google アナリティクスの［管理］、［プロパティ］をクリックし、［新しいプロパティを作成］を選び、［トラッキングの対象］と［モバイルアプリ］を選び、Google アナリティクスにアクセスするためのリソース（SDK）をダウンロードします。これにより、さらに便利なコンバージョン目標を追跡できるようになります。例えば「何回か必要な CTA を踏み越えて直接ア

プリをダウンロードできる（モバイル）ランディングページに来てくれた訪問者の増加数」といった目標を設定できます。

このツールは他にも、アプリのインストール、アクティブユーザー、人口統計情報、画面、ユーザーエンゲージメント、クラッシュ、例外などに関してわかりやすいデータを提供します[†]。

6.5　ランディングページ：テスト対象

実験者として自信がついたところで（そうですよね？）、このツールを使ってテストできる指標としてもっとも重要な、ランディングページの要素について詳しく見てみましょう。

- 見出し

- コピー

- イメージ

- CTA

これらの要素が、ちゃんと機能しているかどうかを判断するには、どうすればよいのでしょう？ そこで使うのが「行動につながる評価基準」です。次の表はランディングページについて、収益に直結する意思決定につながる指標を並べています。また、その後ろに記載したテンプレートを使って、あなたのビジネスモデルに相応しいブランド指標はどれか探してみましょう。

[†]　https://developers.google.com/analytics/devguides/collection/ios/v3/

収益源	ブランドのコンバージョン目標	成功の判断のために計測できるもの（指標）	成功の理由を知るためにテストできるもの（バリエーション）	それが意味するものを平易な言葉で表現すると
有料会員	有料会員になったランディングページ訪問者の数を増やす	有料会員になった総訪問者の割合	見出し、コピー、イメージ、CTA	有料会員は私たちのビジネスの収益源である。このため私たちは、ランディングページの訪問者が有料会員になった割合を継続的に計測する
広告販売	各訪問者が見るページ数を増やす	訪問あたりのページビュー数、または "average page depth"（平均ページのビュー数）	見出し、コピー、イメージ、CTA、インバウンドリンク、コンテンツフォーマット	広告販売は私たちの収益源である。このため私たちは、各訪問者が訪問するページ数を継続的に計測する
コンサルティングサービス	週刊のコンサルティングニュースレターへの購読者数を増やす	ニュースレターを購読する訪問者の割合	見出し、コピー、イメージ、CTA、コンテンツ形式	私たちはコンサルティングサービスを提供するビジネスをしている。このため私たちは、ニュースレターで取り上げるトピックに興味を持ち、「ソートリーダーシップ・アップデート」を購読している人の数を継続的に計測する
デジタル製品の販売	製品を購入するランディングページの訪問者の数を増やす	デジタル製品を購入する総訪問者の割合	見出し、コピー、イメージ、CTA、機能リスト、価格表	私たちはデジタル製品を販売するビジネスをしている。このため私たちは、ランディングページを訪問した人が製品を購入 / ダウンロードする割合を継続的に計測する

（続き）

収益源	ブランドのコンバージョン目標	成功の判断のために計測できるもの（指標）	成功の理由を知るためにテストできるもの（バリエーション）	それが意味するものを平易な言葉で表現すると
アプリケーションのダウンロード	マーケットプレイスでクリックスルーおよびダウンロードをするモバイル用ランディングページの訪問者の数を増やす	モバイル用ランディングページ経由でアプリをダウンロードした人の割合	見出し、コピー、イメージ、CTA、レイアウト	アプリダウンロードは私たちの収益源である。このため私たちは、ランディングページを訪問したことがきっかけでダウンロードされたアプリの割合を継続的に計測する

行動につながる評価基準を見つける

収益源	コンバージョン目標	指標	テスト	重要な理由
どのようにして収益を得ているか？	どのブランドコンバージョン目標が収益源の増加に関連しているか？	この目標を達成したかどうかを知るために何を計測すればよいか？	成功/失敗の理由を理解するために何をテストすればよいか？	この指標がビジネスにとって重要な理由を平易な言葉で表現すると？

www.leanbranding.com

6.6 ランディングページ以外の要素を テストする理由とその方法

　ランディングページがユーザーを望ましい行動（コンバージョン）に導く方法を可視化するのは簡単です。突き詰めれば最終的なコンバージョンが行われるランディングサイトに流入するトラフィックは、ブランドの他のコミュニケーションツールや戦略——ソーシャルメディア、SEO、オンライン広告、ブログ、動画——などから流れ込んできます。こうしたそれぞれのツールや戦略の要素が、コンバージョン目標に及ぼす真の影響を認識するためには、ブランドコミュニケーションを包括的に考える必要があります。簡単に言えば全体を俯瞰的に見る（そして理解する！）ことが大切なのです。

　全体図を見ると、消費者は複数のチャネルを通じて「ブランドの声」を聞いていることが分かります。彼らは多くの接点を通じて、あなたが誰で、何を約束するのかを理解していきます。この全体図はどんどん拡大していてここ数年の間に混沌としたものになっています。この本では、この全体図を次のようにとらえます。

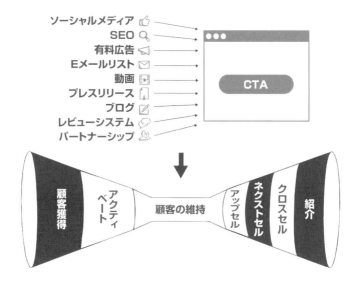

6.7 ソーシャルメディア・マーケティング：テスト方法

コンバージョン目標に対してソーシャルメディアが及ぼす影響は、2つあります。1つはソーシャルネットワークプラットフォームを使用してコンテンツを公開すると、巨大なソーシャルグラフ上に展開することになるということです。ソーシャルネットワークにはすべて、友人が何を気に入っているか、他者とどのようなやり取りをしているかを確認できる機能があるので、誰かがあなたのコンテンツに関わると、彼／彼女のネットワークの一部にもそのコンテンツが露出されます。このバイラルなフィードバックループがソーシャルメディアでのブランドのフォロワーを増やすことにつながるのです。

一方、ソーシャルメディアの投稿を、外部のランディングページにリンクさせて意図するコンバージョンにつなげることもできます（そして、そうすべきです！）。購読者や新規ユーザーをもっと獲得したいですか？ 有料会員やページビューを増やしたいですか？ こうしたコンバージョン目標を達成したいなら、ソーシャルメディアコンテンツに明確なCTAを設定してユーザーを望む目的地に導く必要があるのです。

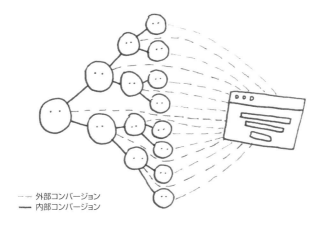

--- 外部コンバージョン
— 内部コンバージョン

内部／外部におけるコンバージョン効果以外でも、ソーシャルメディア上の交流は、ブランドが検索エンジンの検索結果で上位にランクされるのにますます重要な役割を担うようになっています。検索アルゴリズム（検索エンジンがサイトのインデックスを作成する際に従う規則）は、ブランドの社会的評価を重視し始めています。グーグルプラスで50,000人のフォロワーを持つブランドと、インターネットでどこにも見

つけられないブランドとでは、どちらを信頼するでしょうか？ 検索エンジンも同じ
ように考えています。検索エンジン最適化の影響については、この章で後述します。

さてソーシャルメディアがコンバージョンの目標を達成するうえで影響力を持ってい
る理由を理解したところで、その計測方法について見ていきましょう。

内部コンバージョン効果（ソーシャルメディアでの交流は、そのネットワーク内でのより多くのフォロワーの獲得に貢献しているか）を計測する	外部コンバージョン効果（ソーシャルメディアでの交流は、外部のランディングページでのコンバージョン生成に貢献しているか）を計測する
投稿のリーチ 投稿のエンゲージメント 新しいフォロワー / ファン	参照の有効性（目標パス） 生成されたリード

6.7.1　内部：ソーシャルメディアの投稿、リーチ、エンゲージメント、フォロワー数の計測

HootSuite、Buffer、Sprout Social などのソーシャルメディアの管理システムは、
世界中でブランドのリーチやエンゲージメントを計測するために使われています。こ
れらのプラットフォームでは、投稿が行われるつど、そのパフォーマンスをさまざま
なレベルで表示します。こうした第三者が提供するサービスに加えてほとんどの主要
なソーシャルネットワークプラットフォームも独自の分析機能を提供しています。こ
の本では、もっともトラフィックの多いソーシャルネットワーキングサイトの分析
ツールである Facebook ページインサイトと Twitter アナリティクスを詳しく見てい
きます[†]。

前述の通り自分が何を計測したいのかがはっきりわかっていない限り、ツールは単
なるツールに過ぎません。これらのプラットフォームが生成するレポートを詳しく読
む前に、私たちのビジネスの目的と、それらを達成するために設定したコンバージョ
ン目標に基づいて、どの指標（評価基準）が行動につながるのかを明確に定義しましょう。

[†]　http://www.alexa.com/topsites

6.7　ソーシャルメディア・マーケティング：テスト方法　| **171**

収益源	コンバージョン目標	この目標を達成したかどうかを知るために何を計測すればよいか？	成功／失敗の理由を理解するために何をテストすればよいか？	この指標がビジネスにとって重要な理由を平易な言葉で表現すると？
有料会員	中心的な価値提案に関連するソーシャルメディアへの投稿にエンゲージする潜在顧客を増やす	投稿のエンゲージメント Facebook：「いいね！」、共有、クリック数、コメントの数 Twitter：お気に入り、リツイート、クリック、リプライの数	見出し、イメージ、CTA	有料会員は私たちの収益源である。このため私たちは、中心的な価値提案に関連する投稿にエンゲージする潜在顧客の数を計測する

「エンゲージメント」とはわかりづらい言葉です。あなたが最近、何かに「エンゲージ」したことを考えてみましょう。単に何かを「見る」ことではなく、何かと「交流」ことを意味します。それは感じたことを表現し、他者と共有し、承認を与えることです。こうした行動のひとつひとつがコンバージョン目標に結びついている場合もあれば結びついていない場合もあり、ソーシャルネットワークによってその行動ひとつひとつの意味は異なります。大切なのは私たちがこれらの合図を理解し、専門用語のせいで計測の本質を見失わないようにすることです。

各ソーシャルネットワークによる指標の定義					
プラットフォーム	「意見を表現する」	「他者と共有する」	「承認を与える」	「クリックスルー」	「他者と結びつく」
Facebook	コメント	シェア	いいね！	クリック	ファン
Twitter	返信	リツイート	いいね！	クリック	フォロワー
Pinterest	コメント	リピン	ライク	クリック	フォロワー
Instagram	コメント	（Instagram はコンテンツの再投稿のための「ネイティブ」機能を搭載していません。そのため、サードパーティ製のアプリケーションを使用しなければなりません）	いいね！	（同じく、現時点では Instagram の投稿からのリンクを直接開くことはできません）	フォロワー
LinkedIn	コメント	シェア	ライク	クリック	フォロワー

対象とする指標と、その指標と収益コンバージョン目標の関係を定義できさえすれば、後は無料で利用できるレポートを読むだけです。

Facebookページインサイトを読む

Facebookのデータを見るには「ブラウザを使う」と「スプレッドシートをダウンロードする」の2つの方法があります。直接ブラウザ上で見る場合、https://www.facebook.com/insights/ に移動し、特定のファンページを選択します。ダッシュボードの［概要］タブには次のように表示されます。

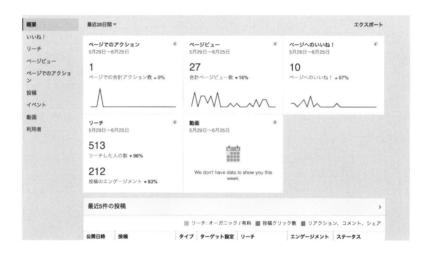

これらのブラウザベースのFacebookページインサイトからは、基本的なレポートと継続的な意思決定のための十分なデータが得られます。長期間にわたって特定の種類のデータを定点観測してカスタムレポートを生成したいなら、スプレッドシートをダウンロードするとよいでしょう。Facebookページインサイトのデータは、2011年7月19日以前のものは入手できません。画面上の各タブ［いいね！］、［リーチ］、［ページビュー］、［投稿］、［利用者］などをクリックすると、各指標の詳細データを表示できます。これらのデータから次のことがわかります。

6.7 ソーシャルメディア・マーケティング：テスト方法 | 173

［いいね！］タブ

- ［合計いいね！］チャート
  - ブランドの総フォロワー数はどのように増加してきたか？
  - ブランドページを人が気に入った／気に入らなかった理由は何か？（それを考察するためには、グラフ内の任意の日付をクリックする）

- ［純いいね！］チャート
  - 全体的に、ブランドのフォロワーは日々、増えているか、減っているか？（Net Likes のダークブルーの線に注目します。これが傾向を意味しています）。
  - バランスが特に純減している日はないか？ その日に何が起こったのか？

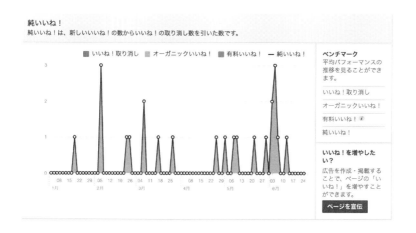

- ［ページのいいね！の発生場所］チャート
  - どのチャネルが多くのフォロワーをもたらしているか？

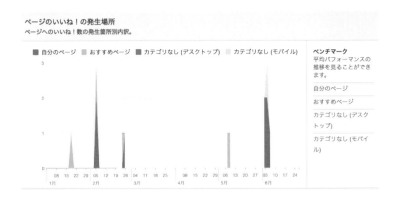

[リーチ] タブ

- どれだけの人数がブランドの投稿を見たか？ この露出のうち「オーガニック」（自然な交流の結果）の割合はどれくらいか？ 有料（広告プッシュの結果）の割合はどれくらいか？
- コンテンツは毎日、どれくらいの「いいね！」、コメント、シェアを獲得しているか？
- どれだけ多くの人が、あなたの投稿をタイムラインで非表示にし、スパムとして報告し、「いいね！」を取り消しているか？

[ページビュー] タブ

- ページのどのセクションがもっとも見られているか？
- コメント、「いいね！」、シェア以外の方法でブランドと交流している人はどれくらいいるか？
- ブランドへの言及、ページへの投稿、場所へのチェックイン、特別サービスへの申し込みをした人はどれくらいいるか？
- どの外部サイトからのアクセスが多いか？

6.7 ソーシャルメディア・マーケティング：テスト方法 | 175

［投稿］タブ

- ブランドのファンがインターネットを使っているのが多いのはどの時間帯か？（コンテンツ公開の最適な時間帯はいつか？）

- エンゲージメントとリーチを生成するのにどのタイプの投稿がもっとも効果的か？

- エンゲージメントとリーチにおける各投稿のパフォーマンスはどうか？（各列のヘッダーをクリックすると、それらを並べ替えることができます。これにより、例えば、エンゲージメントを獲得した投稿の上位10件を見ることができます）。

［利用者］タブ

- ブランドのフォロワーの性別、年齢、所在地、言語にはどのような特徴があるか？

- 男性と女性のどちらがコンテンツにもっともエンゲージしているか？ オーディエンスは若い人が多いか、それとも年配者が多いか？

これらの「行動につながる計測基準」を見た後は、ブランドページの内部コンバージョン率（ブランドの新しいフォロワーをどれだけ獲得できるか）を向上させるために、以下の活動を行うことを検討します。

指標	アクション
ネガティブな「いいね！」	ネガティブな「いいね！」が多かった日（新規の「いいね！」よりも、「いいね」を取り消された比率の方が高い日）に行ったイベントは、今後は避けるようにする
エンゲージメントをもっとも獲得した投稿のタイプ	「いいね！」、クリック、コメント、シェアをもっとも多くもたらす形式でブランドコンテンツの多くを公開する
先月もっとも多くのエンゲージメントを獲得した投稿	投稿の内容と成功要因、ブランドフォロワーのコメントを分析し、それを繰り返す方法を探る
ファンがもっとも多い国	その国の状況を反映したコンテンツを制作する
ファンのほとんどが所属する年齢層	その年齢層にアピールするコンテンツをする

Twitter アナリティクスを読む

　Facebookと同様、Twitterもブラウザ内の分析とダウンロード可能なスプレッドシートを提供しています。このデータは、https://analytics.twitter.com で参照できます。

　［ツイート］タブは、Twitterへの個々の投稿を、エンゲージメントの観点から分析した結果を表示します。このエンゲージメントは、前に示したように、「いいね」、「リツイート」、「返信」などで表現されます。これはFacebookの「いいね！」、「シェア」、「コメント」に相当します（p.171　表「各ソーシャルネットワークによる指標の定義」を参照）。

　「オーディエンス」タブは、フォロワーについてです。フォロワーの増加数、興味をもっていること、男性か女性か、フォローしている人などが示されます。

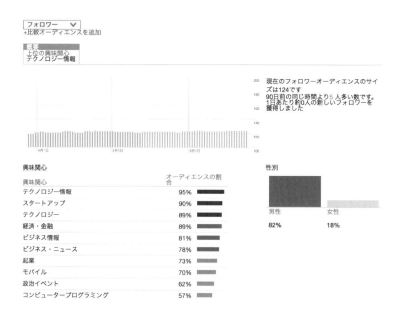

　これらの「行動につながる計測基準」を見た後は、ブランドページの内部コンバージョン率（ブランドの新しいフォロワーをどれだけ獲得できるか）を向上させるために、以下の活動を行うことを検討します。

指標	アクション
リツイートの観点からのベストツイート	ツイートの内容と成功要因、ブランドフォロワーのリプライを分析し、それを繰り返す方法を探る
フォロワーにもっとも興味をもたれたトピック	これらのトピックを中心にしてブランドコンテンツを多く公開する
ファンの大半が所属する性別	このジェンダーグループにアピールするコンテンツを制作する

ビジュアルアナリティクス（Pinterest、Instagram、Tumblr）を読む

Pinterest や Instagram のような画像ベースのソーシャルネットワークの重要性が増したことで、その表面下で何が起きているかの解読に役立つ分析ツールが求められるようになってきました。

Curalate（Pinterest、Instagram、Tumblr で利用可能）、Totems（Instagram）、Piquora（Pinterest、Instagram、Tumblr）、Iconosquare（Instagram）などの新たに登場するさまざまなツールに注目しておきましょう。

6.7.2 外部：ソーシャルメディアリファーラルと リードカウントを計測する

Google アナリティクスのプロフィールに移動し、左側メニューの［集客］、［ソーシャル］の下の［参照元ソーシャルネットワーク］をクリックします。

このセクションは、Google が「あなたのソーシャルインパクト」として定義したものが何かを理解するのに役立ちます。ソーシャルインパクトとは、リファーラル、コンバージョン、どのランディングページで交流したか、サイト全体でソーシャルボタンをどのように使用したかなどに基づいて算出されるブランドのソーシャルメディアプレゼンスの価値の合計です。ソーシャルリファーラルについての以下のサンプルレポートを見てみましょう。

ソーシャルネットワーク	セッション ↓	ページビュー数	平均セッション時間	ページ/セッション
1. Facebook	75 (28.52%)	95 (21.02%)	00:01:19	1.27
2. Twitter	73 (27.76%)	142 (31.42%)	00:01:46	1.95
3. Google+	71 (27.00%)	117 (25.88%)	00:01:40	1.65
4. LinkedIn	16 (6.08%)	36 (7.96%)	00:03:34	2.25
5. Pinterest	13 (4.94%)	34 (7.52%)	00:03:41	2.62

178 | 6章　ブランドトラクション

　このブランドにとって、アクセス回数の面では Facebook がもっとも重要なチャネルであり、LinkedIn ではコンテンツを見るのにもっとも長い時間を費やしていることがわかります。このような情報を知ることで、ブランドコミュニケーション戦略で優先順位を確立しやすくなります。

　次は、ランディングページ（ソーシャルネットワークへの投稿で言及された個々のリンク）を見てみましょう。

共有された URL ?	セッション ?	↓ ページビュー数 ?	平均セッション時間 ?	ページ/セッション ?
1.	64(37.65%)	93(32.40%)	00:00:51	1.45
2.	56(32.94%)	87(30.31%)	00:01:45	1.55
3.	22(12.94%)	58(20.21%)	00:02:16	2.64

　この日、ほとんどのソーシャルメディア経由の訪問者が訪れたのは、私たちのホームページ、ウェビナーの発表ページ、そしてスタートアップ向けのランディングページツールに関する記事でした。日、週、月など、対象期間は任意に指定することができます。

6.8　ソーシャルメディア・マーケティング：テスト対象

コンテンツトピック
　　どのトピックが、オーディエンスからもっともエンゲージメントを獲得したか？

コンテンツフォーマット
　　どのタイプの投稿が、オーディエンスからのエンゲージメントを獲得するのに最適か？（画像、動画、テキスト？）

チャネル
　　この SNS はターゲットオーディエンスにリーチするための適切なチャネルか？
　　ターゲットオーディエンスが参加している新しい SNS は他にはないか？

配布時間
　　何曜日の何時に記事を投稿すれば、このオーディエンスにとってもっとも効果的か？

配布強度

交流を活発にするのにもっとも効率的なのは1日あたり何度の投稿か？

6.9　検索エンジン最適化：計測方法

検索エンジン最適化のことを考えるのは胸が躍ることではありません。創造性や刺激が求められるブランド戦略の要素に比べると、極めて複雑なアルゴリズムがどのようにあなたを「読むか」について想像するのは、控えめに言っても退屈そうです。

しかし、興味をそそるものもあります。消費者がどのようにしてあなたのブランドを知り、それを使おうとしようとするかについて考えたことはありませんか？2010年、Googleとショッパーサイエンスはこの疑問に答えるため5,000人の買い物客を対象にした調査を実施し、ZMOT（Zero Moment of Truth）と名付けた現象に遭遇しました[†]。ZMOTとは、FMOT（First Momet of Ture／最初の正念場）を元にした言葉で「ブランド露出の最初の瞬間は、消費者が実際に店舗（リアルまたは仮想）の棚にある製品を見る前に起きている」という意味です。ZMOTでは、ブランドには注目を集め購入を促すためのユニークなチャンスがあるとされます。

検索エンジンは、アクティブなニーズや欲求を持つ消費者にとっての強力な情報源です。最近、あなた自身が問題に直面したときにとった行動について考えてみましょう。インターネットの時代では解決策は画面を数度クリックするだけで見つかります。消費者が問題を解決するために最初に取る行動としてポピュラーなのは、検索エンジンに「〜する方法」と入力することですね。

検索エンジンのアルゴリズムシステムは猛烈な速度で変化し続けているのでその時点での有効なアルゴリズムを「ハック」する技術的知識を探すよりも、頻繁には変更されないSEOの基礎に焦点を当てることへ時間を費やす方が賢明です。SEOについては**3章**で少し説明しました。

- カギとなる用語にできるだけ多く言及し、基本的なHTML SEO手法に従って作業する。例えば、これらの用語（キーワード）をメタディスクリプションや本文、見出しに含めるようにする。

- 他のサイトと相互リンクを張る。

- サイトマップを検索エンジンに送信する。

[†]　http://www.google.com/think/collections/zero-moment-truth.html

- 高品質のトラフィックを生成する優れたコンテンツを作成する。

- オーディエンスが共感するソーシャルネットワークのプロフィールを作成する

検索エンジンが、ブランドを「読む」方法をテストするために効果的な方法を見てみましょう。

6.9.1 ランディングページでの SEO の効果を計測する

Internet Marketing Ninjas が提供する、On-Page Optimization Tool [†] や、他の同様の SEO レポートツールを使って、キーワードとリンクに潜む問題を検出します。サイトの URL を入力すると、これらのツールは潜在的な問題とその解決案を含むレポートを生成します。

6.9.2 ランディングページランクの競合他社との比較を計測する

Google、Bing、Yahoo! は、アメリカでもっとも人気のある検索エンジンです（2014 年 1 月現在）。好みのブラウザでタブを 3 つ開いてこの検索エンジンを開き、ブランドにとってもっとも重要なキーワードで検索して、ブランドの位置を確認することができます。でも最初のページにランクしていないと、ブランドの位置を「手作業で」見つけるのは大変です。そこで SEOChat は 2 つの検索エンジンの 50 位までのランキングを並列で比較できるツールを開発しました [‡]。興味のあるキーワードと URL を指定するだけで、後はツールがすべてをやってくれます。以下の例は、キーワード "Lean branding" で検索をしたときに、branding.com が Google や Yahoo! で類似したサイトがどの程度表示されるかを示しています。円は私たちのブランドの URL を、線は検索エンジン間のランキングの違いを表しています。

[†]　http://www.internetmarketingninjas.com/seo-tools/free-optimization/

[‡]　http://tools.seochat.com/tools/google-vs-yahoo-search-results/

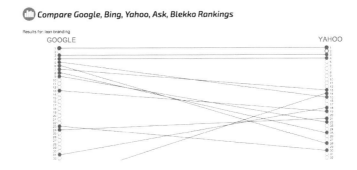

6.9.3 消費者がブランドを見つけるために使用しているキーワードを計測する

Google アナリティクスを開き、［集客］の下の［Search Console］をクリックします。サブセクションの［検索クエリ］には、消費者があなたのサイトを探すときに使った単語が含まれています。leanbranding.com の例を示します。

インプレッション（ページの表示回数）、クリック数、クリックスルー率（インプレッションがサイトでのクリックにつながった割合）、平均ポジションなどの数値を見ることで、次のブランドコミュニケーション戦略を改善できるようになります。列をソートする（上から下、またはその逆）には、ヘッダーをクリックします。

クエリリスト

クエリリストには、期待していたキーワードが表示されていたか？ 消費者は私たちが最適化に用いた用語を使ってブランドを発見していたか？

クリックスルー率

クリック率を高めるためにどの用語がもっとも効率的か？ これは、次の質問に答えるために役立ちます。消費者は、私たちのブランドのオンラインコンテンツが独自に提供できるものの中で何を特に求めていたか？

インプレッション

どのトピックがもっとも多くのインプレッションを獲得していて、それによって、それに関連するブランドコンテンツを作成する契機になりえますか？

6.10　検索エンジン最適化：テスト対象

以下の変数を自由に試してみましょう。

- ブランドの Web サイトで使用される主なキーワード

- ページ内のメタタグ

- 主なトピックに関連して作成されたブランドコンテンツの種類

6.11　有料広告：テスト方法

高級住宅地の中心に設置された巨大で高価な広告板を想像し、あなたのブランドの広告を出すことを考えます。コストを計算してみましょう。ポスターの印刷代、デザイン費用、広告宣伝費。あなたのビジネスがどの段階にあるかにもよりますが、かなりの額の費用になる場合もあるでしょう。

ともかく、この場合の投資リターンを計算してみましょう。どれくらいの数の潜在顧客が広告を見たかは、どのようにして判断すればよいのでしょうか？ また、ただ広告を見た「だけ」の人と、ブランドに興味を持った人とはどのように区別すればよいのでしょう？ このように、従来の広告では直接的なリターンの計測が難しいことが、大きな問題でした。百貨店経営者のジョン・ワナメーカー《John Wanamaker》が、1900 年代にこのように感じたのも無理はありません。

> 広告に費やす金の半分は無駄になる。問題は、それがどちらの半分かがわからないことだ。

だからこそ本書では、徹底的な、計測、テスト、明確な証拠に基づいた方針決定を行うためのオンライン・ブランドコミュニケーション戦略について説明してきたのです。オンライン広告も、その例外ではありません。

今度は広告板の代わりにオンライン広告を考えてみましょう。この広告が、文字通りワールドワイド・ウェブ全体を通じて「フォロー」できるコードと接続されているとしたらどうでしょう？ それと同じものが、コンバージョンピクセルやコンバージョンコードということです。

ユーザーが広告を見たか、その広告をクリックしたかを知るだけでは足りません。コンバージョンコードスニペットをオンライン広告と組み合わせれば、ユーザーがクリックした後に何が起こったのかを追跡することができます。広告を見たユーザーが、

実際にデジタル製品の購入やニュースレターの購読をした、つまりコンバージョンしたのかどうかがわかるのです。

コンバージョンコード／ピクセルが Google AdWords と Facebook 広告でどのように動作するかを見てみましょう。

6.11.1　Google AdWords でのコンバージョントラッキング

1. **5章**で作成したアカウントを使って、Google AdWords にサインインします（adwords.google.com）。

2. ［運用ツール］に移動し、［コンバージョン］をクリックします。

3. コンバージョンは、私たちがユーザーに期待する行動と定義しましたよね？ここでは、このコンバージョンがどこで生じるかを Google AdWords に指定します（Web ページ上、広告が掲載されているページ上、あるいはアプリのマーケットプレイスでのダウンロードなど）。他にも、詳細な設定ができます。

4. コンバージョントラッキングの設定を行います。フォローするのはどのようなタイプのコンバージョンですか？ サインアップ、リード、ページ表示、購入などさまざまなものが考えられます。また、初めてクリックした後、これらのコンバージョンに至るまでどれくらい長くフォローするかを設定します。すべてのユーザーがすぐにあなたの商品を買ってくれるわけではない

ので、計測期間の設定はコンバージョンを適切に追跡するために極めて重要です。

5. サイトにコンバージョンコードスニペットを挿入します（またはやり方を知っている人に挿入してもらいます）。

6. ［キャンペーン］のレポートで、各広告によって獲得したコンバージョンを調べます。クリックからのコンバージョン（コンバージョン率）だけでなく、ビューからのコンバージョン（ビュースルーコンバージョン）も表示されます。

7. この設定後、作成した目標に従ってユーザーがコンバージョンした場合にだけ Google AdWords に支払いをするよう設定できます。

6.11.2 Facebookの広告でコンバージョントラッキング

1. https://www.facebook.com/ads/create/ に移動して、メインメニューに表示された［ウェブサイトでのコンバージョンを増やす］を選択します。

2. Facebook ピクセルの名前を指定します。これは Web サイトに挿入するコードスニペットで、Facebook がユーザーの行動を追跡できるようにします。

3. コンバージョンの想定行動が行われるページにピクセルを挿入します。この章では、ランディングページの実験のために "Thank You" ページを作成しました。ユーザーがコンバージョン（ニュースレターを購読）したかどうかを確認するために、もう一度このページを使用します。

6.12 有料広告：テスト対象

見出し
ユーザーの関心やコンバージョン獲得のために最適なオンライン広告の見出しはどれか？

イメージ
コンバージョン獲得のために最適なオンライン広告の画像はどれか？

ボディコピー／テキスト
　コンバージョン獲得のために最適なオンライン広告のメッセージはどれか？

CTA
　コンバージョン獲得のために最適なオンライン広告の CTA はどれか？

コンバージョンページ
　ユーザーがオンライン広告をクリックスルーした後、ランディングページのどのバージョンがコンバージョン獲得のために最適か？

6.13　ブログ：テスト方法

　これまで見てきた通り、成功するブランドとは、顧客を A 地点から B 地点（将来の「なりたい自分」）に連れて行くビジネスをしているブランドのことです。製品やサービスによって B 地点に連れて行けることを潜在顧客に知らせるためのひとつの方法は、ブランドが彼らのニーズや望みに関する専門家であると明確に伝えることです。「課題 X の解決における私たちの専門性は信頼に値します」という言葉が示唆されるようにメッセージを伝えるのです。

　コンテンツマーケティング戦略にはいろいろありますが、ソートリーダーシップは他にはないブランドへの信頼性を構築できます。ブランドが自らをソートリーダーとして位置づけることができれば消費者に強く働きかけて連想を与えることができます。

　あなたがいま解決しようとしている課題のことを思い浮かべてください。もし私がその課題の解決策に関するコンテンツ——私の専門性を明らかにするコンテンツ——を継続的に公開していたら、あなたは私を解決策と関連づけますよね？このように「問題と解決策」を関連づけることによってコンテンツマーケティングは非常に優れたブランドコミュニケーション戦略になるのです。

ブログへの投稿を通じて、ブランドを、消費者が自己実現する近道としてポジショニングしたことの効果を計測する指標があります。

- コンテンツを読んだユーザーの数
- コンテンツの精読に相当の時間を費やしているかどうか？
- コンテンツを共有しているかどうか？
- 当該のブログ記事からコンバージョン目標（サブスクリプション、サインアップ、購入）へと移動しているかどうか

6.13.1　コンテンツを読んだユーザー数と、滞在時間を計測する

あなたのブランドのブログは強固な分析プラットフォームに接続されていますね？この本を通じて使用してきたGoogleアナリティクスなら強力な機能を無料で提供しています。[行動]、[サイトコンテンツ]の下の[すべてのページ]を見るだけで、各コンテンツが閲覧された回数と、ユーザーの滞在時間がわかります。

6.13.2 コンテンツの共有を計測する

　オンラインで記事を読んでいるとき SNS でその記事を共有するボタンが表示されているのを見たことはありませんか？ あなたのブランドのブログにもこのソーシャルボタンが必要です。これはソーシャルボタンを使うことでブログ記事が共有された経路データが集まるからです。ソーシャルボタンは個々のソーシャルネットワークから追加することもできますが、これらを 1 つにまとめたものを利用できるサードパーティのサービスを利用する方が効率的です。AddThis（addthis.com）、ShareThis（sharethis.com）、AddToAny（addtoany.com）などが人気です。

　ソーシャルボタンのアナリティクスレポートを読む際は、次の点を考慮しましょう。

もっとも共有されたコンテンツを見る

　投稿の内容と成功要因、それに関する読者のコメントを分析し、そういう人気コンテンツの再現方法を探ります。投稿されてから時間が経過しているなら同じコンテンツを再公開（リサイクル）することを検討してもいいでしょう。

コンテンツ共有のために使われているソーシャルネットワークを見る

　共有してくれた読者に報酬を与えたり感謝したりすることで、さらなる共有を促す方法について考えます。読者のほとんどがコンテンツ共有に Twitter を使用しているならリプライして感謝を伝えましょう。あるいは、共有した読者に報酬を与えるコンテストを検討しましょう。

一番のフォローサービスを見る

　読者のほとんどがあなたをフォローするために何らかのサービスを使用している場合は、そのプラットフォームの API（もしあれば）を見てそれを統合する方法を確認しましょう。例えば Facebook がトップのフォローサービスなら、「アクティビティフィード」を取り込んで、読者に他のフォロワーがあなたの Facebook 上のコンテンツとどのように関わっているかを見せるもの良いでしょう。ソーシャルネットワークの多くは、ブランドのコンテンツ共有を刺激する「ソーシャルプラグイン」を備えているので見てみてください。

6.13.3 ブランドコンテンツがコンバージョンにつながって いるかどうかを計測する

　Google アナリティクスでは、投稿がコンバージョンを促しているかどうかを簡単に計測できます。すでにこの章では、コンバージョン目標を設定し、ニュースレターの新規購読者を追跡するよう設定しましたね。あとは、［行動］、［サイトコンテンツ］の下の［ランディングページ］をクリックするだけで、個々の投稿がどれくらい目標の達成に貢献したかを確認できるのです。

　この画面では、個々のブログ記事がコンバージョンの生成にどれくらい貢献したかを確認できます。また、任意の列のヘッダーをクリックすることでコンバージョンに貢献した順に投稿を並べ替えることもできます。複数のコンバージョン目標を設定している場合は［コンバージョン］のドロップダウンで表示する目標を選択します。この種のデータを可視化すると目から鱗が落ちるような情報が得られます。

　ここでは公開から 2 日後の記事の結果が表示されています。訪問者の数（52）と、コンバージョン率が低いこと（3.17%）がわかります。これを他のもっと貢献した記事と比較することで全般的なコンバージョン率の向上のために効果的にブランドコンテンツを最適化できるようになります。

6.14　ブログ：テスト対象

　この時点で再認識しておかなければならないのは、ブランドを伝えることは、少なくとも戦術的なレベルで、絶え間ないテストと学習が重要ということです。次に、最適な公式を見つけるまで試すことのできる変数を示します。

タイトル

　ブログ記事のタイトル構造や単語のうち、コンバージョン獲得のためにもっとも効率的なものはどれか？

コンテンツトピック
: ブログ記事のトピックのうち、コンバージョン獲得のためにもっとも効果的なのはどれか？

コンテンツタイプ
: ブログ記事の形式（箇条書き、段落、動画、画像など）のうち、コンバージョン獲得のためにもっとも効果的なものはどれか？

CTA
: ブログ記事に埋め込まれたCTAのうちコンバージョン獲得にもっとも効果的なものはどれか？

イメージ
: ブログ記事をサポートするイメージのうち、コンバージョン獲得のためにもっとも効率的なものはどれか？

6.15　Eメールマーケティング：テスト方法

　手紙を送ることができ、それをあなたにとって重要な相手が開封するとすぐに通知してもらえたら素晴らしいですよね？　その通知にはこんな言葉が添えられています。「君の友人は、この手紙のことを本当に気にかけていたよ」、「Xはたった2つしか文がない手紙を10回も開いたよ。彼は相当にそれを気に入ったに違いない」。あるいは、「何を期待してたんだい？　この人は忙しすぎて手紙は開封してくれないよ」という言葉もあるでしょう。

　素晴らしいニュースがあります。Eメールマーケティングは、本書で紹介した他のブランドコミュニケーション戦略と同様、完璧に追跡することが可能なのです。

使用しているEメールサービスが何であれ、受信者の行動について基本的なインサイトを提供しています。

- Eメールが開封された割合（オープン率）

- Eメール内リンクがクリックされた割合（クリック率）

- もっともクリックされたリンク

- もっとも効果的な曜日と時間帯

- 各購読者がEメールを開封した回数、開封した場所、宛先不明になったEメールの数など

これらを計測することで、次のようなアクションにつながります。

複数のEメールの開封率を見る
　他よりも多く開封されているEメールには、どの要因がそれに貢献しているか？

複数のEメールのクリック率を見る
　それぞれのEメールのクリック数に影響を与えているのはどの要因か？

個々のEメール内でもっともクリックされたコンテンツを見る
　クリックされたリンクを魅力的なものにしているものは何か？ レイアウトやタイポグラフィはその成功に関係しているか？

6.15.1　コンバージョンにおけるEメールマーケティングの影響力を計測する

　ここでもGoogleアナリティクスが役に立ちます。［集客］、［すべてのトラック］の下の［チャネル］に移動し、［Email］を見ます。この例は、4日間におけるブログのチャネルパフォーマンスを示しています。

	集客			行動			コンバージョン 目標1: 新規購読者 ▾		
Default Channel Grouping	セッション	新規セッション率	新規ユーザー	直帰率	ページ/セッション	平均セッション時間	新規購読者（目標1のコンバージョン率）	新規購読者（目標1の完了数）	新規購読者（目標1の値）
	751 全体に対する割合: 100.00% (751)	79.36% ビューの平均: 79.36% (0.00%)	596 全体に対する割合: 100.00% (596)	71.90% ビューの平均: 71.90% (0.00%)	1.86 ビューの平均: 1.86 (0.00%)	00:01:07 ビューの平均: 00:01:07 (0.00%)	2.66% ビューの平均: 2.66% (0.00%)	20 全体に対する割合: 100.00% (20)	$0.00 全体に対する割合: 0.00% ($0.00)
1. Referral	315(41.94%)	84.13%	265(44.46%)	93.33%	1.11	00:00:20	0.00%	0 (0.00%)	$0.00 (0.00%)
2. Organic Search	313(41.68%)	77.96%	244(40.94%)	56.87%	2.48	00:01:30	4.47%	14(70.00%)	$0.00 (0.00%)
3. Direct	85(11.32%)	80.00%	68(11.41%)	52.94%	2.20	00:02:19	4.71%	4(20.00%)	$0.00 (0.00%)
4. Email	38 (5.06%)	50.00%	19 (3.19%)	60.53%	2.11	00:01:42	5.26%	2(10.00%)	$0.00 (0.00%)

　この期間中、Ｅメール経由で訪問した19人のうち2人がコンバージョン目標を完了しました。［Email］をクリックすると、メール購読者が最初にどこのサイトに着陸したのか（ランディングページ）や、各ページの個別のコンバージョン率などが表示されます[†]。

6.16　Ｅメールマーケティング：テスト対象

件名

件名の文構造と文言のうち、開封率を高めるためにもっとも効果的なのはどれか？

見出し

どの見出しが、クリック率を高めるためにもっとも効果的か？

CTA

Ｅメールに埋め込まれたCTAのうち、コンバージョン獲得のためにもっとも効果的なものはどれか？

ランディングページのタイプ

リンク先URLのタイプのうち、Ｅメールの購読者をコンバージョンするためにもっとも効果的なものはどれか？

[†]　目標達成ごとに、金銭的価値を設定することもできます。その場合、目標達成の価値が加算されていくので、コンバージョンの成功にどの程度の価値があるのかを把握しやすくなります。

6.17 マーケティング動画：テスト方法

　動画はブランドストーリーを伝えるのに極めて有効ですが、それがどの程度コンバージョンに貢献するかはあなたの腕次第です。これまで議論してきた通り CTA はコンバージョンの中核で消費者を望む行動経路（獲得／維持／成長のファンネルを思い出しましょう）に導くカギです。

　初期設定でも動画はブランドと消費者の間の感覚的な結びつきを生み出してはくれますが、誰もが簡単に単なる視聴者からフォロワー、さらに顧客へと飛躍してくれるわけではありません。その飛躍を円滑にするのが私たちの仕事です。ブランドの動画を見た人が、簡単にアクション（コンバージョン）できるように道を整えなければなりません。

　ブランド動画を見た人の数を知ることは気分を高揚させてくれますが（「虚栄の評価基準」に注意！）、究極の目的であるコンバージョン目標と動画との関係を理解するのには必ずしも役立ちません。ただし、収入源は動画の視聴回数に直接依存しているということは例外的に役立ちます。この場合は視聴回数が「行動につながる評価基準」を構成していると言ってよいのです。

　もっとも人気の高い動画サービスである YouTube と Vimeo は、視聴者の行動についての深いインサイトを提供しています。デフォルトで使用できる指標には次のようなものがあります。

パフォーマンス

　各動画の視聴回数、動画の視聴時間（秒単位）、チャンネルの購読者数。

エンゲージメント

　動画への "Like ！"、"Dislike" の回数。コメント数、共有回数、お気に入りへの登録数。

人口統計データ

　視聴者の所在地や性別。

　YouTube は他のサービスとは異なり、デフォルトで無料の分析ツールを提供しています。またコンバージョンの促進に大いに役立つアノテーション機能も使用できます。さらに高度な分析や、ブランド動画の表示方法の厳密なコントロールに興味がある場合は Brightcove や Wistia などのソリューションを試してみてください。

基本的なレベルでは、YouTube アナリティクスを使うだけでも以下を計測し、ブランドの動画がどの程度コンバージョンにつながっているかを理解することができます。

- 動画の周囲に戦略的に配置した（個々の）CTA をクリックしたユーザー数を計測する。

- （特定のプラットフォームでホストされた）動画経由でサイトを訪問したユーザーがどれくらいコンバージョンされたかを計測する。

6.17.1　特定の CTA でクリックしたユーザー数を計測する

5 章では、短縮リンクについて説明し、ソーシャルメディアにブランドコンテンツを投稿するときに、ユーザーの行動を追跡する短縮リンクが効果的であるということをお伝えしました。動画においても、戦略的なリンクを挿入することは、視聴者を刺激して行動に向かわせるのに効果的です。

任意のソーシャルメディア管理プラットフォームを使用し（ほとんどはリンク短縮機能とトラッキング機能を提供しています）動画の視聴者を誘導したい先の URL を挿入します。次に一般的な手順を示します。

1. 任意のサービスを使用して、リンク先 URL を短縮します。この例では HootSuite を使用します。

2. 対象の動画サービスに移動し、動画の説明フィールドを変更して、明確なCTAの隣にこのリンクを記載します。

3. リンク短縮／追跡サービスに戻り、CTAの影響を計測します。

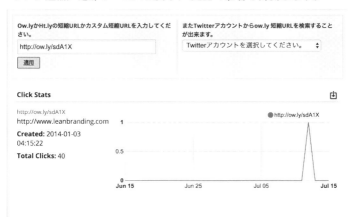

6.17.2 コンバージョンをトリガーするために、ブランド動画にアノテーションを活用する

1. YouTubeに移動し、CTAに挿入したい動画をアップロードします。

2. YouTubeチャネルが承認され、アカウントに［関連付けられているウェブサイト］が挿入されたことを確認します。

3. 任意の動画の下にある［アノテーション］をクリックして、CTAを追加し

ます。

Tech Startup - Infographic Video

4. ノートやテキストを追加し、［リンク］ボックスをオンにします。［関連付けられているウェブサイト］を選択し、チャネルに関連付けた Web サイト（ステップ 2）を入力します。GoogleWebmaster Tools のアカウントで承認されているものであれば、どの外部サイトへもリンクできます（つまり、あなたはそのサイトを管理でき、Google にそれを証明しています）[†]。

[†] 他にも、動画、再生リスト、チャネル、Google+ ページ、募金プロジェクト（サポートされたサイトのリストをクリックする）、承認済の製品小売サイトなどにリンクを追加できます。視聴者に特定の YouTube チャネルを購読させるという CTA もあります。

5. ［公開］をクリックして、リファーラルナンバーが増加するのを見守ります(その方法については後述します)。

6.17.3 動画経由でサイトを訪問しているユーザーがどれだけコンバージョンされたかを計測する

　ここでも Google アナリティクスを使います。［集客］、［すべてのトラフィック］の下の［参照元 / メディア］と移動し、［アドバンス］をクリックします。これは動画をホストするプラットフォーム（YouTube や Vimeo など）からのすべてのトラフィックを監視するためです。この例では youtube.com を含むソースからのすべてのトラフィックを表示するレポートが作成されています。

　前述した E メールの場合と同じく、このチャネルのコンバージョン率やコンバージョンの目標達成状況を追跡できます。

6.18　マーケティング動画：テスト対象

タイトル
　動画のタイトルの構造と文言のうち、視聴回数を増やすためにもっとも効果的なのはどれか？

長さ
　視聴者にとって最適な動画の長さはどれくらいか？

CTA
　動画の説明フィールド（またはストーリーライン）に埋め込まれた CTA のうち、

紹介してもらったりコンバージョンを獲得するために最適なものはどれか？

コンテンツトピック

視聴回数、いいね、シェアを増やすためにもっとも効果的なトピックはどれか？

6.19 プレスリリース：テスト方法

ブランドの動画と同様、プレスリリースにもコンバージョンの目標につながるCTAを「埋め込む」必要があります。5章では、シンプルテンプレートによってプレスリリースの最初のバージョンを作成する方法を説明しました。ここではプレスリリースの影響度を計測しましょう。プレスリリースが作用する目標には記者を対象にしたコンバージョン目標と読者を対象にしたコンバージョンの目標という異なる2つがあります。

読者を対象にしたコンバージョン目標にはさまざまありますが、記者を対象にしたコンバージョン目標はただひとつ、記事を書いてもらうことです。私たちのブランドについての記事がメディアに公開されることです。

プレスリリースのコンバージョンに対する影響度を計測する方法はいくつかあります。オフラインのプレスリリースを送信する場合、コンバージョンを追跡することは困難です。これは（本書でこれまでに見てきたように）私たちが呼吸をしている空気にはトラッキングコードが（まだ？）埋め込まれていないからです。一方オンラインでプレスリリースを送信する場合、（本書ですでに作成方法を説明した）追跡可能なリンクやメディア固有のコードを埋め込むことができます。さらにランディングページにコンテンツを掲載しそれをGoogleアナリティクスを使って追跡することもできます。次に、その仕組みを説明します。

トレーサブルリンク

- 記者のコンバージョンを計測するには、詳細情報、購読、他のコンバージョン行動へつながる（短縮された）リンクを記者にクリックさせるように仕向けます。

- 同じように読者のコンバージョンを計測するには、読者向けのインセンティブを何か用意し、それにアクセスするためにクリックしなければならない短縮リンク（"bit.ly/LeanBranding" など意味がわかるもの）を記載します。

コード

- 記者のコンバージョンを計測するには、記者にインサイダーアクセスや無料トライアル他のインセンティブを提供し、それを利用するためのコードを与えます。

- 読者のコンバージョンを計測するには、メディア固有のコードを試します。アクセス元のメディアに紐付けた特別割引やインセンティブのコードを提供することで、そのメディアの読者への影響を追跡します。例えば、マッシャブルに記事が掲載された場合はMASHABLE10のような特別割引コードを提供します。

プレスリリース用ランディングページ

5章では、オンラインの「プレスルーム」について説明しました。この利点は、解析コードを挿入することで、メディアコンテンツの舞台裏で起こっている何かを見つけられるということです。同じ実験や計測を他のランディングページでも試し、記者のコンバージョンを最適化することができます。

オンラインとオフラインのアプローチについては、以下の表を用いることでコンバージョン計測が容易になります。

プレスリリースインパクトログ

チャネル情報 🎙			コンタクト履歴 🕐		コンバージョンの結果 ☑		
担当者名	**チャネル名**	**リーチの概要**	**コンタクトした日**	**コンタクトのタイプ**	**公開された記事**	**記者のコンバージョン**	**読者のコンバージョン**
記者の氏名	プレスリリースの送信先メディアの名前	このメディアのおおまかな読者層	この担当者に連絡した日	どのような手段で連絡したか。Eメール、紙ベース、対面、ソーシャルメディア	公開された記事のタイトル、日付、リンク（利用できる場合）	この取り組みの結果として公開された記事の数	この取り組みの結果として獲得したリードについて確認

www.leanbranding.com

6.20　プレスリリース：テスト対象

タイトル

プレスリリースの文構造と文言のうち、注目、関心、その後の記事公開を増加させるためにもっとも効率的なのはどれか？

導入部——Eメール、手紙、電話

導入部のタイプのうち、注目、関心、その後の記事公開を増加させるためにもっとも効率的なのはどれか？

ボディコピー

プレスリリースで使用しているブランドトピックのうち、注目、関心、その後の記事公開を増加させるためにもっとも効率的なのはどれか？

CTA

プレスリリースに埋め込んだCTAのうち、紹介につながったりとコンバージョンを獲得するために最適ものはどれか？

イメージ

プレスリリースをサポートする画像のうち、コンバージョン獲得のために最適なものはどれか？

6.21　POP最適化：テスト方法

製品のタイプしだいで POP 広告は大きく異なります。オンラインの POP ならいろいろなコントロールや計測が可能なため、それに特化して説明します。オンライン POP の例を挙げます。

- トランザクションが発生するランディングページ

- アプリのマーケットプレイス（Google Play、App Store など）

- あなたが出店している e コマースサイトやマーケットプレイス（カスタムソリューション、eBay、Amazon）

以下の項目は、これらの POP のいずれでも計測できます。

セールスコピー

ブランドについてのテキスト情報は、購入意思を刺激するのに十分か？

イメージ

製品やサービスについてのイメージは、購入決定を促すために十分に魅力的かつ明確か？

ブランドの信頼

参考リンクや裏付け情報はブランド製品／サービスの信頼を向上させているか？

どれだけ計測できるかは、POP をどの程度コントロールできるか次第です。単純に言えば、設計とコードに自由に手を加えられるのであれば、計測と実験への自由度も上がるということです。アプリのマーケットプレイスについて考えてみましょう。ダウンロード用のボタンの大きさを変えることは不可能です。要素がページ上に配置される方法を調整することもできません。あなたができることは、いくつかのフィールドに必要事項を記入するときや、与えられたスペースを最大限に活かすことくらい

です。

　一方、カスタムサイトでなら多くの実験ができます。製品ページのAとBのバージョンを公開し、コンバージョン率（コンバージョンは実際に製品が購入されること）を計測することもできます。

　「販売をすること」は一般的なコンバージョン目標です。Googleアナリティクスが提供するEcommerce Trackingなどの機能を使うことで、この目標に関して、次をはじめとするありとあらゆる情報を集めることができます。

- どのブランド製品がもっとも売れているか？

- 訪問者が購買決定をするまでの所要時間

- 各トランザクションから得られる収益

これらの指標は重要で、あらゆるデジタル製品の販売サイトにおいて不可欠ですが、ブランドにとって適切に最適化するには複合的なアプローチを取ることになります。

**　販売数が教えてくれることはストーリーのごく一部にすぎません。一方消費者が画面を見始めたときの行動はストーリーの残りの部分を教えてくれるのです。**

　これらの行動を活用するため、**3章**でユーザーの調査をしたときにやり残していたことに注目しましょう。

　購入時点で提供しているブランドの情報がユーザーの購入意思を刺激するのに十分明確かどうかを計測するツールの1つが、「5秒間テスト」です。

1. POPページのスクリーンショットを取ります。次に、セールスコピー、イメージ、トラスト要素（レビュー、リンク）を少しずつ変えたモックアップを作成します。

2. Verify（verifyapp.com）や5 Second Test（5secondtest.com）などのサービスを使用してA/B選好テストを作成します。

3. ユーザーに対して次のような質問をします。「どちらのサイトから製品を購入したいですか？」、「その理由は何ですか」。バージョンごとに次のような

質問をします。「このサイトの何を記憶していますか？」、「このサイトはあなたに何をするよう尋ねてきましたか？[†]」

6.22 POP最適化：テスト対象

セールスコピー

ブランドについてのテキスト情報のうち、購入意思を刺激するためにもっとも効果的なのはどれか？

イメージ

製品／サービスの隣でそれをサポートする画像のうち、購入決定を促すためにもっとも魅力的かつ明確なものはどれか？

ブランドトラスト

どの参考リンクや裏付け情報がブランドの製品／サービスへの信頼構築に役立っているか？

6.23 レビューシステム：テスト方法

レビューは、潜在／現行顧客のブランド認識に大きく影響するので、それらを管理する戦略のできを測ることは重要です。このことについての格言を紹介しましょう。

ブランドレビュー：ネガティブに対処し、ポジティブに報酬を与える。

まず継続的な計測の対象とする複数のレビューチャネルを追跡するために、次の表を使用します。

5章で見たように、これらのチャネルには次のようなものが含まれています。

- ソーシャルメディアサイト（例：ツイート、Facebook ファンページの評価）

- 専門のレビューサイト（例：トリップアドバイザー）

- ロケーションベースのレビューサイト（例：Yelp、Yellowpages、Foursquare、Google Places）

[†] 最後の2つの質問は、各バージョンのために使用することにしたセールスコピーの有効性を検証のターゲットにしています。あるいは、POPページのイメージ1点を使用して同じ質問をするともできます。

- アプリマーケットプレイス

ブランドレビューシステムログ

チャネル情報 🎙			ネガティブレビュー 👎		ポジティブレビュー 👍		保留 ⚠
週	チャネル名	リーチの概要	ネガティブなフィードバック	対処方法	ポジティブなフィードバック	報酬	次の期間に対処
分析対象の週	対象のブランドレビューチャネルの名前	このチャネルのオーディエンスの概要	この期間のネガティブレビューの数	対処済のネガティブレビューの数とその方法	この期間のポジティブレビューの数	報酬を与えたポジティブレビューの数とその方法	対処が必要なレビューの件数とその内訳

www.leanbranding.com

- e コマースサイトのレビューセクション（例：Amazon、eBay）

- あなた自身のカスタマーサービス・プラットフォーム（例：Zendesk、Uservoice、Zopim）

この追跡表については、次に留意してください。

- この表は毎週更新するのが理想です。レビュー件数が多いなら毎日更新も検討してください。

- ツールによってはこれらの対話を一覧できるダッシュボードや、複数のチームメンバーが協力してレビューに対処にできる機能を提供しているものがあります。これらの機能が必要なら Sprout Social（Zendesk や Uservoice などを統合）や HootSuite をみてください。いずれにしても、迅速な意思決定と対処のためには前述の情報のログを維持更新することが不可欠です。

- チャネルの推定リーチは非常に重要です。どこで火消しに手を付けるのが もっとも理にかなうか優先順位を付けることに役立つからです。

6.24　ブランドパートナーシップ：テスト方法

ブランドパートナーシップは、コンバージョンへの影響度を計測するためには創造性が必要という点でプレスリリースと似ています。特定のキャンペーンの成果を追跡するためには体系的な計画がない限り有用な情報は得られません。そのためのいくつかの方法を紹介します。

トレーサブルリンク

パートナーのオーディエンス向けにインセンティブを用意し、それにアクセスするためにクリックしなければならない短縮リンク（"bit.ly/Lean-Branding" のように意味がわかるもの）を設置します。

コード

パートナーごとに固有のインセンティブコードを作成します。アクセス元に紐づけた特別割引やインセンティブのコードを提供することで、特定のパートナーのオーディエンスへの影響を追跡するのです。

パートナーシップのランディングページ

あなたとパートナーブランドの両方がユーザーをリダイレクトできるランディングページを作成します。こうすることで他のランディングページと同じような実験や計測、Google アナリティクスを使用したコンバージョンの最適化が可能です。

各ブランドのパートナーシップの継続的な有効性を計測したいなら、次の表を使いましょう。各パートナーシップの結果として生じたイニシアチブ(個々のコンテスト、共同記事、研究プロジェクト、クラウドソーシングキャンペーン）の量を追跡し、「コンバージョン結果」の列に記録します。また、パートナーシップのランディングページとパートナーのオンラインプレゼンス（Web サイト、ソーシャルメディア・プロフィール)から生じたリファーラルに起因するコンバージョンの累計数も追跡します。この表も必要に応じて更新してください。

ブランドパートナーシップインパクトログ

パートナーシップ情報					コンバージョン結果		
パートナー名	パートナーシップ名	共同のリーチ	開始/終了日	パートナーシップ目標	結果のイニシアチブ	パートナーコンバージョン	カスタマーコンバージョン
パートナーシップを組むブランドの名前	形成したパートナーシップの名前（キャンペーン）	おおよその全パートナーからのオーディエンス合計	パートナーシップの開始日と終了日	このパートナーシップに関連するブランドコンバージョン目標	結果として生じたイニシアチブの名前、日付、リンク（利用できる場合）	この取り組みから生じたイニシアチブの総数（ソーシャルメディア、記事、コンテストなど）	この取り組みから生じたリードの総数

www.leanbranding.com

6.25 まとめ

リーン・スタートアップの実践における最大の困難は、自分の考えを客観的に観察し、何を仮定しているのかを自覚するのが極めて難しいことです。この試練は、計測をしっかりと行い、行動の決定に役立つ客観的なデータが得ることで解決できます。

基本的なレベルでは、すべてのテストには検証が必要な仮説のステートメント、検証のために計測する指標、真偽の判定基準となる指標レベル、計測された指標の実際のレベル、予測値と実績値の比較結果が必要です。分割テスト、A/B テストは、複数のグループにブランドコミュニケーション・チャネルの各要素の複数バージョンをテストできる実験方法です。

アナリティクス技術を使いこなすことでブランドに対する投資とそのリターンの関連性を見ることができるようになります。私たちは今の時代 E メール、Web サイト、広告を文字通りコードで「包み込み」、WWW 上でそれらを「追跡」して、その影響を計測することができるのです。

この章では、ユーザーをコンバージョンへ導くブランドコミュニケーション・チャネルの効果をテストするさまざまな方法を見てきました。最終的なコンバージョンが起こるランディングページへのトラフィックはソーシャルメディア、オンライン広告、

ブログ、動画といったブランドのコミュニケーションチャネルで生み出されるのです。従って、全体図を俯瞰的に見る（そして理解する！）ことが極めて重要なのです。

7章
ブランド共鳴

　昔、17歳の時にワシントン D.C. の大学でビジネスを専攻していた頃、私はお菓子づくりが大好きでした。そのとき、私が何よりも得意にしていたのは、とびきり美味しいカップケーキでした。レシピを完璧に覚えていたので、目を閉じていてもカップケーキを作ることができたくらいです。最高の材料を手に入れられる場所も知っていました。フランス製のバニラ、オーガニックの小麦粉、プレミアムのバター、新鮮な卵。温度をデジタル調整できるオーブンも完璧に使いこなしていました。

　そんじょそこらのカップケーキとはわけが違います。別次元の美味しさ！

　私のカップケーキが伝説になった夏、私は実家を訪れるためコロンビア共和国に帰国しました。私は信じられないほど美味しい自慢のカップケーキを家族に味あわせたくてうずうずしていました。ところが、びっくりするようなことが起こりました。実家で初めて私が焼いたカップケーキがパンケーキのようにまっ平らになってしまったのです。

　私は頭を抱え込み、原因を徹底的に考え続け、3日が過ぎた頃には神経症の化学者のようになっていました。結局、海抜ゼロフィートのお菓子作りは、高地とは根本的に違うことがわかりました(詳しい科学的な説明は本書の範囲外なので省略しますが)。

　ブランドストーリーもカップケーキと同じで、状況が異なれば焼きあがりも変わります。海抜ゼロフィートではふっくらと焼き上がるカップケーキも、標高5,000フィートではぺったんこになってしまいます。国際色が豊かな都市部では輝かしく思えるブランドパーソナリティでも、小さな町の人たちにはしゃくにさわるような響きがあるかも。ある年齢層には甘く感じられるブランドプロミスも、別の年齢層には酸っぱく感じられるかも。味覚テストで失敗しないためには、ユーザーペルソナのニーズや欲求に合わせてブランドストーリーを磨き上げ、顧客に共鳴してもらえるようにしなけ

ればなりません。

> ブランドストーリーのレシピのテストは、その**料理を食べる人に対して行う**こと。

海抜ゼロフィート　　標高5,000フィート

　この章では、ターゲットオーディエンスを対象としてブランド共鳴を計測する手順を説明します。オーディエンスの期待に反する要素について詳しく見るほか、名前、ブランドプロミス、ペルソナ、製品、ポジショニング、価格に問題がある場合の発見方法を学びます。

7.1　ブランド共鳴の定義

　大元の定義によれば、共鳴（resonance）は、ある物体の振動が隣の物体を振動させるときに起こる現象です。仏教の寺院にある巨大な鐘を思い浮かべればわかりますね。

　私の人生には、そのような鐘の実物を見る機会はないと思っていましたが、2006年に中国を短期間訪れたとき、上海の仏教寺院で、鐘を見る機会に恵まれました。誰かが木槌で鐘を打つと重たく鳴り響き、振動し続けます。鐘のまわりにあるすべての物が、その音波を受けてさらに他へ受け渡しているように見えました（その振動の深淵さに魂が震えるような感じがしました。でも自宅で同じことを試してみようとはしないでください。追い出されてしまうかもしれませんから）。

　ブランドストーリーがよく共鳴すると、このような鐘の効果が得られます。メッセージによって、顧客を共鳴させることができるのです。それは運動であり波及効果です。

誰かが、あなたのメッセージを聞いてくれるのです。

7.2　ブランド共鳴： ブランドマーケット・フィットを実現する

スペイン語では、あらゆる取引の場で人間の本心を表す次のような表現を使います。

¿Cómo voy yo ahí?

これはおおざっぱに言うと、次のような意味です。

これは私に何をもたらしてくれるのですか？

このフレーズについてよく考え忘れないようにしましょう。10枚以上の付箋紙に書き留め、あちこちに貼り付けましょう。デイリープランナーのすべてのページに書き込みましょう。入れ墨に彫りましょう（オーケー、それはいくらなんでもやりすぎですが）。

ブランド共鳴とは、ユーザーの「これは私に何をもたらしてくれるのですか？」という質問に対して、文脈ごとに固有に説得力を持つ答えを提供できている状態を言います。この答えはブランドストーリーに埋め込まれているものであり、潜在顧客と強力に結びつけてくれます。それは「私はあなたをA地点からB地点へと連れて行きます。B地点はあなたがなりたい自分です」という言葉に沿っていなければなりません（**1章**の内容を思い出しましょう）。

「これは私に何をもたらしてくれるのですか？」という問いに対する答えには、ベ

ンチャーキャピタリストのマーク・アンドリーセンがいう「良好なマーケットにいて、そのマーケットのニーズを満たすプロダクトを持っていること」を意味する「フィット」という感覚が含まれています[†]。

アンドリーセンはこれを「プロダクトマーケット・フィット」と名付けました。この章で目指すのは、ブランドマーケット・フィットの実現、つまりブランドストーリーの中核をなすブランドプロミス、ポジショニング、製品体験、ブランドパーソナリティとユーザーのペルソナの願望とを結びつけることです。

潜在顧客がブランドストーリーに共鳴しているかをテストする方法があります。この章では、プロダクトジャーニー、パーソナリティ、ポジショニング、プロミスのユーザーペルソナに対する有効性を計測する方法を学びます。「これは私に何をもたらしてくれるのですか？」という問いに対する、明確な答えを探します。そして、あなたのブランドストーリーが、私のカップケーキのようにぺったんこにならないようにしましょう。

> ブランド・ストーリーの材料のテストは、
> **その受け手として
> 想定している相手に対して**
> 行うこと。

[†] Marc Andreesen, "Product/Market Fit," Stanford University, June 25, 2007 http://stanford.io/1peaV6D

7.3 ブランド名を計測する

　市場で認知され、かつ差別化するには、ブランド名とそのオーディエンスが共鳴していなければなりません。人間は見聞きする言葉にさまざまな意味を付加するものです。そのことを利用した以下の2つの計測方法はブランド名が適切かどうかを判断するのに有効です。

ブランドネーム・アソシエーションマップ
　　ターゲット顧客は、どの言葉をブランド名やその候補名と結びつけるか？

ブランド名の A/B テスト
　　検討中の名前候補のなかでもっともアピールするのはどれか？ その理由はなぜか？

7.3.1　ブランドネーム・アソシエーションマップ

　このテクニックでは少数の既存か潜在顧客の協力が必要です。まず、顧客に対してブランドのポジショニングについて簡潔に説明します。重要なのは「簡潔」に説明することです。顧客の考えに影響を及ぼすほど多くの情報を与えてはいけません。説明しすぎると、顧客の意見にバイアスがかかってしまいます。ブランドのポジショニングを簡潔に読み上げましょう。

　次に、中心に既存／潜在的なブランド名が記載された1枚の紙を顧客に手渡します。そして、このブランド名の隣に、この名前から連想したすべての言葉を○で囲んで記入していくように依頼します。

ブランドネーム・アソシエーションマップの例：「Teachstars」の場合

顧客が連想するのはランダムに思える言葉です。そして、そこがポイントです。ブランド名候補を囲む言葉を分析し、それがあなたが語ろうとしているストーリーと一致しているかどうかを評価します。チーム内での議論では、以下の質問が役立ちます。

ポジショニング
これらの言葉は、私たちが市場で占有しようとしているポジションに関連しているか？

ブランドプロミス
これらの言葉は、私たちのブランドプロミスに沿っているか？

ペルソナ
これらの言葉は、私たちがユーザーのために満たそうとしているニーズや願望と関係があるか？

製品体験
これらの言葉は、私たちが提供している／提供を計画している製品体験を十分に反映しているか？

ブランドパーソナリティ
これらの言葉は、私たちのブランドが表現しようとしているパーソナリティに似合っているか？ ブランドパーソナリティと矛盾していないか？

価格
これらの言葉は私たちの価格帯と矛盾していないか？（製品が高級品の場合、ブランド名から「安っぽい」と連想させたくはない）

顧客と直接会うことができない場合は、Mural.ly のようなオンラインツールを使用して、オンラインでアソシエーションマップを取得することもできます。

7.3.2　ブランド名の A/B テスト

既存／潜在顧客にブランドポジショニングについて簡単に紹介します。ブランド名の候補2、3点の中から、もっともアピールするものを選択してもらいます。そして

その理由を尋ねます。ご想像の通り「なぜ」その名前を選んだのかは、最終的にどの候補が選ばれたのかと同じくらい重要です。

この計測はオフラインでも実行できますし、PickfuやVerifyApp（選好テスト）などの手早く調査できるオンライン投票ツールを試すこともできます。これらのツールでは、名前候補を2案提示してどちらを好むかを尋ねることができます。また、極めて重要な「なぜ」を尋ねることもできます。

次に例を示します。

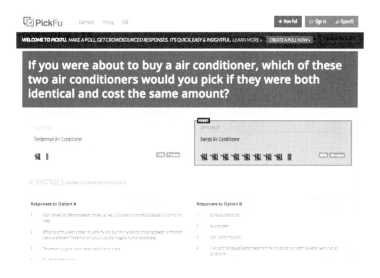

まったく同じエアコン製品があった場合、"Timberman"（木こり）と"Everest"（エベレスト）の2つの製品名のどちらを好むか尋ねています。その結果、「エベレスト」の方が多くの票を集めています。その理由を尋ねた"Responses to Option B"の欄には、「エベレストの方が涼しく感じる」（Everst sonunds colder）という意見が書いてあります。これが、ブランド名を計測することで得られる非常に価値の高い情報なのです。

7.4　ブランドポジショニングの計測

3章では、以下のテンプレートを使ってブランドのポジショニングステートメントを作成しました。

［製品名］は、［ニーズや機会］を持つ［ターゲット顧客］向けの［製品カテゴリ］製品であり、［主な特徴、この製品を買うべき理由］が特徴である。［主な競合］とは違って、［差別化となる特徴］が備わっている。

ここでは、このポジショニングが適切であるかどうか、正しく伝達されているかを計測します。

7.4.1 ブランドのポジショニングは顧客のニーズに適しているか？

ブランドのポジショニングの核心は「キーメリット」（主な利点）、すなわち、製品やサービスを購入するもっとも切実な動機です。「ラダリング」と呼ばれる調査テクニックを使用することで、既存／潜在顧客にインタビューし、顧客がもっとも重要だと考えているものこそが、ブランドが提供している価値のなかでもっとも重要であるということを明らかにできます。結局、私たちは顧客に対して価値を提供しようとしているのです。そうですよね？

ラダリングでは、まず「なぜこの製品／サービスはあなたにとって重要なのですか？」と質問することから始めます。そして、製品の表面的な特徴を越えた重要な利点が明らかになるまで、これと同じ質問を続けます。深い真実を掘り出すために、相手を「取り調べる」のです。

1対1のインタビューを終えた後は既存／潜在顧客の回答を分析してその類似点を探します。この手順を踏むことで以下の質問に対してたしかな根拠をもって答えることができます。

これらの人々にとってブランドを重要なものにしている主な利点は何か？

顧客は、何かが自分にとって重要な理由をはっきりと説明できなかったり、説明したがらなかったりします。このような場合は(そうでない場合でも)エスノグラフィーのテクニックを用いることができます。3章で説明したように、このテクニックでは観察者は製品やサービスが実際に使用されているコンテキスト（場所、時間）に身を置き、ユーザーが得ている価値についてのインサイトを探るのです。

7.4.2 ブランドのポジショニングは正しく顧客に届いているか？

顧客が何を「得ている」かを知る最良の方法は、彼らが「表現している」ものに耳を傾けることである。

顧客が、彼ら自身の言葉でブランドのポジショニングをどのように表現しているかを探り、それがあなたが発信しているメッセージと適合しているかどうかを分析します。

警告：このプロセスでは、あなたも大きな視点で思考することが求められます。ブランドストーリーの要素は、**6章**で計測したコミュニケーション戦略のようにはっきりと白黒がつけられるようなものではないからです。このため、ここでは定性的なデータを扱うことになります。

従来、ブランドの構築には永遠と思えるほど長い時間がかかりました。市場調査の結果から、消費者がどこに向かっているかについての「漠然とした」方向性が導かれ、そのインサイトに基づいてようやくコミュニケーションを開始したときには「時すでに遅し」で、消費者は他の場所へ行ってしまっていたものです。今ではインターネットによって状況は一変しました。私たちは今日計測して、明朝には学習し、明晩にはデザインを変更できるようになったのです。お菓子メーカーのオレオは、消費者がテレビでスーパーボウルを見ているわずか2分半の間に学習して、消費者に共鳴を与えるようにブランドストーリーを書き換えてしまいました。詳しくは、次のコラム「リーンブランディング事例」で説明します。

既存顧客のインプットからパターンを見い出すには「コンテンツ分析」のテクニックが役に立ちます。あなたはこれまでに、こうしたインプットを収集できるチャネルを複数構築しています。

- あなたのソーシャルプロフィール上の、あなたについて書き込まれた顧客のコメント（フィード、ウォール）

- 顧客自身のソーシャルプロフィールに書かれているあなたのブランドについてのコメント（SNSの検索エンジンを使って探す）

- あなたが設置したレビューシステムにおける顧客の評価やコメント

リーンブランディング事例

オレオ

2013年のスーパーボウルの夜のこと、1億人以上の視聴者が目を疑いました。スタジアムで停電が発生したのです。そのとき、オレオはすかさず

それをチャンスとして活かしブランドストーリーを共有することを決定しました。その夜、世界が目にしたのがこれです。

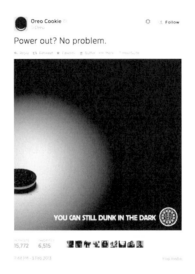

"Power out? No problem. You can still dunk in the dark."（停電なんてへっちゃらさ！ 暗闇でもダンク［オレオをミルクに浸すこと］はできる）

　当時、オレオのマーケティング活動を指揮していたリサ・マンは、フォーブス誌に次のように語っています。

> オレオは、リアルタイムのブランド、リアルタイムのマーケッターです。私たちは自らの文化の一部であり、私たちのコミュニティを支える骨組みなのです。私たちの目標は、現在とつがなることです。それは、100年前に創業したときから変わっていません。オレオには成功のレシピがあります。私たちはそれを守り、それを消費者に届け続けます。私たちのブランドの役割は「子供の頃の無邪気さを保つこと」と知っています。それは、オレオの目を通して世界を見ることなのです[†]。

　前述のツイートは15,000回以上もリツイートされ、6,000以上のユー

[†] Jennifer Rooney, "Behind The Scenes Of Oreo's Real-Time Super Bowl Slam Dunk," Forbes Magazine, February 4, 2013, http://onforb.es/1pebe1k

7.5 ブランドプロミスの計測 | **219**

ザーがお気に入りに追加しました。Facebook や Twitter、Instagram の
オレオのソーシャルメディアには爆発的なアクセスや書き込みが発生しまし
た。まさに、リアルタイムブランドの時代を象徴する出来事でした。

7.5　ブランドプロミスの計測

　3章で見た通りブランドプロミスとは、ブランドの主な利点を短く覚えやすくした、
ブランドのポジショニングの要約版と言えるものです。先述したテクニックによって
ブランドのポジショニングをテストすると、同時にブランドプロミスとの矛盾点もみ
えてきます。

　しかし、ブランドのポジショニングを要約する方法は無限にあるので、すこしだけ
表現を変えることでかえって消費者を混乱させたり、あるいはエンゲージメントに引
き込んだりすることにもなりかねません。

　ブランドプロミスがオーディエンスと共鳴しているか確認するために、ブランドプ
ロミスをひと目見ただけで消費者が期待する連想をしてくれるかどうか試してみま
しょう。

　このテクニックはオフラインでもできますが5 Second Test というアプリを使うこ
とで効果的に実施できます。このアプリでは、どんなコンテンツでも良いので相手に
5 秒間見せ、その後に1 つ以上の質問をすることができます。このツールには多くの
使い道があります。ここでは次のように活用します。

1.　顧客にあまり主張しない背景（ズームアップしたランディングページのヘッ
　　ダー、白い長方形、名刺のモックアップなど）にブランドプロミスを表示し
　　ます。

2.　5 秒間そのまま停止します。

3.　顧客に次の質問をします。
　　・　もっとも記憶に残った名前（1つ）を教えてください。
　　・　このプロミスを叶える製品について、さらに詳しく知りたいですか？
　　・　このプロミスを叶える製品を購入することに興味がありますか？

この5秒間のテストの重要性は計り知れません。結局、私たちは常日頃、あるブランドプロミスを目にしてから、次のものに目を移すのに、どれだけの時間を費やしているでしょう？ 顧客にブランドプロミスを1時間も見つめさせてフィードバックを得ようとすることは現実的ではありません。21世紀では、人は物事に一瞬しか目をくれません。それが事実です。

7.6　ペルソナを計測する

ブランドの理想的なユーザーのペルソナと、実際にあなたの製品を購入する人とは一致していますか？ ブランド共鳴を実現し、トラクションを有効にするには、私たちが（頭を捻って）設計や開発をしているペルソナには、製品やサービスを実際に使用する人間のイメージが反映されていなければいけません。

ここで現実からかけ離れた想定をするのは非常に危険です。絶えず顧客をチェックし、そのプロフィールが変化していないか確認する必要があるのです。プロフィールが変わっていたら、現実に沿った新たなユーザーのペルソナを作成することが、リーンブランドマネージャーの仕事です。あらゆるブランド活動は「非常に現実的なニーズを持つ架空の顧客」によって導かれます。よって、ペルソナについての想定をテストすることの重要性は決して過小評価してはいけません。

人は変化する。従って、その願望も変わる。当然、ブランドも変わらなくてはならない。

現在の顧客が誰であるかを把握するのにさまざまなツールを使用できます。中には、仕組みが複雑で時間のかかるものありますが、この段階では時間とリソースが限られていると仮定して便利なテクニックを紹介します。それはオーディエンスの分析です。

追跡すべき重要なユーザーデータには、次の2種類があります。

人口統計データ
　　年齢、居住地、言語、所得水準など、彼らが誰であるかに関連する「具体的な数字」

心理的データ
　　ライフスタイル、活動、興味、意見などの心理的特性

7.7 ユーザーペルソナの人口統計学的プロフィールを計測する

6章ではGoogleアナリティクスのプロフィールを作成したので、再びそれを使用して、オーディエンスの人口統計データを調べます。

Googleアナリティクスのアカウントに移動し、［ユーザー］、［インタレストカテゴリー］の下の［サマリー］をクリックします。

7.8 ユーザーペルソナの心理的特性を計測する

「心理的特性」（Psychographics）では、購入者のライフスタイルを見ます。これは簡単ではありません。徹底したインサイトを収集するのに2段階のアプローチを使用します。

1. 少数の顧客に構造を工夫したアンケートに答えてもらうところから開始します。発見しようとしている価値観、行動、ライフスタイルに応じた独自のアンケートを作成することが大事です。
 オフライン、またはAsk Your Target MarketやSurveyMonkeyなどのオンライン調査ツールを使って、顧客にアンケートへの回答をしてもらいます。または、既存のライフスタイル尺度を使用することもできます。「尺度」とは特定の現象を計測するために使う質問のまとまりを意味します。US VALS（価値観、態度、ライフスタイル）調査などを利用できます[†]。

[†] http://www.strategicbusinessinsights.com/vals/surveynew.shtml

2. デプスインタビューを実施して、インサイトを得て補います。インタビューでは以下のような点を探りましょう。

- 顧客はどのようなライフスタイルを送っているか？ 趣味は何か？ 頻繁に訪れる場所はどこか？ どのような家に住み、どのような車に乗っているか？ どのようなエリアに住んでいるか？

- どのような価値観を持っているか？ 特定の宗教、政党、思想との結びつきはあるか？

- メディア消費はどうか？ ニュースをどこから得ているか？ どのメディアをもっとも信頼しているか？

- どのような購入の習慣があるか？ 購入決定に影響を与えているのは誰／何か？

7.9 製品体験を計測する

3章で見たように製品体験におけるブランドの関わりを示すブランドジャーニーは、顧客に価値を提供しうるあらゆる接点で構成されています。ブランドジャーニーが顧客の共鳴を得ているかどうかを判断するにあたって2つの重要な質問が浮上します。

- 現在の製品の特徴は、顧客にとって重要か？

- 顧客は、私たちがブランドジャーニーを通じて提供する価値をどのように知覚しているか？

7.9.1 製品機能の妥当性を計測する：ユーザーの期待

どの製品機能がもっとも顧客を満足させているのかを把握し、そこにブランドコミュニケーションの取り組みを集中するために、さまざまな分野で用いられている「狩野モデル」と呼ばれる分類基準に基づくテクニックがあります[†]。これは、製品開発の優先順位付けにも役立ちます。その仕組みは以下の通りです。

1. 製品の各属性について、顧客に次の2つの質問をします。

[†] このテクニックは1980年代にこれを開発した現東京理科大学名誉教授の狩野紀昭氏にちなんで命名されたものです。

- 充足質問：「属性 X が存在する場合、どのように感じますか？」
- 不充足質問：「属性 X が存在しなかった場合、どのように感じますか？」

2. 上記の質問への答えを、以下の選択肢から選ばせます。
   - 気に入る
   - なくてはならない／欠かせない
   - なんとも感じない
   - しかたない
   - 気に入らない

3. 以下のような評価表を使用して、属性がどのカテゴリに該当するかを検討します。2つの質問の相互参照を終えると、すべての製品属性は次のように分類されます。
   - 魅力的（Attractive）。この機能はあれば嬉しいというものです。この機能があると顧客はより満足しますが、なくても特に不満は感じません。
   - 当たり前（Must-be）。これは、人々が製品に当然にあるものとして期待するものです。これが不足していると顧客は不満を抱きますが、これが存在していても満足度は向上しません。
   - 逆（Reverse）。顧客は製品にこの機能があることを望んでいません。この機能が存在する場合には不満を抱き、存在しない場合に満足します。
   - 一元的（One-dimensional）。なくてはならない製品機能です。顧客は、この機能があると満足度は向上し、ないと不満が強まります。
   - 懐疑的回答（Questionable result）。顧客の答えが不明瞭です。この機能に満足と不満の両方を感じています(そんなことは可能でしょうか？)
   - 無関心（Indifferent）。これは一目瞭然です。顧客はこの機能があっても満足せず、なくても不満を抱きません。

4. 以下の情報に基づいて、ブランドジャーニーでもっとも重要な機能は何かを検討します。

		不充足質問（もしこの製品属性が存在しなかったら、顧客は何を感じるか）				
		気に入る	当たり前	何も感じない	しかたない	気に入らない
充足的質問（もしこの製品属性が存在していたら、顧客は何を感じるか）	気に入る	懐疑的回答	魅力的	魅力的	魅力的	一元的
	当たり前	逆	無関心	無関心	無関心	当たり前
	何も感じない	逆	無関心	無関心	無関心	当たり前
	しかたない	逆	無関心	無関心	無関心	当たり前
	気に入らない	逆	逆	逆	逆	懐疑的回答

7.9.2 ブランドジャーニーが顧客の共鳴を得ているかどうかを計測する：顧客の認識

消費者に共鳴してもらうためには、ブランドジャーニーは、さまざまな時点で顧客が期待する価値を提供できるものでなければなりません。私たちが彼らのために作成したジャーニーについての消費者の認識を計測する有効なテクニックに、「価値創造機会分析」（Value opportunity analysis）があります[†]。

消費者は、製品／サービスが提供するさまざまな価値を、低、中、高の尺度で評価します。価値創造機会分析は、ブランドジャーニーに欠けている点や、期待を満たしている点を視覚化するのに役立ちます。弱点が明らかになることによって、ジャーニー全体を通じて価値を付加していく新たな機会が見えてきます。次にこの分析テクニックの例を示します。

1. 以下の機会と属性の一覧を示し、顧客に低、中、高でそれぞれを評価してもらいます。

[†] 価値創造機会分析は、Jonathan Cagan と Craig M. Vogel の著書 "Creating Breakthrough Products: Innovation from Product Planning to Program Approval"(Upper Saddle River, NJ: FT Press, 2001) で提唱されています。

価値創造機会分析

	低	中	高
感情			
冒険			
独立			
安心			
官能的			
自信			
力			
人間工学			
快適			
安全			
使いやすさ			
美しさ			
視覚			
聴覚			
触覚			
嗅覚			
味覚			
アイデンティティ			
社会			
環境			
コアテクノロジー			
快適			
安全			
人間工学			
信頼性			
機能性			
品質			
職人技			
耐久性			
利益への影響			
ブランドへの影響			
拡張性			

Cagan, J., C.M. Vogel, B. Nussbaum (2001)
Creating Breakthrough Products: Innovation from Product Planning to Program Approval, FT Press

2. 低い評価を得た項目を、ブランドの機会と見なします。この分野の改善に取り組むことで、ブランドジャーニーを向上させます。

3. 高い評価を得た項目を、ブランドの強みと見なします。コミュニケーションへの取り組みにこの強みを活用します。

7.10　ブランドパーソナリティを計測する

　現実を直視しましょう。誰かのパーソナリティを評価することは世界でもっとも複雑な作業です。私たちは、自分自身のパーソナリティすら完全に理解することはできません。他人のパーソナリティならなおさら難しい。しかし、心理学が苦労の末に考

案した質問リストに答えることで、私たちは自分の（心理学者のジョイ・ギルフォードが「人間の特性のユニークなパターン」と定義した）パーソナリティの真の姿に、少しだけ近づくことができます[†]。

　これらの質問は「パーソナリティ検査」として知られているもので、毎年多くのテストが作成されています。人々は「自分や他者（そのほとんどは採用担当者にとっての候補者）が本当は誰なのか」を知るためにこれらのテストを実施します。

　でも、ブランド自身にはこうしたテストを受けることはできないし、その必要もありません。ブランドは複数の人々の「創造物」である（そう、本書の冒頭で説明したように、ブランドとは消費者があなたのことを考えるときに想起する「ユニークなストーリー」です）一方、消費者の認識は「現実」であるからです。

　そこで、ブランドがパーソナリティ検査を受ける代わりに、消費者にそのテストを受けてもらうのです。

　いくつかの質問をすることで消費者が私たちのブランドから想起するパーソナリティ特性がどのようなものかを明らかにできます。この方法の1つは、パーソナリティのリストを作り、これらが私たちのブランドにどれだけ当てはまるかを、「1」（まったくない当てはまらない）から、「5」（完全に当てはまる）までの1～5の尺度で評価してもらうことです。

[†]　J. P. Guilford, Personality (New York: McGraw-Hill, 1959).

ブランド・パーソナリティ・プロフィール

	まったく当てはまらない			完全に当てはまる	
	1	2	3	4	5
冒険好き					
敏捷					
利他的					
分析的					
芸術的					
断定的					
勇敢					
穏やか					
率直					
能力が高い					
不注意					
思いやりがある					
用心深い					
カリスマ的					
魅力的					
子どもっぽい					
上品					
賢い					
理路整然としている					
有能					
自信がある					
保守的					
一貫性がある					
支配的					
協力的					
勇敢					
狡猾					
創造的					
好奇心が強い					
反抗的					
繊細					
断固とした					
献身的					
勤勉					
外交的					
規律がある					
控えめ					
破壊的					
劇的					
熱心					
のんき					
エキセントリック					

www.leanbranding.com

　顧客が抱いているかもしれない他のパーソナリティへの連想を調べるために、次のような最終質問を追加します。

　このブランドパーソナリティを表現する言葉として他にどのようなものがありますか？ 該当するものをすべて列挙してください。

　その他：＿＿＿＿＿＿＿＿

7.11 価格を計測する

　ご想像の通り、あらゆる価格のテスト方法には、何らかの欠陥があるか、バイアスがかかっています。現実世界の価格設定に関する実験は、既存／潜在顧客を苛立たせ、調査には自然とバイアスがかかってしまうのです（そもそもこれらのテストでは、人は架空のシナリオに基づいています）[†]。

　価格戦略が消費者の共鳴を得ているという重要な証拠は、その製品やサービスが実際に売れていることです。

　私たちにできることは、顧客にとっての理想的なプライスポイントを、おおまかに推測することくらいです。この概算値は経済学者が「支払い意思」と呼ぶものです。この章の前半で、あなたはすでにユーザーペルソナにとって、もっとも重要な製品機能が何かを特定し観察しているので、すぐにこれを推定できるはずです。

1. 顧客がもっとも重要と考えている機能を2〜3点選択します。この章で紹介した狩野モデルの分析テクニックが役立ちます。

2. これらの機能についての情報を回答者に与えます。

3. 「この製品にどれだけお金を支払いますか？」と尋ね、回答者から価格を引き出します。いくつかの価格帯の候補を挙げて、選ばせることもできますが、この方法は自由回答に比べて情報が限られてしまいます。

4. 全回答者の答えをグラフ化します。

5. 獲得したインサイトを、オープンエンドのインタビュー、競合分析（競合の類似製品／サービスの価格との比較）、スプリットテスト（ただし、前述したようにリスクはあります）などの調査テクニックによって再確認します。

[†]　私は、実際の顧客を対象にして、複数の価格体系を使ってスプリットテストをするのはブランドにとって危険ということに気づきました。ブランド、顧客とブランド、顧客とその同僚との間には時々刻々多くの会話が生まれています。合理的で透明な差別価格戦略を持っていない限りこの種の実験は行うべきではありません。ブランドメッセージの見出しをテストすることと、異なる価格帯で製品を売って一部の顧客の神経を逆撫ですることとは、まったく別次元の話です。

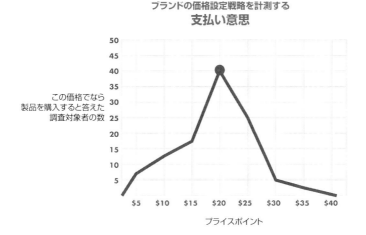

7.12 まとめ

　ブランド共鳴とは、顧客の「これは私に何をもたらしてくれるのですか？」という質問に対して、説得力をもって文脈固有の答えを提供できている状態です。この章では、ブランドストーリーの各要素がオーディエンスの共鳴を得ているかどうかを、さまざまな方法で計測してきました。重要なのは、ブランドストーリーの材料のテストは、その受け手として想定している相手に対して行うことです。

　ブランドマーケット・フィットは、ブランドストーリーの中核をなすブランドプロミス、ポジショニング、製品体験、ブランドパーソナリティと、ユーザーのペルソナの特定の願望との結びついている状況です。しかし、これらの願望を識別することは簡単ではありません。顧客はなぜそれが自分にとって重要であるか説明できなかったり、説明したがらなかったりすることがあります。このような場合、エスノグラフィーの観察テクニックを使うことができます。顧客が、ブランドのポジショニングを、自分の言葉で表現する様子を観察し、それがあなたが発信しているメッセージと適合しているかどうかを分析します。

　人は変化します。従って、その願望も変わります。当然、ブランドも変わらなくてはなりません。現実に沿った新たなユーザーのペルソナを作成するのは、リーンブランドマネージャーの重要な仕事なのです。

8章
ブランドアイデンティティ

　面白いものをお見せしましょう。左列の画像を見て、その内容を表していると思う右列の言葉をひも付けてください。

画像	連想するもの
	テクノロジー
	料理
	探検
	会話

　便利でしょう？　日頃から親しんでいるブランドは、人間がシンボルから連想する物事を理解し、それを利用して消費者を望ましい行動に誘導するように、ロゴを作成しています。前述の表のコンパスと「探検」を結びつけた人は、Safariのロゴを見たときに同じような連想をするはずです。WebブラウザであるSafariは、「探査」や「探

索」などの言葉を連想させるロゴを持つことで、メリットが得られます。

画像	連想するもの	ブランド視覚的アイデンティティ	ブランド名
	料理		Betty Crocker
	テクノロジー		Android
	探検		Safari
	会話		Twitter

　私は、ロゴを文字通りのものや、画像ベースにしなければならないと言っているわけではありません。またロゴは意味を伝える視覚的シンボルの唯一の選択肢というわけでもありません（色やタイポグラフィもあります）。本章では、ブランドの視覚的アイデンティティを構築し計測する重要性を学んでいきます。

8.1　消費者心理に関する閑話休題

　少し前に、視覚的なシンボルと、それが可能にすると連想される機能をひも付けしましたよね。この連想を思い付いたのは私ではなく、現代人の心に根深く一貫して存在する連想であり、それは私たちが毎日にさらされている大量のメディアによって強化されています。デザイナーはこの連想を熟知しており、それを活用したり、あえてその枠を越えたりしているのです。

　私たちは、生まれつきこうした概念を関連付けているわけではありません。世界の裏側で生まれ育った人は、同じ画像を見ても私たちとまったく別の連想をするかもしれません。それは少しもおかしなことではありません。

　こうした連想のパターンは、育った環境、人間関係、まわりにあるシンボルを受け入れようとする傾向が総合的に生み出す産物です。つまり私たちは、成長する過程で視覚的シンボルに意味付けすることを学んでいくわけです。ブランドはこれを活用し

ているのです。

　人間が周囲のアイテムに意味を付加し、社会的関係に基づいてそれらを再解釈しているという考えは新しいものではありません。著名な社会学者のジョージ・ミードとハーバート・ブルーマーは、20世紀の初めに「シンボリック相互作用」という概念の研究に取り組みました。ブルーマーは1969年に次のような考察をしています。

- 人間は、物事に対して付与する意味に基づいて行動する。

- これらの意味は、その人間の他者または社会との社会的相互作用から発生もしくは導出される。

- これらの意味は、その物事に対処する際にその人間が用いる解釈のプロセスを通じて、扱われ、修正される[†]。

　さて、この概念と消費の間にはどんな関係があるのでしょう？　人間は自らが物事に付与した意味に基づいて行動するために、そこには「象徴的消費」という概念が存在します。これは、製品やサービスが、その機能的特徴を超えた象徴的な意味を伝えるという事実を示しています[‡]。

ブランドは、「象徴的意味」という刺激的な砂場を遊び場にする。

　この本では一貫して「リーン・ブランドとは顧客をA地点から、B地点（顧客の『なりたい自分』）に連れて行くビジネスだ」と強調してきました。私たちは、ブランドを顧客をA地点からB地点に導く実行可能な道のりと表現しなければなりません。つまりブランドを「問題解決策」として伝達する必要があるのです。そして視覚シンボルはこの意味を表現するのに役立つのです。

　確実に言えることがあります。

ブランドの視覚的アイデンティティが何を意味するか理解できていないなら

[†] Herbert Blumer, Symbolic Interactionism; Perspective and Method (Englewood Cliffs, NJ: Prentice-Hall, 1969).

[‡] Sidney J. Levy, "Symbols for Sale," Harvard Business Review (July-August 1959): 117-124; David Glen Mick, "Consumer Research and Semiotics: Exploring the Morphology of Signs, Symbols, and Significance," Journal of Consumer Research 13, no. 2 (1986): 196-213; Russell W. Belk, "Possessions and the Extended Self," Journal of Consumer Research 15, no. 2 (1988): 139-168.

まだ誰もそれを気にしていないうちに修正した方がいい。

ブランドの視覚的アイデンティティは、ブランドに意味をもたらす「ゲートウェイ」といえます。適切なブランドアイデンティティを持つ重要性について定量的に測ることもできるのです。

8.2　行動に戻る：ブランドの視覚的アイデンティティの計測

ブランドの視覚的アイデンティティの効果を計測することは、特定のユーザーペルソナに向けた、ブランドストーリーの伝達が重要な取り組みであるということと関連しています。この章では、以下のブランドシンボル要素（**4章**で作成）の効果を計測する方法を見ていきましょう。

- ロゴ
- カラーパレット
- タイポグラフィ
- 販促資料：ワンシート
- ステーショナリー
- プレゼンテーションスライド

「魅力的でコンバージョンにつながりやすいアイデンティティ」の確立という側面からブランドの視覚的シンボルの効果を計測するにあたっては以下のポイントに注目

しましょう。

認知度
ブランドの視覚的シンボルは多くのシンボルのなかでどれだけ目立っているか、記憶しやすいか。

ポジティブ／ネガティブの影響
消費者がブランドの視覚的シンボルに抱く本能的な好き／嫌いの反応。

感情的な印象
ブランドの視覚的シンボルによって励起される感情のタイプ。消費者はプロダクトジャーニーを通じて何らかの感情を抱くようになっているはずです。

フィードバック
改善点についての消費者からの自由な意見表明。

コンバージョン
ブランドの視覚的シンボルと、消費者の購入意思（または、あなたが「コンバージョン」として定義した行動をとる意思）の相関性。

8.3　ブランドのロゴを計測する：正しい質問をする

これから説明するテクニックを使う前に、回答者にブランドのポジショニングについて簡単に説明しておきましょう。3章で説明したテンプレートで作ったポジショニングステートメントを伝えれば十分なコンテキストを与えることができるでしょう。

次に回答者に尋ねる汎用的な質問を紹介します。この質問は、あなたが探しているデータ次第で臨機応変に変えてください。例えば、単にユーザーが「このロゴを好きか、嫌いか」ではなく「このロゴの色を好きか、嫌いか」が知りたいなら、それを尋ねる質問に変えるのです。ブランドのポジショニングを正確に反映させるために、必要に応じて質問の文言を調整しましょう。

これから紹介する各テストは、ブランドロゴについてのさまざまな側面を調べるテストです。時間がないなら、あなたがもっとも必要なはずの「消費者の行動につながる情報」を得るのに最適なテストを選びましょう。

テスト対象の各コンポーネントについて、オンラインとオフライン両方の計測ツールを紹介していきます。これらのツールは、次のような機能を提供しています。

回答者を見つけてくれる

入手済みの人口統計学的データや心理的プロフィール（**7章**の「ペルソナを計測する」を参照）に基づいて回答者を提供してくれる調査ツールもあります。例えば SurveyMonkey（www.surveymonkey.com）があります。Ethnio（www.ethn.io）と呼ばれる便利なツールを使えば、あなたの Web サイトの訪問者を、回答者として募集することができます。

ソーシャルメディアとの統合

Askalll（www.askalll.com）や Voice（www.voicepolls.com）は、シンプルな選好投票をブログに埋め込んだり、ソーシャルネットワークで共有したりできます。Cupli（www.cup.li）は Facebook に統合することで、ブランドのファンを活用し質問に答えるように促すこともできます。

どのツールを使うにしてもブランドデザインに関わる意思決定に必要な情報を集めるなら、1 人の顧客に依存してはいけません。一定数の顧客から回答を集め、蓄積したデータから関連性を見つけるようにします。頻出するパターンやアイデアを探しましょう。

ロゴの効果を計測する	
認識度のテスト **シンボルは他よりも目立っているか、記憶しやすいか？**	
オンラインツール	記憶力テスト（VerifyApp または Five Second Test を使用）
オフラインツール	記憶力テスト：消費者に 5 秒間だけロゴを提示
質問例	「このロゴについて何を覚えていますか？」
顧客に提示するもの	ロゴ 1 点
この計測が重要な理由	消費者が数秒間目にしたロゴについて何を覚えているかをテストすることで、ブランドの第一印象を活用しやすくなります。
正負の影響のテスト **消費者は、このシンボルを好きか、嫌いか？ その理由は？**	
オンラインツール	サムズアップ／ダウンテスト（InfluenceApp を使用） オンライン投票（Ask Your Target Market や SurveyMonkey を使用）
オフラインツール	自己回答形式のアンケートまたは構造化インタビュー

（続き）

正負の影響のテスト 消費者は、このシンボルを好きか、嫌いか？　その理由は？	
質問例	あなたはこのロゴが好きですか、嫌いですか？　その理由は何ですか？　1〜5の尺度で回答してください。
顧客に提示するもの	ロゴ1点
この計測が重要な理由	消費者はロゴを一目見ただけで、ネガティブ/ポジティブな印象を抱くものです。その印象次第で、消費者がブランドが提供するものを引き続き購入検討するかどうかが変わってきます。

比較優位のテスト 消費者はなぜ一方のシンボルを他方より視覚的に強いと考えるのか？	
オンラインツール	選好テスト（VerifyApp や Pickfu を使用） オンライン投票（Ask Your Target Market や SurveyMonkey を使用）
オフラインツール	自己回答形式のアンケートまたは構造化インタビュー
質問例	「この2つのロゴのうちどちらが魅力的ですか？　その理由は何ですか？」
顧客に提示するもの	ロゴ2点（A/B）
この計測が重要な理由	消費者が2つのロゴデザインを並べて比較し、一方を選択した理由を説明することで、それぞれの視覚的に強力か／弱いかという要素が明らかになります。

感情的印象のテスト このシンボルは、望ましい感情的反応を生じさせているか？	
オンラインツール	ムード検定（VerifyApp を使用） オンライン投票（Ask Your Target Market や SurveyMonkey を使用）この場合、回答者の表情を見ることはできない。感情はテキストラベルで表現する。
オフラインツール	自己回答形式のアンケートまたは構造化インタビュー
質問例	このロゴを見たとき、どのような感情が生じますか？
顧客に提示するもの	ロゴ1点
この計測が重要な理由	このテストでは、消費者の感情を表現する表情やラベルを提示します。消費者に任意の表情を選択させることで、ロゴがどんな感情面の印象を抱かせるのかが明らかになります。

238 | 8章　ブランドアイデンティティ

（続き）

フィードバックのテスト 消費者は、このシンボルの改良余地をどう考えているか？	
オンラインツール	アノテーション／コメントテスト（VerifyApp、InfluenceApp、5 Second Test app を使用） オンライン投票（Ask Your Target Market や SurveyMonkey を使用）
オフラインツール	自己回答形式のアンケートまたは構造化インタビュー
質問例	「いま目にしたロゴについてどう思いますか？」
顧客に提示するもの	ロゴ1点
この計測が重要な理由	消費者がロゴについて感じたことがどの選択肢にもあてはまらない場合、自由記述でフィードバックさせることができます。

コンバージョン能力のテスト 消費者はこの視覚的シンボルに基づいて製品やサービスを購入するつもりか？	
オンラインツール	**ロゴ1点**：InfluenceApp または 5 Second Test app **ロゴ2点**：選好テスト（VerifyApp または Pickfu を使用）
オフラインツール	自己回答形式のアンケートまたは構造化インタビュー
質問例	**ロゴ1点**：製品 X を購入[†]したいですか？ **ロゴ2点**：購入する場合、同一の機能で同じ価格であれば、この2つの製品うちどちらを購入したいですか？
顧客に提示するもの	ロゴ1点／ロゴ2点
この計測が重要な理由	ロゴの審美的な違いのみに基づいて顧客の購入意思を知ることができます。これによって、コンバージョンにおけるロゴデザインの視覚的訴求の影響についての手がかりが得られます。

[†] コンバージョン行動が「購入」として定義していなければ、あなたが顧客に望んでいる行動（訪問、購読、電話など）に書き換えてください。

8.4　タイポグラフィ

　私の経験では、ほとんどの消費者はタイポグラフィについては、イメージ（ロゴなど）ほどには明確な意見を持っていません。実はフォントごとの微妙なニュアンスの違いが深層的な影響を及ぼしているにもかかわらず、一般的な顧客には認識できないのです。次に記載する質問のいくつかも、あらゆるタイプの顧客に当てはまるというわけではありません。

　計測できる単純な側面としては、フォントごとの比較優位、感情的印象、コンバージョン能力などがあります。比較優位とコンバージョンに関する検証では2つのフォ

ントを並べて表示することで、別々にみたのでは違いに気づかない顧客からの貴重な情報を得ることができます。2つの選択肢を比較することで、フォントの選択の影響に気づきやすくなります。

　回答者に提示するフォントでは、すべて1つの単語(ブランド名でもかまいません)、中立的な色(黒)、同じサイズを用いるようにしてください。これは、フォントの影響と、例えば色の影響と混同させないためです。

タイポグラフィの効果を計測する	
認識度のテスト **シンボルは他よりも目立っているか、記憶しやすいか？**	
オンラインツール	記憶力テスト（VerifyApp または Five Second Test を使用）
オフラインツール	記憶力テスト：消費者に、黒い文字（テスト対象のフォントを使用）で書かれたブランド名を5秒間のみ提示する。
質問例	「このフォントについて何を覚えていますか？」
顧客に提示するもの	フォント1点（黒）
この計測が重要な理由	消費者が数秒間目にしたフォントについて何を覚えているかをテストすることで、ブランドの第一印象を活用しやすくなります。タイポグラフィの違いについてはっきりと理解していなくても、消費者にとってそのフォントが行動にどのように影響を与えるかを本能的に露呈してくれます。
正負の影響のテスト **消費者は、このシンボルを好きか、嫌いか？ その理由は？**	
オンラインツール	サムズアップ／ダウンテスト（InfluenceApp を使用） オンライン投票（Ask Your Target Market や SurveyMonkey を使用）
オフラインツール	自己回答形式のアンケートまたは構造化インタビュー
質問例	あなたはこのフォントが好きですか、嫌いですか？ その理由は何ですか？ 1～5の尺度で回答してください。
顧客に提示するもの	フォント1点（黒）
この計測が重要な理由	消費者がフォントを一目見ただけで、ネガティブ／ポジティブな印象を抱くものです。この印象次第で、消費者がブランドが提供するものを引き続き購入検討し続けるかどうかが変わってきます。

240 | 8章　ブランドアイデンティティ

（続き）

比較優位のテスト 消費者はなぜ一方のシンボルを他方より視覚的に強いと考えているか？	
オンラインツール	選好テスト（VerifyApp または Pickfu を使用） オンライン投票（Ask Your Target Market や SurveyMonkey を使用）
オフラインツール	自己回答形式のアンケートまたは構造化インタビュー
質問例	「この2つのフォントのうちどちらが魅力的ですか？」
顧客に提示するもの	フォント2点（同じサイズ、黒）
この計測が重要な理由	消費者に2つのタイポグラフィを並べて比較させ、どちらか一方を選択した理由を説明させることでそれぞれタイポグラフィの要素の中の視覚的に強力な／弱いものが明らかになります。
感情的印象テスト このシンボルは望ましい感情的反応を生じさせているか？	
オンラインツール	ムード検定（VerifyApp を使用） オンライン投票（Ask Your Target Market や SurveyMonkey を使用）。この場合、回答者の表情を見ることはできない。感情はテキストラベルで表現する。
オフラインツール	自己回答形式のアンケートまたは構造化インタビュー
質問例	「このフォントを見たとき、どのような感情が生じますか？」
顧客に提示するもの	フォント1点（黒）
この計測が重要な理由	このテストでは、消費者の感情を表現する表情やラベルを提示します。消費者に任意の表情を選択させることで、フォントがどんな感情面の印象を抱かせるのかが明らかになります。
フィードバックのテスト 消費者は、このシンボルの改良余地をどう考えているか？	
オンラインツール	アノテーション／コメントテスト（VerifyApp、InfluenceApp、5 Second Test app を使用） オンライン投票（Ask Your Target Market や SurveyMonkey を使用）
オフラインツール	自己回答形式のアンケートまたは構造化インタビュー
質問例	「いま目にしたフォントについてどう思いますか？」
顧客に提示するもの	フォント1点（黒）
この計測が重要な理由	消費者はフォントについて感じたことが前述のどの選択肢にもあてはまらない場合、自由記述でフィードバックさせることができます。

（続き）

コンバージョン能力のテスト 消費者はこの視覚的シンボルに基づいて製品やサービスを購入するつもりか？	
オンラインツール	フォント1点：InfluenceApp または 5 Second Test app
	フォント2点：選好テスト（VerifyApp または Pickfu を使用）
オフラインツール	自己回答形式のアンケートまたは構造化インタビュー
質問例	フォント1点：製品 X を購入したいですか？ フォント2点：購入する場合、同一の機能で同じ価格であれば、この2つの製品うちどちらを購入†したいですか？
顧客に提示するもの	フォント1点／フォント2点（黒、同じ大きさ）
この計測が重要な理由	フォントの審美的な違いのみに基づいて顧客の購入意思を知ることができます。これによって、コンバージョンにおけるフォントの視覚的訴求の影響についての手がかりが得られます。

† コンバージョン行動が「購入」として定義していなければ、あなたが顧客に望んでいる行動（訪問、購読、電話など）に書き換えてください。

8.5 色

タイポグラフィと同じように、色も「素人目」には抽象的に見えるかもしれません。私は「素人目」という言葉を消費者に対して（さらに言えば誰に対しても）使うのは嫌いですが、正式なデザインの教育を受けたことのない人がカラーパレットの選択肢とその意味について精通していないことは事実です——たぶん。

（たぶん、というのは、21世紀の消費者ならさまざまなものにさらされることで、デザイナーのような知見を持っているかもしれないと思ったからです）

消費者が精通しているのは、購入に関わる意思決定です。はっきりと言葉にできるかは別として、色はその意思決定に影響を与える重要な役割を果たしています。要するに、こういうことです。

色は知覚に影響を与える。知覚は、購入に影響を与える。故に、色がブランドで果たす役割は知っておくべきだ。

下の表を読む際は、色の見本は単体と、組み合わせ（複数の見本）の両方をテストしてください。カラーパレットが最大の効果を発揮できるのは、色の組み合わせによって顧客が反応したくなるムードを醸し出せる場合です。例えば赤だけでは何も伝えられませんが、緑と組み合わせることでクリスマスのような感覚を生み出すことができるといった具合です。

8章 ブランドアイデンティティ

カラーパレットの効果を計測する	
認識度のテスト **シンボルは他よりも目立っているか、記憶しやすいか?**	
オンラインツール	記憶力テスト(VerifyApp または Five Second Test を使用)
オフラインツール	記憶力テスト:消費者に、カラーパレットを5秒間のみ提示する。
質問例	「このカラーパレットについて何を覚えていますか?」
顧客に提示するもの	カラーパレット1点
この計測が重要な理由	消費者が数秒間目にしただけのカラーパレットについて何を覚えているかをテストすることで、ブランドの第一印象を活用しやすくなります。
正負の影響のテスト **消費者は、このシンボルを好きか、嫌いか? その理由は?**	
オンラインツール	サムズアップ/ダウンテスト(InfluenceApp を使用) オンライン投票(Ask Your Target Market や SurveyMonkey を使用)
オフラインツール	自己回答形式のアンケートまたは構造化インタビュー
質問例	「あなたはこのカラーパレットが好きですか、嫌いですか? その理由は何ですか? 1〜5の尺度で回答してください」
顧客に提示するもの	カラーパレット1点
この計測が重要な理由	消費者はカラーパレットを一目見ただけで、ネガティブ/ポジティブな印象を抱くものです。この印象次第で消費者がブランドが提供するものを引き続き購入検討し続けるかが変わってきます。
比較優位のテスト **消費者はなぜ一方のシンボルを他方より視覚的に強いと考えるのか?**	
オンラインツール	選好テスト(VerifyApp または Pickfu を使用) オンライン投票(Ask Your Target Market や SurveyMonkey を使用)
オフラインツール	自己回答形式のアンケートまたは構造化インタビュー
質問例	「この2つのカラーパレットのうちどちらが魅力的ですか?」
顧客に提示するもの	カラーパレット2点(A/B)
この計測が重要な理由	消費者に2つのカラーパレットを並べて比較させ、どちらか一方を選択した理由を説明させることで、それぞれの視覚的に強力な/弱い要素が明らかになります。

（続き）

感情的印象のテスト このシンボルは、望ましい感情的反応を生じさせているか？	
オンラインツール	ムード検定（VerifyApp を使用） オンライン投票（Ask Your Target Market や SurveyMonkey を使用）この場合、回答者の表情を見ることはできない。感情はテキストラベルで表現する。
オフラインツール	自己回答形式のアンケートまたは構造化インタビュー
質問例	「このフォントを見たとき、どのような感情が生じますか？」
顧客に提示するもの	カラーパレット 1 点
この計測が重要な理由	このツールは、消費者の感情を表現する表情やラベルを提示します。消費者に任意の表情を選択させることで、カラーパレットがどんな感情面の印象を抱かせるのかが明らかになります。

フィードバックのテスト 消費者は、このシンボルの改良余地をどう考えているか？	
オンラインツール	アノテーション／コメントテスト（VerifyApp、InfluenceApp、5 Second Test app を使用） オンライン投票（Ask Your Target Market や SurveyMonkey を使用）
オフラインツール	自己回答形式のアンケートまたは構造化インタビュー
質問例	「いま目にしたカラーパレットについてどう思いますか？」
顧客に提示するもの	カラーパレット 1 点
この計測が重要な理由	消費者はカラーパレットについて感じたことが前述のどの選択肢にもあてはまらない場合、自由記述でフィードバックさせることができます。

コンバージョン能力のテスト 消費者はこの視覚的シンボルに基づいて製品やサービスを購入するつもりか？	
オンラインツール	カラーパレット 1 点：InfluenceApp または 5 Second Test app カラーパレット 2 点：選好テスト（VerifyApp または Pickfu を使用）
オフラインツール	自己回答形式のアンケートまたは構造化インタビュー
質問例	カラーパレット 1 点：製品 X を購入[†]したいですか？ カラーパレット 2 点：購入する場合、同一の機能で同じ価格であれば、この 2 つの製品うちどちらを購入したいですか？
顧客に提示するもの	カラーパレット 1 点／カラーパレット 2 点

244 | 8章　ブランドアイデンティティ

（続き）

コンバージョン能力のテスト 消費者はこの視覚的シンボルに基づいて製品やサービスを購入するつもりか？	
この計測が重要な理由	カラーパレットの審美的な違いのみに基づいて顧客の購入意思を知ることができます。これによって、コンバージョンにおけるカラーパレットの視覚的訴求の影響についての手がかりが得られます。

† 　コンバージョン行動が「購入」として定義していなければ、あなたが顧客に望んでいる行動（訪問、購読、電話など）に書き換えてください。

8.6　販促資料

　ワンシートは、受け手がアクセスすることになる情報の種類を左右することから、コミュニケーション戦略における重要要素です。この文書を洗練させることで、受け手をこちらの望む行動経路（コンバージョン）に導きやすくなります。6章で見たように、メディアに特化したブランドコミュニケーション資産（例：プレスリリース、販促資料）を作成するときは、そのコンバージョンが2段階であることを忘れないようにしましょう。

1. 記者がブランドの記事を作成すると決定する

2. （1の結果を読んだ）オーディエンスが最終的にコンバージョンを決定する

販促資料の効果を計測する	
認識度のテスト **シンボルは他よりも目立っているか、記憶しやすいか？**	
オンラインツール	記憶力テスト（VerifyApp または Five Second Test を使用）
オフラインツール	記憶力テスト：消費者に、販促資料を5秒間のみ提示する。
質問例	「この文書について何を覚えていますか？」
顧客に提示するもの	販促資料1点
この計測が重要な理由	消費者が数秒間目にしただけの販促資料について何を覚えているかをテストすることで、ブランドの第一印象を活用しやすくなります。

（続き）

正負の影響のテスト 消費者は、このシンボルを好きか、嫌いか？ その理由は？	
オンラインツール	サムズアップ／ダウンテスト（InfluenceApp を使用） オンライン投票（Ask Your Target Market や SurveyMonkey を使用）
オフラインツール	自己回答形式のアンケートまたは構造化インタビュー
質問例	「あなたはこの文書が好きですか、嫌いですか？ その理由は何ですか？ 1〜5 の尺度で回答してください」
顧客に提示するもの	販促資料 1 点
この計測が重要な理由	消費者は販促資料を一目見ただけで、ネガティブ／ポジティブな印象を抱くものです。この印象次第で、消費者がブランドが提供するものを引き続き購入検討するかどうかが変わってきます。

比較優位のテスト 消費者はなぜ一方のシンボルを他方より視覚的に強いと考えるのか？	
オンラインツール	選好テスト（VerifyApp または Pickfu を使用） オンライン投票（Ask Your Target Market や SurveyMonkey を使用）
オフラインツール	自己回答形式のアンケートまたは構造化インタビュー
質問例	「この 2 つの文書のうちどちらが魅力的ですか？」
顧客に提示するもの	販促資料 2 点
この計測が重要な理由	消費者に 2 つの販促資料を並べて比較させ、どちらか一方を選択した理由を説明させることでそれぞれの視覚的に強力な／弱い要素が明らかになります。

感情的印象のテスト このシンボルは、望ましい感情的反応を生じさせているか？	
オンラインツール	ムード検定（VerifyApp を使用） オンライン投票（Ask Your Target Market や SurveyMonkey を使用）。この場合、回答者の表情を見ることはできない。感情はテキストラベルで表現する。
オフラインツール	自己回答形式のアンケートまたは構造化インタビュー
質問例	「この文書を見たとき、どのような感情が生じますか？」
顧客に提示するもの	販促資料 1 点

246 | 8章　ブランドアイデンティティ

（続き）

感情的印象のテスト このシンボルは、望ましい感情的反応を生じさせているか？	
この計測が重要な理由	このテストでは、消費者の感情を表現する表情やラベルを提示します。消費者に任意の表情を選択させることで、販促資料がどのような感情面の印象を抱かせるのかが明らかになります。

フィードバックのテスト 消費者は、このシンボルの改良余地をどう考えているか？	
オンラインツール	アノテーション／コメントテスト（VerifyApp、InfluenceApp、5 Second Test app を使用） オンライン投票（Ask Your Target Market や SurveyMonkey を使用）
オフラインツール	自己回答形式のアンケートまたは構造化インタビュー
質問例	「いま目にした文書についてどう思いますか？」、「削除した方がいい、あるいは分量を減らした方がいいと思う情報はどれですか？」、「追加した方がいい、あるいは分量を増やした方がいいと思う情報はどれですか？」、「興味深いと思った箇所はどこですか？」
顧客に提示するもの	販促資料 1 点
この計測が重要な理由	消費者は販促資料について感じたことが前述のどの選択肢にも当てはまらない場合、自由記述でフィードバックさせることができます。

コンバージョン能力のテスト 消費者はこの視覚的シンボルに基づいて製品やサービスを購入するつもりか？	
オンラインツール	販促資料 1 点：InfluenceApp または 5 Second Test app 販促資料 2 点：選好テスト（VerifyApp または Pickfu を使用）
オフラインツール	自己回答形式のアンケートまたは構造化インタビュー
質問例	販促資料 1 点：製品 X [†] を購入したいですか？ 販促資料 2 点：購入する場合、同一の機能で同じ価格であれば、この 2 つの製品うちどちらを購入したいですか？
顧客に提示するもの	販促資料 1 点／販促資料 2 点
この計測が重要な理由	提示した販促資料の違いのみに基づいて顧客の購入意思を知ることができます。これによって、コンバージョンにおける販促資料の視覚的訴求の影響についての手がかりが得られます。

[†]　コンバージョン行動が「購入」として定義していなければ、あなたが顧客に望んでいる行動（訪問、購読、電話など）に書き換えてください。

8.7 ステーショナリー：名刺

4章で名刺について説明したとき、名刺の最初のバージョンを検討しました。ここでは、意図した目標を達成するという観点から、その効果を計測する方法を見ていきましょう。

渡した名刺が捨てられないようにするためにおまじない以外にできることはないか考えたことはありませんか？ 一般的に名刺のようなブランドステーショナリー・パッケージのコンポーネントは、デザイナーの美的判断に頼っていますが、実際に使うのはデザイナーではありませんよね？ 他のユーザー体験と同様に、ステーショナリー——特に名刺——もその効果を計測できます。貴重な連絡先が捨てられてしまう前に、名刺が生み出す認知度、ポジティブな効果、感情的な影響、コンバージョン能力について価値ある情報を得ることができるのです。

ステーショナリーの効果を計測する	
認識度のテスト **シンボルは他よりも目立っているか、記憶しやすいか？**	
オンラインツール	記憶力テスト（VerifyApp または Five Second Test を使用）
オフラインツール	記憶力テスト：消費者に、販促資料を5秒間のみ提示する。
質問例	「このステーショナリーについて何を覚えていますか？」
顧客に提示するもの	ステーショナリー1点
この計測が重要な理由	消費者が数秒間目にしたステーショナリーについて何を覚えているかをテストすることで、ブランドの第一印象を活用しやすくなります。
正負の影響のテスト **消費者は、このシンボルを好きか、嫌いか？ その理由は？**	
オンラインツール	サムズアップ／ダウンテスト（InfluenceApp を使用） オンライン投票（Ask Your Target Market や SurveyMonkey を使用）
オフラインツール	自己回答形式のアンケートまたは構造化インタビュー
質問例	「あなたはこのステーショナリーが好きですか、嫌いですか？ その理由は何ですか？ 1〜5の尺度で回答してください」
顧客に提示するもの	ステーショナリー1点

248 | 8章　ブランドアイデンティティ

（続き）

正負の影響のテスト 消費者は、このシンボルを好きか、嫌いか？　その理由は？	
この計測が重要な理由	消費者はステーショナリーを一目見ただけで、ネガティブ／ポジティブな印象を抱くものです。その印象次第で消費者がブランドが提供するものを購入検討し続けるかどうかが変わってきます。

比較優位のテスト 消費者はなぜ一方のシンボルを他方より視覚的に強いと考えるのか？	
オンラインツール	選好テスト（VerifyApp または Pickfu を使用） オンライン投票（Ask Your Target Market や SurveyMonkey を使用）
オフラインツール	自己回答形式のアンケートまたは構造化インタビュー
質問例	「この2つのステーショナリーのうちどちらが魅力的ですか？」
顧客に提示するもの	ステーショナリー2点
この計測が重要な理由	消費者に2つのステーショナリーを並べて比較させ、どちらか一方を選択した理由を説明させることで、それぞれの視覚的に強力な／弱い要素が明らかになります。

感情的印象のテスト このシンボルは、望ましい感情的反応を生じさせているか？	
オンラインツール	ムード検定（VerifyApp を使用） オンライン投票（Ask Your Target Market や SurveyMonkey を使用）（この場合、回答者の表情を見ることはできない。感情はテキストラベルで表現する）
オフラインツール	自己回答形式のアンケートまたは構造化インタビュー
質問例	「このステーショナリーを見たとき、どのような感情が生じますか？」
顧客に提示するもの	ステーショナリー1点
この計測が重要な理由	このテストでは、消費者の感情を表現する表情やラベルを提示します。消費者に任意の表情を選択させることで、ステーショナリーがどんな感情面の印象を抱かせるのかが明らかになります。

（続き）

フィードバックのテスト 消費者は、このシンボルの改良余地をどう考えているか？	
オンラインツール	アノテーション／コメントテスト（VerifyApp、InfluenceApp、5 Second Test app を使用） オンライン投票（Ask Your Target Market や SurveyMonkey を使用）
オフラインツール	自己回答形式のアンケートまたは構造化インタビュー
質問例	「いま目にしたステーショナリーについてどう思いますか？」、「削除した方がいい、または減らした方がいいと思う情報はどれですか？」、「追加した方がいい、または増やした方がいいと思う情報はどれですか？」、「興味深いと思った箇所はどこですか？」
顧客に提示するもの	ステーショナリー1点
この計測が重要な理由	消費者はステーショナリーについて感じたことが前述のどの選択肢にも当てはまらない場合、自由記述でフィードバックさせることができます。
コンバージョン能力のテスト 消費者はこの視覚的シンボルに基づいて製品やサービスを購入するつもりか？	
オンラインツール	ステーショナリー1点：InfluenceAppまたは5 Second Test app ステーショナリー2点：選好テスト（VerifyAppまたはPickfuを使用）
オフラインツール	自己回答形式のアンケートまたは構造化インタビュー
質問例	ステーショナリー1点：製品Xを購入したいですか？ ステーショナリー2点：購入する場合同一の機能で同じ価格なら2つの製品うちどちらを購入†したいですか？
顧客に提示するもの	ステーショナリー1点／ステーショナリー2点
この計測が重要な理由	提示したステーショナリーの違いのみに基づいて顧客の購入意思を知ることができます。これによって、コンバージョンにおけるステーショナリーの視覚的訴求の影響についての手がかりが得られます。

† コンバージョン行動が「購入」として定義していなければ、あなたが顧客に望んでいる行動（訪問、購読、電話など）に書き換えてください。

8.8 プレゼンテーションスライド

プレゼンテーションスライドの効果を対面で調べる場合は、回答者の身体的な反応についても注目しましょう（ただしこちらがそれに注目していることを相手には気づ

250 | 8章　ブランドアイデンティティ

かれないように）。観察者がいることで回答者が緊張しコンテンツへの自然な反応（すなわち、あくび）が妨げられてしまいます。回答者は退屈そうに見えるでしょうか？あるいは感動したり、興奮したりしているでしょうか？ それは、具体的にはどの箇所（スライド番号）でしょうか？ この問題に対処するための方法はセッションを動画で記録することです。

プレゼンテーションスライドの効果を計測する	
認識度のテスト **シンボルは他よりも目立っているか、記憶しやすいか？**	
オンラインツール	記憶力テスト（VerifyApp または Five Second Test を使用）
オフラインツール	記憶力テスト：消費者にスライドを提示し、最後のスライドを見せ終えたら、すぐにそれを隠す。次に、構造化インタビューを行う。
質問例	「このプレゼンテーションについて何を覚えていますか？」、「プレゼンテーションを見て、このブランドについてさらに詳しく知りたいと思いましたか？」、「友人や家族、同僚にこのブランドについて伝えたいと思いましたか？」
顧客に提示するもの	プレゼンテーションスライド1セット
この計測が重要な理由	消費者がスライドを見てから数秒後に何を覚えているかをテストすることで、ブランドの第一印象を活用しやすくなります。
正負の影響のテスト **消費者は、このシンボルを好きか、嫌いか？ その理由は？**	
オンラインツール	サムズアップ／ダウンテスト（InfluenceApp を使用） オンライン投票（Ask Your Target Market や SurveyMonkey を使用）
オフラインツール	自己回答形式のアンケートまたは構造化インタビュー
質問例	「あなたはこのプレゼンテーションが好きですか、嫌いですか？その理由は何ですか？ 1〜5の尺度で回答してください」
顧客に提示するもの	プレゼンテーションスライド1セット
この計測が重要な理由	消費者はスライドを一目見ただけでネガティブ／ポジティブな印象を抱くものです。この印象次第で、消費者がブランドが提供するものを引き続き購入検討するかどうかが変わってきます。

（続き）

比較優位のテスト 消費者はなぜ一方のシンボルを他方より視覚的に強いと考えるのか？	
オンラインツール	選好テスト（VerifyApp または Pickfu を使用） オンライン投票（Ask Your Target Market や SurveyMonkey を使用）
オフラインツール	自己回答形式のアンケートまたは構造化インタビュー
質問例	「この２つのプレゼンテーションのうちどちらが魅力的ですか？」
顧客に提示するもの	プレゼンテーションスライド２セット
この計測が重要な理由	消費者に２セットのプレゼンテーションスライドを並べて比較させ、どちらか一方を選択した理由を説明させることで、それぞれの視覚的に強力な／弱い要素が明らかになります。

感情的印象のテスト このシンボルは、望ましい感情的反応を生じさせているか？	
オンラインツール	ムード検定（VerifyApp を使用） オンライン投票（Ask Your Target Market や SurveyMonkey を使用）。の場合、回答者の表情を見ることはできない。感情はテキストラベルで表現する。
オフラインツール	自己回答形式のアンケートまたは構造化インタビュー
質問例	「このプレゼンテーションを見たとき、どのような感情が生じますか？」
顧客に提示するもの	プレゼンテーション１点
この計測が重要な理由	このテストでは、消費者の感情を表現する表情やラベルを提示します。消費者に任意の表情を選択させることでプレゼンテーションがどんな感情面の印象を頂かせるのかが明らかになります。

フィードバックのテスト 消費者は、このシンボルの改良余地をどう考えているか？	
オンラインツール	アノテーション／コメントテスト（VerifyApp、InfluenceApp、5 Second Test app を使用） オンライン投票（Ask Your Target Market や SurveyMonkey を使用）
オフラインツール	自己回答形式のアンケートまたは構造化インタビュー

252 | 8章　ブランドアイデンティティ

(続き)

フィードバックのテスト 消費者は、このシンボルの改良余地をどう考えているか？	
質問例	「いま目にしたプレゼンテーションについてどう思いますか？」、「削除した方がいい、あるいは説明する時間を減らした方がいいと思う情報はどれですか？」 「説明する時間をもっと増やしたいと思う情報はどれですか？」、「興味深いと思った箇所はどこですか？」
顧客に提示するもの	プレゼンテーションスライド1セット
この計測が重要な理由	消費者はプレゼンテーションについて感じたことが前述のどの選択肢にも当てはまらない場合、自由記述でフィードバックさせることができます。
コンバージョン能力のテスト **消費者はこの視覚的シンボルに基づいて製品やサービスを購入するつもりか？**	
オンラインツール	プレゼンテーションスライド1セット）：InfluenceApp または 5 Second Test app プレゼンテーションスライド2セット：選好テスト（VerifyApp または Pickfu を使用）
オフラインツール	自己回答形式のアンケートまたは構造化インタビュー
質問例	プレゼンテーションスライド1セット：製品 X を購入†したいですか？ プレゼンテーションスライド2セット：購入する場合同一の機能で同じ価格なら2つの製品うちどちらを購入したいですか？
顧客に提示するもの	プレゼンテーションスライド1セット／プレゼンテーションスライド2セット
この計測が重要な理由	提示したプレゼンテーションスライドの違いのみに基づいて顧客の購入意思を知ることができます。これによって、コンバージョンにおけるプレゼンテーションスライドの影響についての手がかりが得られます。

† 　コンバージョン行動が「購入」として定義していなければ、あなたが顧客に望んでいる行動（訪問、購読、電話など）に書き換えてください。

8.9 まとめ

　ブランドの視覚的アイデンティティは、ブランドが市場で認識されたり、製品やサービスの購入に意味を与えたりする役割を果たしています。人間の視覚的な連想は根深く一貫して存在していて、私たちが毎日にさらされている大量のメディアによって、補強されています。ブランドをA地点からB地点への実行可能な道のりであると表現するためには、ブランドの意味を「問題解決策」として伝達する必要があります。視覚シンボルは、この意味を表現するのに役立ちます。私たちは成長する過程で、視覚的シンボルから連想をする方法を学んでいるからです。

　魅力的でコンバージョンにつながりやすいアイデンティティの確立という側面から、ブランドの視覚的シンボルの効果を計測するために、「認識度」、「正負の影響」、「比較優位」、「感情的印象」、「フィードバック」、「コンバージョン能力」の側面に注目できます。どのテストを行う場合でも、ブランドデザインの意思決定のための情報を集めるために、顧客1人の認識に依存してはいけません。一定数の顧客から回答を集め、蓄積したデータの中から関連性を見つけるようにします。

第Ⅳ部　学習

　第Ⅱ部では、テストする対象となる基本的なブランドの要素について説明し、第Ⅲ部ではこうした要素がどのようにコンバージョンを促しているかをテストしました。これらをこなした時点で以下のような質問に答えられるようになっているはずです。

- 自社のコミュニケーション戦略は望ましいオーディエンスへのリーチと、顧客のコンバージョンを実現しているか？

- ブランドストーリーはコンバージョンの対象である顧客のニーズや願望と共鳴しているか？

- 視覚的シンボルは、ブランドについての適切な印象を形成し、適切な意味を伝え、オーディエンスを目的の行動経路（コンバージョン）に惹きつけているか？

　このセクションではこれまでに学んできたことから収集したデータに基づいて新たな方向に向かって軌道修正し、今後継続的に改善し続けるブランドのバージョンを構築します。

　第Ⅱ部で登場した「ブランド学習ログ」のグレーの領域が、第Ⅳ部の内容に該当します。

計測の対象 📖			計測の実行 ⏱		計測の結果 ✅		日付 📅
ブランディングの要素	ブランディングの仮説	ブランディングの目標	計測する指標	予測される結果	実際の結果	学習したこと	学習した日

　このセクションでは、これまで学んできたすべてを使って、これまで学んできたことを基に、ブランドの各要素を調整する方法を紹介します。

ブランドのリチャネル（9 章）

　ターゲットユーザーの好みに基づいて、どのブランドコミュニケーションチャネルを選択する必要があるか？

ブランドのリポジショニング（10 章）

　ブランドストーリーの要素のうち、オーディエンスの共感を得ていない、顧客の獲得を妨げている、変更が必要なものはどれか？　これらを改善するにはどうすればよいか？

ブランドの再デザイン（11 章）

　ブランドシンボルのうち新しい顧客の購入意欲を低下させたり混乱させたりしているもの、デザインのやり直しが必要なものはどれか？　それを改善するにはどうすればよいか？

Ⅳ.1　リーンブランディング・マップ：ブランドに共感する

　これまで構築し、テストしてきたブランド要素を検証／可視化するのにはマッピングが役に立ちます。1 章から 8 章のプロセスに従ってきた読者にとって以下のリーンブランディング・マップに記入するのは難しいことではないはずです。

　これまでにテストした、コンポーネントの付箋をマップ上に貼ります。こうすれば付箋を自由に移動したり、必要に応じてマップから外したりできます。テスト済みのコンポーネントと、さらにテストが必要なコンポーネントを区別するために、蛍光ペ

ンを使ってもよいでしょう。このマップは、ブランド開発における構築／計測／学習のプロセスを通じて、チームがいつでも見られる場所に貼りだします。3章で説明したブランドウォールを使用している場合は、常にリーンブランディング・マップの最新バージョンをブランドウォールに貼り出しましょう。

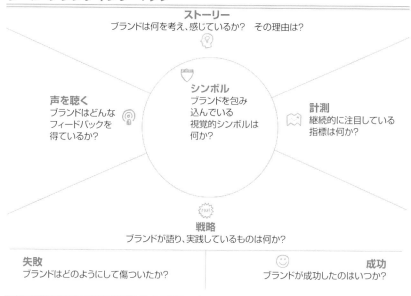

私たちは、ブランドからインスピレーションを得たり、それに囲まれたりするのはマーケティングとデザインチームだけで十分と考えてしまいがちですが、ブランドを理解するステークホルダーが増えるほど、全体的な関与を促しやすくなり、ブランドのシンボルやストーリー、戦略を活気づかせることができます。

　チーム全員が、市場で構築しようとしているブランドストーリーを真に理解し、ひとつひとつのブランド要素を把握すること。それがリーンブランディング・マップの目的です。この「理解」は、私たちが外に出て、観察したりインタビューをしたりするときに、顧客と共感する方法と同じです。違いはこれからあなたとステークホルダーがブランドに共感するためにこのツールを使うようになるという点です。ブランドと

一体になるためにはブランドの立場で考え、それがいつ失敗し、成功するのか把握することること、つまり真にブランドを体現していくことが求められるのです。

Ⅳ.2　変化への抵抗：ブランド摩擦

ブランドの成長にあわせて反復／進化／学習をしていく際に問題になるのは、「ブランド摩擦」です。長い間、同じ資産（ファイル、文書、動画）を使っていると、それを変更することを考えただけでぞっとした気持ちになるものです。

あなたも、次のような疑問（恐れ）を抱いたことがあるのではないでしょうか。

- 市場はこれを「一貫性がない」と見るのではないか？（シンボルとブランドストーリーは本当に必要なときだけ、戦略は可能なときに変更する、という考え）。

- メディアを混乱させてしまわないか？　どのようにこのニュースを知らせればいいか？

- 顧客は新しいブランドが私たちのものだということに気づけなくなるのでは？

- チームメンバーにブランドの変更をどう伝えればいいのか？

- 既存／新規顧客に変更をどう伝えればいいのか？

- 新しい資産（ブランドストーリー、シンボル、戦略）を、いかにダメージを少なく共有できるか？

こうした懸念の背景にあるのは、「一貫性」というもろ刃の剣です。ブランドの一貫性について考えてみましょう。長いあいだ変わらないシンボルやブランドストーリーを提示されることで、消費者がそのブランドを認識するようになるのは事実であり、研究でも繰り返し証明されてきました。誰でも Happiest Place on Earth Is（地球上で一番ハッピーな場所）がどこを指しているのか、巨大な黄色のアーチ型の M が何の略かを知っています。ライトブルーの鳥が表す SNS が何かも、真っ赤な丸が表すスーパーマーケットが何かもわかるでしょう。

私たちがこれらのブランドが何であるかを知っているのは、そう連想するよう仕組まれているからである。

一貫性は重要です。長きにわたって変わらぬブランドメッセージを世の中に確立し、消費者がブランドを認識するのに、適切な関連性をつくりあげるのに役立つからです。しかし、一方危険でもあります。一貫性にこだわりすぎるあまり、ブランド学習がほとんどない、戦略を実行してしまう罠に陥ってしまうことがあるからです。ブランドの一貫性を考えるときは、次のことについて熟考するようにしましょう。

究極のストーリーやシンボル、戦略を探り当てたブランドなどない。そんなものは存在しないからだ。

私たちは、ブランドについて絶えず学習すべきです。消費者の「なりたい自分」についての考えが絶えず変化しているのに、市場の同じ場所にじっと立ち続けていても意味がありません。今日のブランドは消費者の変化に耳を澄ませ、そこから学ぶべきなのです。リーン・ブランドはモノローグではなく対話です。今日のブランドは、自らの使命が、消費者がなりたい自分に近づくことを支援する、ことだという事実を受け入れるべきです。消費者の「なりたい自分」像が、常に進化しているという事実も抵抗なく受け入れるべきです。そして自らもまた進化しようとするべきです――構築、計測、学習の終わりなきサイクルを、継続的に反復しながら。ここまで、このうちの「構築」と「計測」について見てきました。

とはいえブランドのシンボル、ストーリー、戦略の変更は慎重に実行してください。学習のポイントは、確立されたブランド認知を寸断してしまうことではなく、コンバージョンを最適化することなのです。

以降では、さまざまな例を紹介していきます。これらは、ブランドにとって意味をなすメッセージを維持しながら学習する方法を理解していただきます。

究極のストーリーやシンボル、
戦略を探り当てた
ブランドなどない。
そんなものは存在しないからだ。

9章
ブランドのリチャネル

　1969年にタイムスリップしたと想像してみましょう。エルヴィス・プレスリーが「キング」の名のままに絶大な人気を誇り、ニクソンが大統領だった時代です。あなたは問題に直面しています。他のみんなやその母親たちがウッドストックのロックコンサートにどうやって参加しようか頭を悩ませているとき、あなたは製品を構築し、販売する方法について頭を悩ませています。どうすれば大勢の人たちに製品を知ってもらい、そして購入してもらえるのでしょうか？　1969年なら次のような選択肢が考えられます。

- ラジオ

- テレビ

- 電話

- 印刷広告

- 郵便物

- トレードショーや展示会

　どうでしょう？　インターネットもEメールもありません。Webサイトも、ペイパークリック広告も、携帯電話も、もちろんSNSもないのです。当時絶大な影響力があったテレビにCMを出すには、莫大な費用がかかっていました。あなたの製品アイデアと予算、そして可能な広告の手段について考えてみましょう。そして、あなたのメッ

セージが誰に届き、どれくらい期間効果があり、どのくらいの費用がかかるかわからなかった時代の不確かさを想像してみてください。リーチの概算や販売影響の漠然とした見積りがあるだけで、広告についての投資利益率をきちんと把握することなどできなかったのです。

今は1969年ではありません。私たちのコミュニケーションチャネルの選択肢はオープンになり、アクセスも計測もしやすくなりました。現代ほど、特定のニッチコミュニティを活用できる時代はありません。母親をターゲットにしたいならそのオンラインコミュニティを利用できます。製品を気に入ってくれるかもしれない大学生を探しているのならSNSがあります。ビニール版のレコードコレクターを対象にする場合も心配ご無用、巷にはそういうテーマのブログが数百もあります。

でも各チャネルには独自の形式、ルール、オーディエンスのタイプがあり、ラジオのリスナーは雑誌の読者と同じように扱うことはできません。音声ベースのチャネルでは、ナレーターの声のトーンが極めて重要です。一方、印刷広告ではイメージ、コピー、レイアウト、タイポグラフィに注意しなければなりません。チャネルが変わっても、ブランドストーリーは本質的には同じです。核となるメッセージは同じなのです。変わるのは「チャネル」——すなわち受け手にそれを届ける媒体であり、フォーマットに合わせて内容を調整するだけです。前に指摘した通りそれぞれのチャネルには独自のルールがあります。同じく、現代のインターネットベースのチャネルは幅広い可能性を切り開いていますが、それを活用していくには準備が必要です。

5章では、（全体的なストーリーの一部を構成している）1つのブランドメッセージを、Eメール、オンライン広告、ソーシャルメディア・プロフィールなど現代の効果的なチャネルに合わせて調整する方法を説明しました。**6章**ではコンバージョン目標（サブスクリプション、サインアップ、購入）を達成するために、各チャネルの効果を計測しました。この章ではブランドストーリーの本質を変えずにブランドのコミュニケーションチャネルを切り換える方法を見ていきます。本書ではこの「切り替え」のことを「リチャネル」と呼びます。

ブランドストーリーを伝えるために利用できるチャネルは多数あり混乱を招くこともあります。この章では、リチャネルの成功事例を見ながらその効果的な方法を学んでいくことにします。

9.1 リチャネルとコンバージョン

6章では、さまざまなコミュニケーションチャネルによって、顧客を望ましい行動経路に結びつける方法や、実際に望ましい行動に結びつくことをコンバージョンと呼ぶことについて学びました。

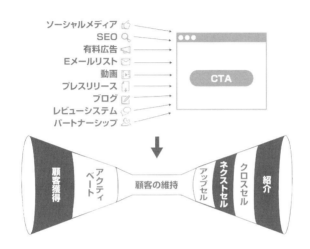

リチャネルでは、既存のコミュニケーションチャネルへのアプローチを変更してコンバージョンを強化しようとするのです。また同じくコンバージョンを強化するために新しい（これまで使用してこなかった）チャネルにも目を向けます。

> リチャネルとは基本的に消費者と共につくり出す世界にブランドが注ぎ込まれる方法を変えることです。

それでは、リチャネルに成功したブランドの事例と継続的な計測から得られた学習に関する教訓を見ていくことにしましょう。

9.1.1 OhMyDisney：同じ魔法、別のコンテンツ

2013年3月、ディズニーはOh My Disneyと呼ばれる新しいブログを立ち上げました。それは、少なくとも、ディズニーから提供されるものとしては、今まで見たことのないものでした[†]。

[†] http://blogs.disney.com/oh-my-disney/

ディズニーは手始めに、インターネットのスラングをカテゴリ名にしてコンテンツを分類しました。Cute、Fun などの一般的な言葉ではなく、Awww、Whoa、Yum などを使ったのです。

コンテンツ面では、ディズニー・インタラクティブチームはミームと GIF アニメーション中心に切り替えました。これらのコンテンツタイプは、30 代に入り始めていた「ミレニアル世代」（2000 年以降に成人を迎えた世代）の心をとらえました。ミレニアル世代はこうした変化によって、大人になってもディズニーのブランドストーリーに関わり続けるチャネルを獲得したわけです。

ディズニーのソーシャルエンゲージメント・ストラテジストのエミリー・ブランドンは、ウォルト・ディズニー・カンパニーのブログに掲載されたインタビューで次のように述べています。

> 私たちはオーディエンスを常に念頭に置いてコンテンツを開発しています。オーディエンスの反応に常に目を向け、彼らが好きなものをより多く、**予想外の方法で与えるために戦略を軌道修正しているのです**。こうすることで

オーディエンスの参加を促進できることが証明されています[†]。

ディズニーのブランドストーリーは基本的に不変ですが「大人になった」ユーザーペルソナに応えるためにコンテンツは新しいチャネルに適応させたのです。ミレニアル世代は Tumblr の愉快な GIF アニメーションや新興メディア Buzzfeed の軽妙なリストを見て楽しむようになっていました。ディズニーはこの機会を捉えて Oh My Disney を開設し、新たなコンテンツ戦略によってブランドストーリーをリチャネルしたのです。

成功へのヒント

ディズニーは継続的な計測によって、ユーザーペルソナが変化したことを理解していました。子供たちだけでなく、かつて子供だったミレニアル世代の大人の男女をもターゲットにしなければならないことに気づいたのです。それによって、ディズニーはこの世代の興味と願望に合った新たなブランドコミュニケーションチャネルをオープンすることに成功しました。あなたは最近、変化するオーディエンスに対応するためブランドメッセージをリチャネルしたことがありますか？ オーディエンスが時間の経過とともにどう変化したかを計測し、それに応じて戦略的に転換することを検討していますか？

新たなチャネルに移行する前に、次の点を確認しておくようにしましょう。

- このチャネルではどのような表現やトーンが使われているか？

- この新しいチャネルの可能性に合わせるためにブランドメッセージをどう調整できるか？

- このチャネルのオーディエンスのタイプは？ 人口統計学的な特徴は？

- 新しいチャネルの最初のトラフィックをどう生じさせるか？

- 競合／代替ブランドはいるか？ これらのブランドは今何をしているか？

- 競合／代替ブランドがチャネル内に存在しない場合は、対象オーディエンスをターゲットにしている他ブランドに注目すること。これらのブランドは今

[†] Mariam Sughayer, "Disney Interactive Takes Next Steps in Social Media with Expanded Blog Network and Oh My Disney Editorial Site," The Walt Disney Company blog, April 10, 2013, http://bit.ly/1pewfsX

何をしているか？

- 既存チャネルでの結びつきを維持しながら、いかにして新しいチャネルをブランドのフォロワーにとって魅力的なものにし、参加を呼びかけることができるか？このチャネルのコンテンツを、あなたの別チャネルのコンテンツと差別化するものは何か？

9.1.2　J.Crew：Pinteresting カタログへの移行

2013年8月、ファッション小売りのJ.Crewが「セプテンバースタイルガイドを、誰よりも早く覗いてみる？」というツイートを公開しました。

J.Crewは1983年にカタログの郵送を始めました[†]。写真共有サイトのPinterestがサービスを開始したのは2011年です。この28年間に数え切れないほどのコミュニケーションチャネルが登場しました。J.Crewがブランド構築に利用したものだけでも雑誌広告、テレビコマーシャル、戦略的に設計した店舗、エンドースメント、カタログなど多岐にわたります。J.CrewのブランドストーリーはPinterestが構想されるはるか前からそのポジションを築いていました。なぜ、新興のソーシャルネットワークが巨大な小売業者の目に留まったのでしょう？

28年という年月は、ブランドが一貫したポジションを構築するためには十分な時間です。しかしまた、そのターゲットのユーザーが変化するにも十分な時間でもあるのです。それだけの年月が経過すれば、ユーザーのニーズや願望も進化します。商品

[†] http://www.jcrew.com/help/about_jcrew.jsp

の選択や購入の方法、誰かにそれを伝える方法も変わります。こうした消費者の行動の変化に伴い、J.Crewはそこにリーチする新しいチャネルとしてPinterestを活用したのです。

2013年8月、J.Crewは初めてPinterestのボード上に「セプテンバースタイルガイド」の全体をアップロードしました。55点の幅広いラインナップの衣類がオンラインのブランドフォロワー向けに公開されたのです。消費者にとって、J.Crewの新コレクションを見るための最初のチャンスは、28年の間ずっと印刷カタログでした。2013年8月以来J.Crewはインターネットでコメントし、「いいね！」を押し、共有し、そして製品を購入する大勢のフォロワーに向けて、新コレクションをピンボード上に公開しています。

2014年夏の時点で、Pinterest（pinterest.com/jcrew/）のJ.Crewのフォロワーは15万人を超えています。

成功へのヒント

J.Crewは、コンバージョンのパワーを増幅するため、まったく新しいソーシャルメディアのチャネルに既存のブランド資産（カタログ）を適応させました。そのためPinterestで用いられている「ピン」のダイナミクスに合わせてカタログのフォーマットを調整しなければなりませんでした。あなたはターゲットオーディエンスのいる新しいチャネルに向けて、どの既存のブランドシンボルを調整できますか？ 魅力的な新しいブランドコミュニケーションチャネルに適応できる文書や画像、他のマルチメディアアセットはありますか？

268 | 9章　ブランドのリチャネル

以下の表に示す、さまざまなコミュニケーションチャネルにブランド資産／イベントを適応させた例を参考にしてみましょう。

資産／イベント	製品カタログ
オフライン	印刷カタログ
Web サイト	オンラインストア（ショッピングカート付き）
ブログ	埋め込み型のインタラクティブな PDF ファイル（オンラインストアの各製品へのリンク付き）
Twitter	インタラクティブな PDF ファイルやオンラインストアの各製品へのリンク
Facebook	フォトアルバム（カタログ内の製品の写真、Web サイトへのリンク）
Pinterest	専用ボード（特定のカタログやシーズン内の製品のみをリスト）
Instagram	購入可能な場所を示す製品のショット、印刷カタログ画像のスチール写真
資産／イベント	新製品のローンチ
オフライン	レセプション
Web サイト	トップページでの新製品のアピール
ブログ	新製品のメイン機能を概説するブログ記事の投稿。シンプルだが効果的な説明動画の埋め込み。
Twitter	ブログ記事へのリンク、ローンチ記念イベントの参加者用のハッシュタグ。イベント参加者とのやり取り（リツイートやリプライ）。
Facebook	ブログ記事へのリンク、オフラインのレセプション用の Facebook イベント、説明動画へのリンク、新製品のメイン機能の使用例を紹介するフォトアルバム。製品の写真と、問題を解決するために実際に製品を使用する顧客の写真を混ぜ合わせる。
Pinterest	ユーザーが新製品を使って達成したものを示す写真のみを掲載するボード
Instagram	オフラインイベントを撮影した記憶に残るショット 1 点。問題を解決するために実際に製品を使用している顧客の写真。この顧客が Instagram のアカウントを持っている場合は必ずメンションすること。説明動画は 3 ～ 15 秒の長さに短くして共有する。
資産／イベント	メディア掲載
オフライン	記事をクリップ／印刷して貼り出したりチームのために保管したりする。小売スペースがある場合は最近報道された記事を掲示して消費者の信頼を高めるのに使う。
Web サイト	新しい記事をアップロードして、メディアセクションを更新する。
ブログ	記事の文章を引用し、全文へのリンクを提供する。記事を書いたメディアの Web サイトへのリンクが望ましい。

（続き）

資産／イベント	メディア掲載
Twitter	記事の文章を引用し、全文へのリンクを提供する。その記事を書いた記者やメディアがTwitterアカウントを持っている場合は、必ずメンションすること。
Facebook	記事の文章を引用し、全文へのリンクを提供する。
Pinterest	メディア掲載専用のボードに記事をピンする。
Instagram	雑誌や新聞に掲載された記事を撮影し写真1点を投稿。これができない場合（例：オンラインマガジンへの掲載の場合など）記事のプリントアウトや、デバイス（ノートパソコン、スマートフォン、タブレット）の画面に表示した記事を撮影した写真1点を投稿する。

9.1.3　Groove：ランディングページ騒動

2010年、顧客分析会社のGrooveが最初のランディングページを立ち上げました。それは「1人のユーザーにすらテストすることなく、ともかくページをつくり、セクションをつくってでっちあげたもの」だったと、後に同社の失敗を記録するためのブログを開設した創業者のアレックス・ターンブルは述べています。

後になって振り返ると、実に物事がよく見える。それは、信じられないほどの痛みを伴うことでもある[†]。

ランディングページを立ち上げてから2週間後、アレックスは分析データを見て、Grooveのコンバージョン率が2%未満という悲惨な数字であることを知りました。

しかし、それはデザインだけの問題ではなくポジショニングでも苦しんでいました。私たちは自社についての2つの機能をアピールし、単なるカスタマーサポート企業だけでなく、サポート製品スイートを提供する「製品会社」としても自分をポジショニングできると過信していたのです。そのためメッセージが散漫になりサイトの訪問者は混乱しました。私たちがどのような会社なのかがわかりにくかったからです。

このままひどいコンバージョン率が続くなら倒産してしまうと自覚し難しい決断を迫られました。指標と訪問者の行動を見る限り、混乱を脱出する唯一の方法は5ヵ月もかけて構築したWebサイト（とその多額の費用）を捨て

[†]　Alex Turnbull, "3 Early Fails That Nearly Killed Our Startup," Groove blog, October 10, 2013, http://groovehq.com/blog/early-fails

てでも初めからやり直すことでした。

私たちはプライドをかなぐり捨ててヘルプデスク・プラットフォームの利点だけに**特化**した、たった3ページ（ランディング、**価格**、サインアップ）のサイトをつくりました。もちろんライブチャット**機能**などはなく補助的な**機能**もありません。サイトの**構築**には3日しかかかりませんでした。

これによりコンバージョンが一晩で3倍に増えました。

メッセージが多すぎると訪問者は混乱してしまう。

シンプルは常に正しい。

成功へのヒント

Groove はオーディエンスの共感を得られなかったブランドのポジショニングで苦しんでいました。同社はメッセージが正確で魅力的と考えていましたが訪問者は混乱していました。Groove はランディングページの2つのバージョンのパフォーマンスを比較テストすることで、コミュニケーション戦略でどこが失敗しているかを正確に特定できたのです。ランディングページのコンバージョン率を計測するとき失敗を恐れてはいけません。恐れるべきは近視眼的になることです。

ブランドコミュニケーションチャネルにおけるコンバージョンの有効性は継続的に計測し、常に最新の状況を反映するものに調整しなければなりません。各チャネル向けに設計している戦略は紙の上では良く見えるかもしれませんがパフォーマンスを最適化するためには継続的な計測が不可欠です。

9.2　新しいチャネルに参入する準備はできていますか？

新たなコミュニケーションチャネルを使用してオーディエンスを獲得する準備として、そのスペースが提供する機会と課題を検討しましょう。このチャネルではどんな会話が生じているのか、そのチャネルの利用に成功している他のブランドの行動はどんなものかを分析します。

以下のワークシートに新たなコミュニケーションチャネルに参入する際に必ず検討しておかなければならない質問を示します。

9.3　新しいチャネルへの参入を決意しました──それから？

未知のチャネルを使ってブランドストーリーを共有するのは簡単ではありませんが、明確な証拠に基づいて新チャネルへの参入を妥当と判断したなら、移行のためのさまざまな戦術が利用できます。手始めに使用できるいくつかを紹介します。

- 顧客に新しいチャネルの利用を促す無料サンプル／報酬キャンペーンを立ち上げる。

- 新チャネルでのブランドのプレゼンスを発表するプレスリリースを発行する。

- オンライン／オフラインのリンクを再設定して、新チャネルの存在を反映する（名刺、ランディングページ、Web サイト、ソーシャルネットワーキングサイト、E メールの署名など）。

- そのチャネルを支配している個人や企業とコラボレーションする。双方のブランドに利益をもたらすパートナーシップを構築する（ブランドパートナーシップの詳細については**5章**を参照）

新規チャネルの準備

チャネル名	
ローンチ戦略 この業界の競合ブランドはどのように このチャネルでプレゼンスをローンチしたか?	
概算リーチ このチャネルにはどれだけの視聴者/読者/ リスナー/ユーザーがいるか?	
メディアタイプ このチャネルで可能な/好まれている メディアタイプは何か?　イメージ、動画、テキスト?	
制約 このチャネルの主な欠点は何か? このチャネルで実現できないことはあるか?	
利点 このチャネルではできて、他のチャネルでは できないことは何か?	
頻度 このチャネルではどれくらいの頻度でブランドの コンテンツを公開すべきか?	
成功事例 このチャネルで成功を収めているブランドの名前と、 そのベストプラクティス	
競合 このチャネルで動向に注意すべき競合ブランドはどれか?	
パートナー このチャネルにパートナーは存在するか? 注目すべきパートナーの名前を列挙する。	
分析ツール このチャネルでのパフォーマンスやコンバージョンを 追跡するために使用できる分析ツールは?	
コンバージョン目標 このチャネルにより顧客に臨む行動は?	
主なトピック このチャネルを使って伝達したい最重要トピックを定義する。	
関連指標 どの指標がこのチャネルに関連しているか? コンバージョン目標に関連しているのは?	

www.leanbranding.com

9.4 まとめ

リチャネルとは、変化する市場の状況を反映するためブランドコミュニケーションのチャネルを切り換えることです。この章では、変化するオーディエンスにリーチするために新たなチャネルを活用した3つのブランドの例を紹介しました。

ディズニーは本質的にブランドストーリーを同じに保ちながら「大人になった」ユーザーペルソナを対象にした新チャネル Oh My Disney に合わせてコンテンツを適応させました。

消費者の行動の変化に気づいた J.Crew は、これらの消費者にリーチするための新しいチャネルとして Pinterest を活用しました。2013年8月、同社は初めて Pinterest のボードに September Style Guide の内容をすべてアップロードしました。

ランディングページを公開してから2週間後、Groove は分析データを見てコンバージョン率が 2% 未満であることがわかったため軌道修正し、当初よりはるかにシンプルな3ページのランディングサイトを構築した結果、コンバージョン率は、一晩で3倍に増加しました。

10章
ブランドのリポジショニング

　3章では、ブランドストーリーを構築する方法を、**7章**では、コンバージョン目標の達成におけるブランドストーリー要素の効果の計測手法を学びました。**10章**では、製品の市場投入後に時々刻々変わる状況を反映するためストーリーを絶えず修正する方法を学びます。リポジショニングは、ブランドの当初のポジションを、顧客から見た市場におけるブランドの現実の位置に移動させることです。

　現代は、ブランドを顧客と共に作る時代です。私たちは、独りで歌をうたっているわけではないのです。ブランドは消費者の認識の結果なのであって、私たちには、ブランドの実際のポジションをコントロールすることはできませんが、オーディエンスと共鳴するブランドストーリーを伝えて働きかけることはできます。共鳴とはブランドメッセージが消費者の願望と結びつくことであり、それが7章の中心トピックでした。ブランドのポジショニングとは、あなたが発信したメッセージと市場によるメッセージの解釈とが擦りあわせられた成果と言えます。

　「健康的な製品」というポジションを目指して飲料を販売する会社が多額の広告費を投入していたとしても、ニュースや競合企業が「その飲料は従来考えられていたほど健康でない」という研究結果を公表してしまうと、その会社は、現実と適合するようにストーリーを調整しなければならなくなります。

　「地球最大の書店」というポジショニングでスタートしたeコマースサイトについて考えてみましょう。時間と共に、このサイトは本以外のさまざまな商品を購入する消費者を惹きつけます。顧客が音楽や映画、アパレル、そしてあらゆるカテゴリの製品を注文するようになりました。このeコマースのブランドは、変化し続ける消費者の認識と、戦略的な収益源の方向修正の両方を反映するために、ブランドストーリーをリポジショニングしなければなりません。この元書店、現在はeコマースの一大帝

国になったブランドは、Amazon に他なりません。次のセクションでは、Amazon のリーンブランディグのケーススタディを紹介します。

10.1　リポジショニングと調査の力

私が 16 歳のとき通っていた高校で、500 人の生徒を対象にした調査を実施しました。学校のブランドストーリーが正しく語られているか気になってしかたなかったのです（私というティーンエイジャーが、本格的なブランド調査をやりたいと思ったのは「いつかブランドマネージャーになりたい」と思っていたからです。みなさんのなかにも 10 代にそうした夢想をしたことがある人はいますよね？）

500 人の高校生に、学校への愛校心から、カフェテリアのサービスに至るまでの、大量の質問に回答してもらった後、経験豊富な校長先生に「あなたのやり方は、全部間違っていますよ」ということを婉曲に伝えるのには苦心したものです。

私が学んだのは、「調査は疑問を克服する」ということです。調査は、「疑う余地のない証拠」という事実の下に、全員を結束させることができるのです。調査は明晰さのカギです——スタートアップや企業、さらには人生そのものにおけるカギなのです。

私はこれまで、ブランドストーリーについて間違っていると思っていることをチームメンバーや上司に説得できず苦しんでいる起業家や、イントラプレナー（企業のなかで影響力を発揮したがるという特殊な人種）と大勢話をしてきました。この「何かが間違っている」という考えが、あなたの勘だけに基づいているなら、まわりを説得できなくて当然です。ブランド（または他の種類）を修正させるための、最良の方法

は、調査に基づいて話を進めることです。

　ブランドストーリーのイテレーションをするための根拠データは、どう見つければよいのでしょうか？ ブランドストーリーは、製品やサービスが市場にもたらす全体としての経験を伝える重要なものです。このストーリーについて、何かを変える場合は実際の消費者のインサイトを十分に考慮しましょう。7章では、以下のブランドストーリーの要素が、コンバージョンをどの程度促しているかを手早く計測する方法について説明しています。

- ポジショニング

- ブランドプロミス

- ペルソナ

- 製品体験

- ブランドパーソナリティ

- 価格

　計測方法を理解するだけでなく、他のブランドがこうした計測からどのように学習し、その学びを反映するために、ブランドストーリーをどうリポジショニングしているかに注目してください。

　では、ブランドストーリーのリポジショニングに成功したブランドの事例と、継続的な計測と調査から得られる学習についての教訓を見ていくことにしましょう。

10.1.1　Amazon：「本」から「あらゆる物」へ

　「Amazon：地球最大の書店」というキャッチフレーズが使われていた時代は、遙か彼方に過ぎ去ってしまいましたが、私たちは同社が、収益源や顧客のニーズに合わせてブランドストーリーをリポジショニングした経緯から多くを学ぶことができます。

Amazon.com は 1995 年 7 月にサービスを開始しました。この小売業界の巨人の Web サイトが、当時どのようなものだったかを見てみましょう[†]。

[†] http://g-images.amazon.com/images/G/01/banners/upf/amzn-original-gateway.gif

Amazon のオリジナルのブランドプロミスである One million titles, consistently low prices（百万タイトル、徹底した低価格）は、当時のビジネスモデルに適したものでした。南米のアマゾン川にちなんだブランド名は、さまざまな面で理想的だったのです。

アン・バイヤーズは、その著書"Jeff Bezos: The Founder of Amazon.com"のなかで、アマゾンの CEO ジェフ・ベゾスが社名を Amazon にしたのは、エキゾチックで、変わっていて、巨大という、新しいベンチャー企業が目指すものを体現しているからだと説明しています[†]（面白い事実もあります。当時、ドメイン名はアルファベット順にソートされてオンラインディレクトリに表示されていました。このため、ベゾスは辞書の A の項目から、社名のアイデアを探し始めたということです）。

実際、ジェフ・ベゾスはブランド名の重要性について、Inc.com 社に持論を語っています。

> **我々のビジネスモデルには、長期的に模倣するのが不可能なものは何もない。だがマクドナルドも、競合にずっと模倣されながら、依然として数十億ドル規模の巨大企業として君臨しているじゃないか。その大きな要因はブランド名だ。リアルと比して、ブランド名は、オンラインではより大切なんだ[‡]。**

Amazon のビジネスモデルは、時間が経つにつれて新たな消費者ニーズに適応してシフトし、想像しうる限りのあらゆる製品を売り始めました。いまでは芸術品の現物から、簡単にダウンロードできるデジタルコンテンツまで、実に多様な商品を取り扱っています。最初の「地球最大の書店」というキャッチフレーズや、「百万タイトル、徹底した低価格」というブランドプロミスが、もはや有効でないことは明らかです。

2000 年 1 月 25 日、Amazon は新たなブランドアイデンティティとポジショニングを発表しました。それは顧客が Amazon.com に期待するようになったもの、すなわち「素晴らしいショッピング体験と、世界最大の品揃え」を適切に伝えるものでした[§]。「地球最大の書店」から「地球最大の品揃え」に慎重に移行したことに注目してください。このブランドストーリーの修正は、イテレーションをすることが、必ずしも一貫性を脅かさないことを示しているのです。同社のポジショニング変化はアイデ

[†] Ann Byers, Jeff Bezos: The Founder of Amazon.com (New York: Rosen Publishing Group, 2006), 46.

[‡] Jeffrey L. Seglin, "Hot Strategy: 'Be Unprofitable for a Long Time,'" Inc.com, September 1, 1997, http://www.inc.com/magazine/19970901/1314.html

[§] http://phx.corporate-ir.net/phoenix.zhtml?c=97664&p=irol-newsArticle&ID=70550

ンティティを再デザインすることによって補完されたのです。

> 我々は、新しいロゴは幸福感を醸しだし、新鮮かつユニークで、長い時間を
> かければ世界の偉大なコンシューマー・マークに加わる可能性を秘めている
> と信じている。

成功へのヒント

　ブランドストーリーは、初めて店を開いた日からズレ始める可能性があるものです。最初は適切と思えたポジショニング戦略も、現在の製品には適さなくなることもあるでしょう。最初は説得力があったブランドプロミスも、ターゲットオーディエンスの共鳴を得られなくなることがあります。あなたは変わり、顧客も変わり、あらゆるものが変わるのです。新たなチャンスが得られる分野にビジネスモデルを方向転換する度に、ブランドをリポジショニングしましょう。

　ただしブランドのポジショニングは、顧客との継続的な対話の結果であることを忘れないようにしましょう。**7** 章で説明した計測のテクニックをつかって、その計測結果に応じてブランドのポジショニングを調整するのです。

10.1.2　ブランド拡張について

　あなたも、ブランド拡張の成功を目の当たりにしたことがあるはずです。パンケーキミックスのブランド Aunt Jemima が、メイプルシロップを販売し始めたときや、Colgate が、歯磨き粉だけではなく、歯ブラシを売り始めたときのように。これらは、既存領域から新たなチャンスが期待できる領域への、論理的かつ市場主導の移行でした。ブランド拡張とは、簡単に言えば、新たな製品カテゴリに移行し市場におけるブランドストーリーを再構成することです。

　ブランド拡張は、ブランドがストーリーを再構成して、より広いオーディエンスにアピールする方法ですが、この一見魅力的な戦略も慎重に取り扱わなければなりません。まず、市場に新製品に対しての「本物」の欲求があるという確かな情報に基づいて、既存の製品から「自然に」拡張するのでなければなりません。消費者は、それが既存の製品構成の他のアイテムと同じようにブランディングされても、その新しいアイテムを購入したいという気持ちになるでしょうか？ このブランドを、このスペースで、この特定の市場で、このタイミングで拡張することが本当に妥当なのでしょうか？ これらの新製品を表すブランドを使うことで既存の製品のブランドが傷つくことはな

いでしょうか？

　ブランド拡張の失敗例は枚挙にいとまがありません。日用製品メーカーであるはずの Colgate が、冷凍食品を売り出したケースや、食品メーカーの Frito Lay がレモネードを販売したケース、筆記具メーカーの Bic が下着を、チーズ味のお菓子ブランド Cheetos がリップクリームを、キャンディブランドの Life Savers がソーダを売り出したケース。あなたは誰かと会う日に、脂っこい「あの」チートス味のリップクリームを唇に塗りたいと思うでしょうか？　甘い飲み物が好きだとしても「あの」Life Savers のキャンディと同じデザインのボトルから、炭酸飲料を飲みたいと思うでしょうか？　消費者はこれらの仮説通りには反応しませんでした。この本を通して私たちが学んできたのは「仮説は検証されない限り危険」ということでしたね。

　ブランド拡張が成功すれば、確かに収益性の高い新たな市場に参入することができますが、既存顧客を混乱させ、ブランドが提供する全体的な価値に疑問を生じさせることにもつながってしまうことを忘れないで下さい。

10.1.3　新たな製品機能の導入：手段—目的分析

　多くの消費者の願望を満たす、新たな製品機能を導入することで、ブランドストーリーが変化することがあります。願望が何かについてはすでに説明しました。それは消費者を、「なりたい自分」へと連れて行くことで、製品という物理的な存在を超えて購入を促す根本的な動機のことです。

　新たな製品機能を導入する際は、それが消費者にもたらす真のメリットが何かをあらためて確認することが大事です。この真のメリットは、消費者の心の奥底にあって一度尋ねただけでは、たどり着けません。例えばあなたは、この本を購入した根本的な理由を尋ねられたとき、すぐにはっきり述べることができますか？

　顧客の根本的な動機を明らかにするために「手段—目的分析」という手法を用いることができます[†]。難しそうな響きがありますが「製品購入における顧客の核となる動機を掘り出すために何度も質問を繰り返す」というだけです。まず、ある1つの製品機能について、消費者に「この機能はあなたにどんなメリットをもたらしますか？」と尋ねます。次に、顧客が答えたメリットについて、「それ（メリット）は、あなたにどのようなメリットをもたらしますか？」とさらに質問を繰り返すのです。同じようにして、メリットのさらに奥底にあるメリットを探り当てていくわけです。

[†]　Jonathan Gutman (1981), "A means-end model for facilitating analysis of product markets based on consumer judgment," Advances in Consumer Research, 8, 116-211.

この本を購入した、あなたの動機に戻りましょう。この本はあなたに、どのようなメリットを提供してくれるのですか？ その答えを、さらに掘り下げていきます。そのメリットは、あなたにどんなメリットをもたらしてくれるのですか？ 複数の顧客の間に共通のパターンが見つかるまで、この質問を4、5回繰り返しましょう[†]。そしてブランドの新たな製品体験を伝えるために、これらの根底にある動機を活用します。手段―目的分析を使えば、顧客にとって本当に重要な価値を伝えられるようになります。

調査は
疑問を克服する。

調査は、疑う余地のない証拠を
中心にして全員を結束させる。

調査は、
スタートアップにとっても、
さらには人生そのものにおいても、
明晰さのカギになる。

10.1.4 MogulusからLivestreamへ：ブランド名のパワー

2007年、ライブ動画配信サイトのMogulusがサービスを開始しました。Mogulusは、mogul（重要人物）とus（私たち）を組み合わせた造語で、私たち一般人にライブ動画配信へのアクセスができるようにすること、このプラットフォームのブランドプロミスである「誰でもメディアの王になれる」を体現することなどの意味が込められていました[‡]。

2008年までに、Mogulusは順調に業績を上げ、USTREAMやJustin TV、さらに

[†] この手法は「ラダリング」としても知られています。詳細はReynolds & Gutmanによる1988年の次の記事をお読みください。"Laddering Theory, Method, Analysis, and Interpretation." Journal of Advertising Research 28, 1, 11-31.

[‡] MG Siegler, "Mogulus Rebrands with a Killer Domain: Livestream.com," TechCrunch, May 18, 2009, http://bit.ly/1peAFQs

はライブ動画ストリーミングサービスを予定していた YouTube などの競合に対抗するために、大胆な投資を行いました。Mogulus は Web カメラとインターネット接続環境さえあれば、誰でもライブ動画配信をホストできるサービスを提供しました。mogul という言葉には、「特に映画やメディア業界での重要人物」という意味があるのでこの名前は意味を成しているように思えたのですが、実はそうではありませんでした。消費者にとっては抽象的すぎたのです。

　Mogulus のチームは顧客ベースを調べ、「誰でもメディアの王になれる」というコンセプトに当てはまる顧客層であるブロガーたちも、実はライブ動画を配信する道具を持っていないことに気づきました。一方、イベントの主催者は Mogulus を使って積極的にライブ放送をストリーミングし始めていました。Mogulus の CEO マックス・ハオットは Inc.com のインタビューで、サイトがトラクションを獲得し始めた頃、共同創業者たちと話し合って、もっと具体的で説明的な名前にブランド名を変えようとしたと語っています。

> 土曜日の朝、目覚めたときはっきりとわかったんです。何だと思いますか？
> 私はもう、Mogulus の CEO ではいたくなかったんです。私はもっと人々の
> 心に印象を残すような、自分が正しいと感じるブランドの CEO でいたいと
> 思いました。そこで私たちは「ブランド名をもっと説明的にしよう」という
> 意見を採用することにしたのです[†]。

　ハオットたちは、Mogulus のコアバリューに合った説明的な名前の候補をいくつか検討した後、ブランド名を Livestream に変えることにし、この名称はいまも使われ続けています。しかし、当時このような説明的なドメイン名を確保するのは簡単ではありませんでした。

　2009 年に Mogulus は 10 万ドルも払って、Livestream.com のドメインを取得しましたが、共同創業者のマックス・ハオットはそれが彼の人生の「最良のマーケティング投資」だと語りました。TechCrunch は、「Mogulus がキラードメインにブランド名を変更：Livestream.com」と報じました。

[†]　Andrew MacLean, "Your Start-up Name Matters (A Lot)," Inc.com, January 29, 2013, http://www.inc.com/max-haot.html?nav=pop.

成功へのヒント

今は、ブランド名を変えるのによいタイミングですか？ ブランドを新しい名前に変えるのは、Livestream が Mogulus から生まれたのと同じように、直感だけではなく、顧客発見に基づいていることが大前提です。ブランド名が誤った連想や混乱を生じさせていると気づいたら、変更の理由を文書化し、可能ならプレスリリースを作成してそれを伝達しましょう。Livestream の創業者はブランド名を変更した経緯をオープンにし、その決定の正当性を訴える適切なコンテキストを提供しました。

ときにはブランド名の変更に基づいて、メディア向けのストーリーを作り上げることが既存顧客の移行や新規顧客のコンバージョンを促進する場合もあります。

10.2　リポジショニングの賢い方法：消費者学習の活用

新しいブランドプロミス、製品体験、ポジショニング、価格、ブランドパーソナリティなど、私たちがブランドストーリーに新たな内容を導入するときは、それを消費者にしっかり伝えなければなりません。何かが変更されたということを、記憶に残る形で知らせなければならないのです。この「記憶に残る知識」は、「消費者学習」というプロセスの結果として生じます。

ホーキンスとマザーズボーは、この学習を、より強力かつ効果的に行うことができるいくつかの要因について概説しています[†]。ブランドの新しいポジショニングを導入する際には、これらを適用することを検討しましょう。

メッセージへの関心

新しく何かを学ぼうとする意欲のない消費者に対処しなければならないこともあります。創造性が求められるのはこのときです。消費者が学習しようと動機付けられていまいと、真に魅力的なメッセージがあれば、ストーリーを伝達できることがあります。一見すると魅力的ではない製品でも、人を学習しようという気にさせる面白い広告の数々を思い浮かべてみましょう。メッセージへの関心を増加させ、消費者学習を刺激する方法を紹介します。

- ポジショニングの変化を説明する口コミで広がりやすい動画を作る。
- オーディエンスの注目を集められる、製品を宣伝する有名人を探す。
- ブランドの新たな方向性を伝えることができる創造的で一際目立つ宣伝を計

[†]　Delbert I. Hawkins and David L. Mothersbaugh, Consumer Behavior: Building Marketing Strategy, 11th ed. (New York: McGraw Hill, 2011).

画する。

気分

ブランドメッセージには私たちを幸せにさせるものがあります。それだけでブランドのまわりに留まり、耳を傾けたくなるものもあります。気持ちを高揚させるブランド広告につい見入ってしまったことはありませんか？ メッセージが生じさせる気分を高める戦術がいくつかあります。

- オーディエンスが自分自身やまわりの世界について気持ちよさを感じるような、インスピレーション溢れるコンテンツを作成する。
- ユーモアを使って、新しいブランドメッセージを肯定的な感情と関連付ける。

強化

「強化」とは、誰かがそれを理解してくれたときにポジティブな報酬を与えてメッセージを強く伝達することを意味します。これは子供の頃に学校で新しい何かを覚えたときのことを思い出してみればよくわかるはずです。新たに得た知識を実際に使ってみせたとき先生はさまざまなご褒美をくれたはずです。これは、いつの時代でも変わらない「知識を相手の記憶に残す方法」です。あなたの消費者について考えみましょう。ブランドストーリーについて新しい「何か」を学んだ消費者にどんな報酬を与えることができるでしょうか？ いくつかのアイデアを紹介します。

- 顧客に、ブランドが最近ローンチした新しい製品や機能を使った写真を投稿してもらってコンテストを開催する。
- 早期購入者向け割引を提供して、新製品／機能をアピールする。
- ブランドのソーシャルメディアチャネルを使用して、ブランドストーリーの変更を受け入れている顧客に言及し称賛する。

繰り返し

何度も繰り返し見聞きすることで、対象を覚えやすくなることがあります。変更したブランドストーリーを何度も顧客に示すのも顧客がその目新しさを当たり前に受け入れる確率を上げる方法のひとつです。ただし、過剰に繰り返してはいけません。メッセージに飽きた消費者から拒絶されてしまうことがあるからです。

- オンライン広告キャンペーンを設定してユーザーが同じメッセージに複数回さらされるようにします。ユーザーが広告にさらされる回数のことを「頻度

（frequency）」と呼びます。

- 説明動画を作成して主な変更を何度も繰り返します。

デュアルコーディング

同じチャネルで同じメッセージを繰り返すだけでなく複数のチャネルを使って変更を消費者に伝えることもできます。伝達した情報を理解してもらうためには消費者の頭の片隅にその情報を記憶してもらわなければなりません。さまざまな経路（画像、音声、テキストなど）を使うことでメッセージの学習と記憶が容易になります。これはビジネスにとって重要です。これは消費者が将来ブランドを検索／選択することが容易になるということを意味しているからです。デュアルコーディングを進める戦略を紹介します。

- ブログ投稿と短編動画を使って、新しいブランドストーリーを公開する。ブログではテキスト、動画では視覚的イメージを中心にして、メッセージを伝えます。

- 音声のみでメッセージを伝えるラジオ広告（またはオンラインラジオ広告）と、同じメッセージを視覚に伝える広告キャンペーンを作成して同時並行的に展開する。

10.3　ブランドストーリーの変更を決定した ——次にすべきことは？

既存のものに慣れているオーディエンスに向かって、ブランドストーリーの新たな内容を追加で訴求するのは簡単ではありません。それは「慣れ親しんだブランド要素の外に踏み出す」体験であり、それこそがリポジショニングなのです。ブランドの名前、プロミス、ポジショニング、パーソナリティ、価格、製品体験を変えることは崖の向こう側にジャンプするような感覚がありますが、その決定が厳密（かつ迅速）な消費者調査の結果に裏付けられているなら、思い切ってジャンプして問題を修正すべき時と言えるのです。

以下はこれらの変更をする際に役立つヒントです。

- 顧客があなたのビジネスの新たな領域のサンプルを体験できるコンテストを企画する。

- 製品体験の移行を容易にするためのチュートリアルを作成する。グラフィッ

クス、動画、テキストなどを組み合わせて、消費者の学習を促す。

- 製品体験の変更に関する具体的な質問に答えるために、専用のカスタマーサービス（電話、Eメール、ライブチャット）を提供する。

- 価格方針の変更とそれが顧客にもたらす利益について説明するブログ記事を書く。

- 新しいブランドプロミスと製品やサービスが顧客経験にもたらす影響を説明する短くて観る者を引き込む動画を作成する。特に新しいブランドプロミスがオーディエンスの願望の実現とどう結びついているかに注目する。動画の作成方法の詳細については、**5章**を参照のこと。

- ブランド名の変更を決定したら、新しいアイデンティティをすべてのコミュニケーションチャネルで展開することを確認する。ブランド名を変更した場合には、必ず視覚的アイデンティティも変更する。**11章**では、この種の変更を効果的に共有するためのさまざまなアイデアを紹介します。

10.4　まとめ

　この章では、現実の市場の変化に応じてブランドストーリーを修正する方法について説明してきました。ブランドストーリーは製品やサービスが市場にもたらす全体としての体験を伝えるものなので、そのストーリーに変更を加える場合は実際の消費者のインサイトに基づいて判断すべきです。調査は疑問を克服します。調査は、疑う余地のない証拠を中心にして全員を結束させることができるのです。調査は、明晰さのカギです——それは、スタートアップや企業、さらには人生そのものにおけるカギなのです。

　継続的な計測に基づいてダイナミックなブランドストーリーを再構築する有効性を理解するためAmazonとLivestreamの例を紹介しました。

　2000年1月25日、Amazonは新しいブランドアイデンティティとポジショニングを発表しました。それは顧客がAmazon.comに期待するようになったもの、すなわち「素晴らしいショッピング体験と世界最大の品揃え」を適切に伝えるものでした。Amazonは「地球最大の書店」から、「地球最大の品揃え」へと慎重に移行しました。このブランドストーリーの転換は、イテレーションが必ずしも一貫性を脅かさない好例なのです。

Mogulus のチームは顧客ベースを調べ、「誰でもメディアの王になれる」という概念に当てはまる顧客層であるブロガーたちが、実はライブ動画を配信する道具を持っていないことに気づいた CEO のマックス・ハオットと共同創業者は、ブランド名を「Livestream」に変えることに決定し、この名称は現在も使われ続けているのです。

11章
ブランドの再デザイン

> ときに、あなたは勝つ。ときに、あなたは負けるを学ぶ。
> ──ジョン・C・マクスウェル

　ブランドも、ヘアカットをします。人間と同じようにイメージチェンジが上手くいくこともあれば、失敗することもあります。ときには、真冬にひげを剃ったり、髪をカットしたりするようなタイミングの悪いものになることだってあります。でも、**8章**で述べたように、実際の顧客から得たデータに基づいて、再デザインの決定をするなら、たいていの失敗は防げます。ただし、この失敗が避けられない場合は、失敗したヘアカットのようにあなたにつきまとってくるのです。そんなときは、この言葉を自分に言い聞かせましょう。

**　この本は、あなたの見た目をよくする本ではありません。実際はそうなると
しても。**

　ビジネススクールで学んでいたとき、私は書類鞄や荷物を抱えながら、「管理会計」の試験から、「タイポグラフィ入門」の講義へと、忙しく走り回るようにして学んでいました。そして、デザインを軽視する（しかし、実際にはデザインに大きく影響されている）、あらゆる種類のビジネスパーソンにも会ってきました。自分の作品や、内なる創造的な宇宙に酔っている芸術家にも会いました。

　そして私はデザイナーに会い、すぐに恋に落ちました。なぜでしょうか。

　デザイナーは、批判されることに慣れています。批判に耐えられるだけではなく、むしろ批判を探しています。イテレーションの価値を心から信じ、自らの仕事を修正することも厭いません。シンプルさを受け入れ、自分自身の創造としてではなく、要件に基づいて美しさをつくり出しています。デザインの教育は、仮説にとらわれないこと、いったんつくった物を捨てる勇気を持つことを教えているのです。このような話をしたのは、あなたがデザインとビジネスの間のギャップを埋める段階にたどり着

いたからです。リーン・ブランディングにおける私の目標は、ブランドの成功に向けて、会社を一致団結させることなのです。

この章ではこれまで学んだことを一歩推し進めて、捨てるべきものを捨てる勇気と、残すべきものを見つける頭脳が得られるようにします。ブランドの視覚的アイデンティティの再デザインに関わるトレードオフについて検討し、これを成功させた企業の例を観ていきます。以降のページでは、4章で学んだ視覚的シンボルについての理解と、8章で学んだテスト技法を活用する方法を紹介します。

11.1 一貫性：機会費用

一貫性の重要性については説明済みですね。ブランドの修正は、できるだけ顧客にとって摩擦のないものにしなければなりません。それは視覚的シンボルでも同じことです。あなたが過去に使ってきた、あらゆるブランド資産（ロゴ、イメージ、カラーパレット、タイポグラフィなど）は、消費者の心に、意味のある連想性を形成しています。

この連想性が強いために、一般的な視覚的シンボルを見ただけで特定のブランドが頭に浮かんでくることもあります。以下のシンボルを見て、どのようなブランドのことを考えたでしょうか？

頭の中で、色やタイポグラフィを付け足さなくても、ブランド（Target、Nike、Lacoste）が浮かんできたのではないでしょうか？こうしたシンボルが想起する連想性の強さがあることこそ、ブランドを再デザインするときに、一貫性を十分に考慮しなければならない理由です。ブランドシンボルを変更する可能性がでてきたときは、次のことを検討しましょう。

視覚的シンボルの変更で生ずるコストは、新たなブランドの視覚的アイデンティティの導入で生じるメリットよりも大きくないか？

11.3　視覚的アイデンティティの変更によって生じる一般的なメリット | **291**

　答えがイエスなら、いったん立ち止まりましょう。それはイメージチェンジに相応しい時期ではないかもしれないからです。答えがノーで、変更するメリットがコストよりもはるかに大きいなら、じっとしている理由はありません。「コストとメリットのどちらが大きいかわからない」というあなたには、それを知る方法をこれから説明しますのでご安心ください。あなたが **8 章**で実施した調査は、ブランドの視覚的アイデンティティの中で、効果的でないものが何かを示しています。今がそれを修正すべきタイミングかどうか知るためには、コストとメリットを天秤にかける必要があるのです。

11.2　視覚的アイデンティティの変更によって生じる一般的なコスト

　ブランドの視覚的シンボルの再デザインがもたらす、マイナスの影響を考えてみましょう。マイナスの影響の分析では、直接的なコストだけでなく、間接的なコストも含めるべきです。ブランドの再デザインには、あなたの裁量を超える規模の予算が必要ですか？ 新しいロゴに顧客が混乱することで、売上が減るほどの影響が生じますか？

　マイナスの影響の分析で検討すべき一般的なコストには、次のものがあります。

- 新しいビジュアル資産を全チャネルに展開するコスト

- 変更によって既存顧客を失うコスト

- 変更によって潜在顧客を失うコスト

- 変更によってブランドパートナーを失うコスト

11.3　視覚的アイデンティティの変更によって生じる一般的なメリット

　次に、視覚的シンボルの再デザインがもたらすプラスの影響について考えてみましょう。再デザインのプロジェクトを価値あるものにするには、メリットがコストを上回っていなければなりません。新しいブランドイメージを伝達することで、魅力的なユーザー層から共感が得られるでしょうか？ フォントや色使いを変更することで、ユーザーの製品体験は向上するでしょうか？ 新しいロゴデザインは、購入を促した

り、製品への関心を高めたりするでしょうか？

プラスの影響の分析で検討できる、一般的なメリットには、次のようなものがあります。

- 変更による新規顧客の獲得のメリット

- 変化による新規パートナーシップの獲得のメリット

- 変更による新たなメディア露出の獲得のメリット

- 視覚的アイデンティティの変更を必要とするが、まったく新たなユーザー体験の導入することで得られるメリット

11.4　視覚的アイデンティティを方向転換すべきなのが明白な場合

視覚的シンボルを変更すべきという決定が、簡単な場合もあります。大がかりなブランドの再デザインプロジェクトを開始しなければならない状況もあります。例えば企業戦略の方向性が変わったために、会社の新しい現実を反映するには、ブランドの視覚的アイデンティティを変更するしかない、といった場合です。

こうした状況は、例えば以下のような時に生じます。

- ブランドが買収され、大きなブランドの傘下に入ったため、早くそれを反映する必要がある。

- 混乱が生じているために、複数のサブブランドを1つのビジュアルシステムに統一しようとしている。

- 他言語の新市場に参入するため、ブランド名の翻訳の結果としてロゴを変更しなければならない。

- ブランドの視覚的アイデンティティは20年前に作られた。時代遅れの3D、シャドウ、グラデーションなどの効果が使われている（最近のブランドでもこのようなデザインのものは見かけますが）。

私たちのブランドが、規模を問わずに視覚的なイメージチェンジによる恩恵を受け

られるようにするために、ブランドの再デザインの成功例を見てみましょう。

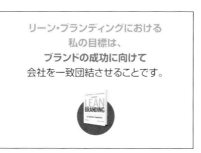

11.4.1　Mall of America：色の役割[†]

次の文章は、2013年5月28日に、Mall of Americaのブログに掲載されたものです。

> 常に新鮮。常にエキサイティング。常に新しい。今週、Mall of America® を訪れた人は、あちこちで、わくわくするような鮮やかな色を目にするはずです。近くに寄ってよく見てください。それは、私たちのブランドの新しいロゴです！[‡]

アメリカ最大級のショッピングモール、Mall of America（MOA）の創業は1992年。このモールを訪れる客が体験するのは、単なるショッピングをはるかに超えるもので

[†] 編注：カラーの新旧ロゴは、https://duffy.com/work/mall-of-america/ をご参照ください。
[‡] Tara Niebeling, "Always New: Introducing the New Mall of America Logo," MOA blog, May 28, 2013, http://bit.ly/1peC7lR

す。MOAでは、年間400以上のイベントが開催されています[†]。年間3,500万人以上の訪問客、全米で400を越える店舗数、アメリカを訪れた観光客にとっての屈指の人気スポットです。MOAはただのショッピングモールではないのです。

このようなダイナミズムと成功を体験しながらも、MOAのブランドの視覚的アイデンティティが20年間も変更されなかったとは、にわかには信じられません。MOAは2013年5月15日、デザイン会社のDuffy & Partners社に依頼した、まったく新しいブランドイメージを展開しました。

成功を収めたこの再デザインについて、Duffy & Partnersは、次のように説明しています。

> このソリューションでは、ワールドクラスのファッションから世界各国の料理、遊園地、趣向を凝らした各種イベントに至るまでの、モールの多様性を表すダイナミングなブランドの言葉が必要でした。大胆で、象徴的で、まぎれもないアメリカの遺産に忠実なこのデザインは、「常に新しい」というMOAのキャッチフレーズを体現するものなのです[‡]。

それまで、MOAのブランドに使われていた有名な星とリボンのシンボルを、形を変えながらも維持することは、必要なイテレーションによって前進しつつ、一貫性を維持するカギでした。

成功へのヒント

計測された結果から、ブランドの視覚的シンボルの変更が必要であることが明らか

[†] http://www.mallofamerica.com/about/moa/overview
[‡] http://www.duffy.com/work/mall-of-america/

になりましたか？ その場合は既存の視覚的アイデンティティ要素のうち、顧客の心に永続的な関連付けを形成しているのがどれかを検討しましょう。ブランドのカギとなるシンボルについて考え、新規性を導入しながら一貫性を維持するために残すべき項目を明確にします。

新しいアイデンティティを導入する際は、新たなビジュアルシステムを、すべてのブランド資産に展開するようにします。

11.4.2　AOL とダイナミックなブランドアイデンティティ

「America Online」として知られる AOL Inc. は、1983 年に設立されました。当初はビデオゲーム向けの通信サービス会社としてスタートし、やがてインターネット接続用のソフトウェアスイートが、主力製品になりました。2014 年の時点では、ビジネスモデルをマスメディア配信にシフトしています。

AOL の歴史は長く、紆余曲折に満ちていますが、なかでも 1 つのエピソードが際立っています。2000 年 1 月、世界が新たな千年紀の始まりを祝っている最中に、タイムワーナーとの合併を発表したのです。Web の帝国を構築し始めていた同社は、従来型のメディア企業を 1650 億ドルで買収してしまったのです[†]。それは、まさに時代（タイム）の変化を象徴していました。

しかし、AOL がブランドアイデンティティの刷新に本格的に取り組み始めたのは、2009 年 12 月にタイムワーナーとの合併を解消すると発表したときのことでした。この刷新は、ロゴデザインの常識を大きく変えるものになりました。

実際は、AOL は新しい視覚的アイデンティティを、合併解消の前から模索していました。同社が「AOL、独立したコンテンツプロバイダーとしての将来のために、新たなブランドアイデンティティを検討中」と題したプレスリリースを発表したのは、同年 11 月 22 日のことでしたが[‡]、12 月には新たな「Aol.」のロゴを確認できました。

[†]　Saul Hansell, "Media Megadeal: The Overview; America Online Agrees to Buy Time Warner for 165 Billion," January 11, 2000, New York Times, http://nyti.ms/1peCfSt

[‡]　"AOL Previews New Brand Identity for Its Future as an Independent Content-Driven Company" (press release, AOL Corp.), January 11, 2009, http://aol.it/1peCBIP

11章 ブランドの再デザイン

> ちょっと待ってよ。つまり AOL は、完璧なユーザー貢献型の、柔軟で形のないロゴをつくったということ？「Aol.」とその文字のまわりを彩る、さまざまなデザインの組み合わせがロゴになっているって？[†]
> ——Fast Company 誌

　その通り。そして AOL は、そのことで私たちが今日「ダイナミックブランディング」と呼ぶものの一翼を担ったのです。ダイナミックブランディングとは、ブランドの視覚的アイデンティティを、静的かつ恒久的なコンポーネントと、それを取り囲む「進化し続けるデザイン要素」の組み合わせで表現することです。

　巨大なメディア企業となった AOL は、長い歴史のなかで、ヒット作と失敗作をいくつも積み重ねてきました。若いユーザーは、このような歴史に詳しくありません。そのため AOL は、製品をユーザーに売り込む際「やあ、私たちは AOL です」ではなく「初めまして」というメッセージが伝わるような新しいアイデンティティを必要としていたのです。

　このプロジェクトを担当したデザイン会社の Wolff Olins は、次のように説明しています。

> 私たちは AOL と協力して、同社のビジネスのための革新的な、新しいブランドプラットフォームを構築しました。このプラットフォームは、破壊的で

[†] Alissa Walker, "Exclusive Interview: Wolff Olins and AOL on Why AOL's New Brand Is from the Future," Fast Company, December 10, 2009, http://bit.ly/1peCFIk

あることを意図しています。理由は単純です。メディアの世界が、今日と昨日とではまったく異なるからです。

この事例の詳細は、http://www.wolffolins.com/work/aol を参照のこと。

成功へのヒント

　ダイナミックブランディングでは、一貫性は基本的なグラフィック要素やルールに適用されるだけで、創造的な自由や適応の余地は多く残されています。この視覚的システムは、根本的に異なるオーディエンスに直面しているブランドや、多様なコンテキストで顧客と相互作用しているブランド、幅広い関心や願望に向けてコミュニケーションしているブランドなどに最適です。

　8章で行なった計測の結果として、ダイナミックなブランドアイデンティティを検討する必要性が明らかになったなら、次のことを考えてみましょう。「視覚的シンボルをダイナミックにしたら、ブランドはどのように見えるか？」、「グラフィック要素のうち、固定するものと、状況に応じて進化させるものはどれにするか？」

11.4.3　The Innovation Warehouse と 漸進的なイテレーションの価値

　The Innovation Warehouse は、ロンドンに拠点を置くスタートアップアクセラレータ／エンジェル投資家のネットワークです。同社が創業したときロンドンにはスタートアップアクセラレータは数社しかありませんでしたが、2013 年には、市場での競争が激化し同社のメンバーは減少していました。当初のブランドは、同社がメンバーシップに提供していたスタートアップへのシード投資や大型資金調達支援のサービスのすべての範囲を表すものではありませんでした。

　2013 年、デジタルブランド戦略家のピーター・トンプソンがチームに加わり The Innovation Warehouse をリブランドする一連の方策を導入しました。

　変化のひとつは、ブランドの視覚的アイデンティティの再デザインでした。同社の Web サイトや、ソーシャルメディアでは、The Innovation Warehouse は、よく "the IW" と呼ばれていました。そして顧客調査を行なった結果、ターゲットオーディエンスである新興の起業家は、頭文字から、同社の名前を連想していないことがわかりました。つまり the IW では、オーディエンスの共感を得られていなかったのです。チームは「頭文字ではなく、フルネームの方がトラクションを得やすい」という仮説をテ

ストするため、検索エンジンのデータを使用しました。そうしてシンボル（ロゴとコーポレートアイデンティティ）を徐々に改善して、最終的には頭文字の使用をやめ、フルネームが徹底されることになったのです。

この新たなブランドが稼働し始めると、すぐにメンバーシップへの問い合わせが増加し、同社は、拡張のために新たな機能を追加しなければならなくなるほどでした。エンジェルネットワークも新たな投資ができるようになり、スタートアップへの投資向けの追加資金を調達できるようになりました。

成功へのヒント

　たいていの場合、ブランドの視覚的アイデンティティの変更をあらゆる場所で展開しようとすると、大量の時間、金、資源が必要です。しかし小規模のオーディエンスを相手にして「試験的」に変更を実施し、大きな投資をする価値があるかを確認できるとしたらどうでしょう？　小グループの顧客に絞って、段階的に視覚的シンボルを調整しましょう。顧客は、このプロトタイプにどう反応するでしょうか？　新しい視覚的アイデンティティによって、混乱や不正確さは効果的に解決されているでしょうか？　正しい方向に進んでいることが確認できたら、変更を広げていきます。

11.5　ブランドシンボルの再デザインを決定した──次にすべきことは？

　イメージチェンジには、ストレスがつきものです。新しい視覚的アイデンティティへの刷新が求められるうえ、変更をすべてのオーディエンスに伝達しなければなりません。混乱や誤解を減らすことは大切です。自ら実施するにせよ、外注するにせよ、

11.5 ブランドシンボルの再デザインを決定した——次にすべきことは？ | 299

デザインはこの仕事の半分にすぎません。明確で強力なブランドシンボルに移行するのは素晴らしいことですが、それは効果的に伝えない限り顧客には気づいてもらえません。そのためブランドの再デザインを効果的に実施するには、以下の点に対処することが重要になります。

- 消費者は新しいシンボルとどのように関わるか？ 新しいシンボルを、どこで、どのように見えるようにするのがよいのか（適用先候補）？

- 新しいシンボルがブランドストーリーの変更を反映している場合、このストーリーをどのように伝えるか？

- 消費者は、新しいシンボルに注目すべき理由は何か？ それはどのように消費者の願望に関連しているか？

ブランドの再デザイン後の、新しいデザインを導入するためのヒントを紹介します。

- 視覚的アイデンティティの変更の背後の、動機や過程を説明するブログ記事を書く。

- 視覚的アイデンティティの進化と、視聴者（顧客）への提供価値にもたらす影響を説明する動画を作成する。

- パートナー、顧客、友人とニュースを共有するリリースイベントを企画する。このイベントにはレセプション、学術会議、パーティーなどの形式がある。

- ニュースを広範囲に伝えるために、新しい視覚的アイデンティティに関連するプロモーションを展開する。

- チームの全員と外部のコミュニティ（メディア、投資家、研究者）が、新デザインのシンボルと、その適切な使用方法についての説明書を確実に入手できるようにする。これによって、新しい資産があらゆる場所で採用されることを促す。

11.6　まとめ

　どのようなものであれ、ブランドの修正は、できる限り顧客にとって摩擦の少ない
ものにしなければなりません。なかでも視覚的シンボルの場合は、その配慮が特に重
要です。**11章**ではこのタイプのイテレーションを実装することに関するアドバイス
や事例を紹介してきました。調査結果からブランドの視覚的アイデンティティに問題
があるとわかったら、今がそれを修正すべき正しいタイミングかどうか判断するため
に修正によるコストとメリットを天秤にかける必要があります。「視覚的シンボルの
変更で生じるコストは、新たなブランドの視覚的アイデンティティの導入で生じるメ
リットよりも大きいか？」と自問しましょう。

　この章では、変化する市場の現実に対応するためにブランドの視覚的アイデンティ
ティを効果的に修正させた企業3社を紹介しました。

　Mall of America の視覚的なブランドアイデンティティには、20年間変化がありま
せんでした。同社は2013年5月15日、デザイン会社の Duffy & Partners 社に依頼し、
まったく新しいブランドイメージの展開を開始しました。既存のブランドに使われて
いた、有名な星とリボンのシンボルを、形を変えながらも維持することが、必要なイ
テレーションによって前進しつつ一貫性を維持するためのカギでした。

　AOLが導入したようなダイナミック・ブランディングでは、一貫性は、基本的な
グラフィック要素やルールに適用されるだけで、創造的な自由や適応のための余地が
多く残されたものでした。

　Innovation Warehouse は顧客調査の結果、ターゲットオーディエンスである新興
の起業家が、頭文字からは同社の名前を連想していないことがわかりました。つまり、
the IW はオーディエンスの共感を得られていなかったので、シンボル（ロゴとコー
ポレートアイデンティティ）を徐々に改善し最終的には頭文字の使用をやめ、フルネー
ムが徹底されることになりました。

12章
結び

　顧客があなたについて考えるとき、最初に思い浮かべるものは何でしょう？ これは怖い質問です。この本では価値創造のストーリー、視覚的シンボル、成長戦略を、コンバージョン獲得に対する効果をあげるために構築し、計測し、革新する方法を学んできました。

　放っておくと、あなたは不利な立場に追い込まれてしまいます。黙って手をこまねいている理由はありません。ライバル企業が、ブランドを構築し、力をつけて、潜在顧客を奪おうとしています。本書の目標は、あなたとチームメンバーの目を、高コンバージョンのブランドに必要な要素に向けることであり、その材料を構築し、計測し、反復することで最大限成長することを目標に、会社を一致団結させることでした。

　第Ⅰ部「構築」では、市場で実用最小限のブランド体験を構築する方法を、ブランドストーリー、シンボル、戦略に関する 25 の要素を使って説明しました。構築のプロセスにおける消費者の願望の大切さについても学びました。顧客の自己実現への近道の提供を語るべき、価値創造のストーリーには願望を満たすというメッセージが埋め込まれなければなりません。

　また、すでにある連想を活かした視覚的シンボルでブランドストーリーを伝達することで、ブランドを価値や目標に結びつける方法も学びました。ブランドコミュニケーションチャネルが、ストーリーの提示、視覚的シンボルの活用、コンバージョンの向上において、どんなに有効かについても説明しました。さらにこのセクションを通じて、ブランド要素を初めて構築するときにおけるエスノグラフィー的調査手法の重要性も紹介しました。

　第Ⅱ部「計測」では、仮説を継続的に計測／テストすることによって、真にダイナミックで高コンバージョンなブランドを生み出す方法について学びました。その際、

第Ⅰ部で構築したブランドストーリー、シンボル、戦略についての仮説を検証する方法を説明しました。このプロセスを簡単にするために「ブランド学習ログ」を使用してテスト結果を記録する方法を学びました。25のブランド要素を継続的にテストする一連の手法も紹介しました。戦略がトラクションを、ブランドストーリーが共感を、シンボルが（この2つをサポートする）フィットしたアイデンティティを生み出しているかを計測する方法についても学びました。

　第Ⅲ部の「学習」では、変化する市場に適応するのに必要なブランドのピボットについて学びました。顧客の変化し続ける認識とニーズに適応するために企業がメッセージをリポジショニングし、ブランドの価値創造ストーリーをイテレートする方法を説明しました。ブランドのリチャネルをテーマにした9章では、ターゲットオーディエンスが新たに好むようになったメディアに、コミュニケーションチャネルを切り替えた事例を紹介しました。11章ではブランドの適切な連想性をつくり出すため、視覚的シンボルを継続的に再デザインする方法について考えました。

　でもこれで終わりではありません。リーンブランディングはエビデンスベースかつ顧客中心主義の継続的なプロセスです。そしてエビデンスと顧客は絶えず変化しています。ブランドが存続する限り、あなたの仕事も続くのです。

　私の願いはこの本の考え方とツールを身につけることで、あなたがコンバージョンの獲得という目的のために、ブランドの明確なメッセージ（ストーリー）と、それを視覚的に表現する資産（シンボル）や、それを伝達するチャネル（戦略）を構築できるようになることなのです。

用語集

A/B テスト

対象コンポーネントの別バージョンを複数のグループに対して同時並行で実施するテスト。2つの特定の要素のバージョンのパフォーマンスを比較することで仮説の検証に役立てる。スプリットテストと呼ぶこともある。

App Store の最適化

アプリの販売やダウンロードを促進するためアプリの販売サイトにおける見せ方を最適化する戦略。

CTA（Call to action/ 行動へのきっかけ）

特定のコンバージョン行動への明確な誘導。コンバージョン行動の定義はブランドによって異なっており、ニュースレターの購読といった初期的なものから最終的な製品購入という直接的なものまで幅広い。

POP 最適化

販売促進のために、製品が販売される空間の設計を行う戦略。

価値創造機会分析

製品体験（ジャーニー）に関する消費者の知覚を計測する手法。消費者は製品やサービスが提供するさまざまな価値を「低→中→高」の尺度で評価する。価値創造機会分析は、プロダクトジャーニーに不足している点や、期待を満たしている点を可視化するのに役立つ。弱点が明らかになることによってジャーニー全体を通じた価値を増大するための新たなチャンスが見えてくる。

304 | 用語集

検索エンジン最適化（SEO）

検索エンジンがブランドをよりよく発見しランキング表示してくれるようにオンラインコンテンツを設計したり改善したりすること。理想的には、私たちが解決しようとする問題に関連する検索をユーザーが行った場合、検索エンジンが自分たちのオンラインプレゼンスを構成する複数のチャネルをポイントするように誘導すること。

五感ブランディング

ブランドとユーザーの関係性を強化するために、感覚的な刺激を活用すること。

コンバージョン

目的の行動経路に顧客を導くこと。顧客がこの経路を踏破することをコンバージョンという。コンバージョンの定義は業界やビジネスモデルによって異なる。

コンバージョンピクセル

ユーザーが特定のコンバージョン経路を踏破したかどうか追跡するために広告、Eメール、サイト、ボタン、ショッピングカートといったオンラインの要素に挿入するコード。

サイトマップ

クローラやユーザーがアクセスすることのできる、ブランドのWebサイト内のページリストを明確に示す構造的サイト。サイトの構造について直感的にわかりやすい情報。

社会的学習理論

「人間の行動のほとんどは手本となるものの影響を通じて、意識的または無意識に学習されたものである」（Bandura、1977）ことを示唆する社会心理学の概念。

シャドウイング

対象顧客の製品体験（カスタマージャーニー）を一定期間追跡することで、その行動履歴からインサイトを見出そうとする調査手法。このインサイトはブランド開発に活用する。

象徴的消費

製品の機能的な特徴を超えて象徴的な意味を伝える製品やサービス。消費者は機

能ではなく「ブランドから受けとる意味」に反応して購入プロセスに進むとされる。

シンボリック相互作用

人間が対象の物事に割り当てた意味に基づいて行動する方法を説明する社会心理学の概念。人間は絶えずシンボルと関わりそのシンボルを定義し続けている。これを活かして、ブランドは人が視覚的シンボルから連想する意味からある価値や願望を自社の製品／サービスと関連付けるのである。

心理学的特性

消費者の人口統計学的な特性（特に年齢やジェンダー）を越えて、態度、ライフスタイル、パーソナリティ、願望などの心理的な側面を分析すること。

スプリットテスト

A/B テストと同義。

ソーシャルメディア・マーケティング

ブランドのコンバージョンを促すために SNS サイトを戦略的なビジネスコミュニケーションチャネルとして活用すること。

ソート・リーダーシップ

ブランドを、顧客の興味の対象／ニーズにおける専門家と位置づけることで信頼とコンバージョンの獲得を目指す戦略。

短縮 URL

SNS サイトで共有しやすくするために長いリンクを短縮する機能。

デプスインタビュー

潜在／既存顧客と 1 対 1 でのインタビュー。顧客の深層心理の動機やライフスタイル、好みを掘り下げ、ブランド開発に役立てるために行う。

二次調査

ブランド開発を導くインサイトを発見するために既存の情報（一次調査）を分析すること。

用語集

バイヤーペルソナ

私たちがブランドの内容や機能、メッセージなどに関するアイデアを得るために作成する、顧客を表すアーキタイプやモデル。消費者調査から明らかになった「真の」ニーズや願望に基づいた架空のキャラクターのこと。

バックリンク

ブランドのサイトの特定のセクションに外部サイトから誘導するリンク。

フライ・オン・ザ・ウォール（壁にとまったハエ）

行動、環境、オブジェクトを観察しメモを取るために顧客の周囲の風景に溶け込んで観察する手法。バイヤーのニーズに対処するためバイヤーのコンテキストを理解し、貴重なインサイトを明らかにすることに役立つ。

ブランド

消費者があなたのことを考えるときに想起する「ユニークなストーリー」。あなたの製品と、ペルソナのストーリー、特定の「パーソナリティ」、あなたが解決を「約束（プロミス）」するもの、競合他社に対するあなたの「ポジション」などを関連づけする働きをする。ブランドは視覚的なシンボルで表され、様々な「戦略的な」露出を通じて作り上げられる。

ブランドイメージ

市場におけるブランド・ストーリーを表現し理解を助けるイメージ。ブランドが特定のバイヤーペルソナに向けて提供する製品体験、ポジショニング、価格、ブランド・パーソナリティやブランド・プロミスを説明したり例示したりする。

ブランド・ウォール

ブランドに関して展開中のアイデア、データ、成果物を表示したり並べ替えたり、拡張したりできるシート。

ブランド共感

ブランド・ストーリーが市場の期待、願望、要求にフィットすること。共感は顧客がニーズに関連するメッセージに共鳴して提案された価値に引き込まれるときに起こる。

ブランドジャーニーマップ

顧客が製品やサービスを消費する際の体験全体を示す、カスタマージャーニーマップの種類の1つ。ブランドが顧客に価値を与えることのできる戦略的接点を持つ、さまざまな段階を示す。これらの段階や接点がどのようなものであるかを認識し、効果的な対応を設計するのに役立つ。製品の顧客体験を、顧客が提供物を消費するときに必要なすべてのブランド要素の観点から視覚化する。

ブランド・タイポグラフィ

市場におけるブランド・ストーリーのアイデンティティを表現する書体の配列の集合。

ブランド・トラクション

ブランドに対する市場の反応をあらわす指標。投資家の Naval Ravikant は「トラクションはエンドユーザーの需要を表す量的な証拠」と述べている。

ブランドの再デザイン

市場やビジネスモデルの変化に応じてブランドの視覚的アイデンティティを構成するシンボルを変更すること。

ブランドの販促資料

ターゲットとするオーディエンス（例：メディア、潜在顧客、投資家）にブランドのメッセージを伝える資料。

ブランドのリチャネル

ブランドのコミュニケーションチャネルを切り替えること。ブランドの再デザインやリポジショニングと連動しない限りリチャネル単体ではブランド・ストーリーや視覚シンボルの本質を変えることにはならない。リチャネルが変えるのは、コンバージョン強化のために既存のコミュニケーションチャネルにアプローチするやり方だけである。

ブランドのリポジショニング

市場の変化やビジネスモデルを反映するために初期のブランド・ストーリーを調整・修正すること。

ブランド・パーソナリティ

ブランドに関連付けられた人間的な心理的特性で、さまざまな状況における長期的な市場での顧客との相互作用に影響する。

ブランド・プロミス

ブランドのコアバリューを要約する覚えやすく短いフレーズ。

ブランド・ポジショニング

市場のなかにスペースをみつけてブランドを特定の顧客セグメントの「願望をかなえる手段」として投影し、占拠すること。言い換えれば、消費者の心のなかに駐車スペースを見つけ、誰かに先を越される前にそこを占拠すること。

ブランド摩擦

混乱や矛盾をもたらしたり、消費者の認識を傷つけたりする恐れからくるブランドのシンボル、ストーリー、戦略を変えることへの心理的抵抗。

プレスルーム

記者その他のステークホルダーがブランドに関する統計データ、顧客の声、パートナーシップ、ニュース、トラクションの証拠などを見つけられるオンラインの環境。

ランディングページ

潜在バイヤーがブランドを知るために最初に「着陸」(land) するウェブページ。記者、投資家、パートナーなど、さまざまな利害関係を持つ幅広い訪問者に対するアピールにもなる。この目的はブランドや会社についての一般的な情報の提供ではなく特定のコンバージョンの獲得である点が一般的なウェブページと異なる。

ロゴ

市場でのブランド・ストーリーの識別に用いられる視覚的シンボル。

クレジットと参考資料

画像クレジット

全章

"Jolly Icons" by Olly Holovchenko (www.jollyicons.com)

3章

"Yo-ho-ho, and a Bottle of Rum!" by Mary Witzig on Flickr. Used under CC BY 2.0. Desaturated and cropped from original.

"Positioning" by Alif Firdaus Azis.

"Freddie PNGs" by Mailchimp, in http://mailchimp.com/about/brand-assets/

4章

"Real Estate Flyer Template" by Deiby via Flickr. Used under CC BY 2.0. Desaturated from original.

"Regional Demo Day Pitch" by Iván Castilla for Apps.co. In the picture: Claudia Peña.

7章

"World Peace Gong, Gödöll" by Rlevente. Licensed under the Creative Commons Attribution-Share Alike 3.0 Unported license. Desaturated from original.

8章

"Bird" by Josh Camire from The Noun Project.

"Compass" by Mister Pixel from The Noun Project.

"Robot" by Jean-Philippe Cabaroc from The Noun Project.

"Android ™ robot" via Brand Guidelines for Android Developers http://developer.android.com/images/brand/Android_Robot_200.png

"Twitter blue logo" via Twitter Brand Assets & Guidelines at https://about.twitter.com/press/brand-assets

11章

"Target" by Cris Dobbins from The Noun Project.

"Crocodile" by m. turan ercan from The Noun Project.

フォントクレジット

"Myriad Pro" by Robert Slimbach and Carol Twombly

"Futura LT Book" by Paul Renner

"Gelato Script" by Dave Rowland

"Times New Roman" by Stanley Morison and Victor Lardent

"Montserrat" by Julieta Ulanovsky

"Comic Sans" by Vincent Connare

"Josefin Sans" by Santiago Orozco

"Clicker Script" by Astigmatic

"Clemente" by Alan Prescott

"Andale Mono" by Steve Matteson

索　引

記号・数字

5 秒間のテスト 220

50 ミリ秒の第一印象 14, 61-63

A・B・C

A/B テスト 154, 161, 213-215

Amazon 275-280

AOL（America Online）................................. 295-297

App Store 最適化 136-138

CTA（コールトゥーアクション）...... 84, 105, 193-197

D・E・F

e コマースサイト 275

E メール 123-126, 190-192

　　～の開封率 191

　　～のクリック率 191

　　～マーケティング 121-126, 190-192

　　～リスト 121-126, 190-192

Facebook 171-175, 185

G・H・I

Google 17, 157-163, 180-221

　　～ AdWords 183

　　～アナリティクス 158-163, 188-198, 221

　　～グラス 17

M・N・O

MVP（実用最小限の製品）...................... xii-6, 38, 81

P・Q・R

POP 最適化 135-138, 200-202

S・T・U

SEO 107-112, 153-180, 263

　　～レポートツール 180

Twitter 94-129, 175

V − Z

Vimeo 190, 196

Web デザイナー 63

YouTube 193-197

あ行

アイデンティティ 12, 231-254, 291

アクセス回数 177

アノテーション 195

　　動画の～ 195

アフィリエイトマーケティング 138, 141

「いいね！」... 172

一貫性 258-287

　　ブランドの～ 258, 290

イテレーション 25, 276-287, 290-300

イメージチェンジ 289-299

色 71, 241-244, 293-295

　　～の役割 293-295

インタビュー 38-43, 216, 222

　　デプス（深掘り）～ 38

インフルエンサー 108, 129, 141

ウェブデザイナー 63

エンゲージメント 170

オーディエンス 220

オレオ（お菓子メーカー）.............................. 217-219

か行

開封率 190-193

　　Eメールの～ 190

価格 20, 27-58, 214-228

　　～帯 214

　　～の計測 277

　　～プレミアム 20

価格設定 54

　　価値ベースの～ 54

　　競争ベースの～ 54

　　コストベースの～ 54

　　浸透（ペネトレーション）ベースの～ 54

　　戦略 55

学習 255-260

　　ブランド～ 255-260

カスタマー 49

　　～ジャーニーマップ 49

仮説の検証（調査）.......................... 144, 281

価値 53, 224-228

　　ソリューションの～ 53

　　～創造機会分析 224

　　～の計測 228

　　～ベースの価格設定 54

壁にとまったハエ 39

カメレオンブランド 7

カラーパレット 71, 234, 241

観察 38, 153

　　自分自身の～ 153

　　対象者の～ 38

キーワード 181

　　検索～ 181

機会費用 290

起業 .... v-xx, 22, 146

記者 132

　　メディアの～ 132

機能 9

　　てんこ盛りの～ 9

競合他社 13, 69

恐竜のようなブランド 7

クリーミング価格設定戦略 55

クリック 181-183, 191

　　Eメールの～率 191

　　～数 181-183

　　～スルー率 181

経営学 12

計測 145-148

牽引力（＝トラクション）.................... 149

検索 108-121, 152-169, 178-182

　　キーワード～ 181

　　～アルゴリズム 168

　　～連動型広告 119

検索エンジン 108-112, 152-168, 178-182

　　～最適化 108-112, 152, 182

　　～のランキング 110

検証 146, 281-283

　　仮説の～ 146, 281-283

航空業界 19

広告 115-123, 187, 261

　　1969年の～ 261

　　印刷～ 261

　　検索連動型～ 120

　　ソーシャルネットワーク～ 120-123

ディスプレイ〜 117-120	コンバージョンの〜 259
テレビ〜 261	作動自己概念 7
モバイル〜 123	差別化 12, 70
有料〜 115-123, 185	視覚化 61, 232-235, 291-298
〜スペース 115	視覚的 61, 232-235, 291-298
〜費 115	〜アイデンティティ 232-235, 291-298
構築 25	〜シンボル 61, 232
リーン・ブランドの〜 25	時間帯 190
行動のきっかけ（CTA）........................... 147	効果的な〜 190
コールトゥーアクション（CTA）..... 84, 105, 193-197	色彩 71
顧客 xiii-35, 216-225, 281	〜の文化的な意味合い 71
ターゲット〜 33	資源 11
〜開発 xiii	資本〜 11
〜の願望 33-35	人的〜 11
〜の期待 224	自己実現 8, 12
〜の共鳴 224	資産 22
〜のニーズ 216	無形〜 22
〜の満足 222	支払い意思 228
〜への質問 281	自分自身の観察 153
コンテンツ 111-116, 186-189	ジャーニーマップ 15, 49-53
〜の共有 187	カスタマー〜 49
〜マーケティング 111-116, 187	ブランド〜 15, 52
コントロール 14	シャドウイング 39
ブランドの〜 14	ジャンクビジネス 20
コンバージョン xviii-113, 147-206, 255-275	消費者 266, 284-286
リチャネルと〜 268-271	〜学習 284-286
〜トラッキング 183-185	〜の行動変化 266
〜の最適化 259	新規チャネル 271
〜目標 147, 159-205, 262-275	シンボル 61, 231, 298
コンバージョン率 .... xviii-xix, 112-201, 269-273	視覚的〜 61, 232
低い〜 269-271	ブランド〜 298
	〜からの連想 231
さ行	心理学 12
最適化 108-182, 200-202, 259	スキミング価格設定戦略 55
App Store 〜 136-138	スタートアップ v-6, 146, 150
POP 〜 136-138, 200-202	リーン〜 .... ix, 6
検索エンジン〜 108-113, 152, 182	スタイリッシュなデザイン 74

ステーショナリー 81, 234, 247-249
ストーリー 4-29, 286
ストーリーショーイング 29
　≠ ストーリーテリング 12, 29
ストーリーボード 55-58
　ブランド〜 55-58
スプリットテスト 155
成功 148
　偽の〜 148
製品 27-32, 45-58, 215-225
　〜体験 30, 45-58, 222-225
　〜名 31, 215
設計 154
　テスト〜 154
相互リンク 110
ソーシャルネットワーク .... xi, 122-124
　〜広告 122-124
ソーシャルメディア 14, 93-104, 152-178
　〜の選択 101
　〜の投稿タイミング 104
　〜への投稿 94-104
　〜マーケティング 93-104, 152, 168-178
　〜リファーラル 177
ソリューションの価値 53

た行

ターゲット顧客 33
第一印象 14, 61, 105
滞在時間 187
　ブログの〜 187
対象者の観察 38
タイポグラフィ 74, 234, 238-241
ディズニー 264-266
　〜のブランドストーリー 264-266
ディスプレイ広告 117-120
デザイナー 63
　Web 〜 63

デザイン 12, 66, 74
　スタイリッシュな〜 74
　〜とビジネスの統合 66
　〜マネージメント 12
デジタルチャネル 30
テスト 154-178, 213-215, 220
　5 秒間の〜 220
　A/B 〜 155, 161, 213-215
　スプリット〜 155
　ソーシャルメディア・マーケティング〜
　　.. 168-178
　ランディングページの〜 156, 165
　〜設計 154
デプスインタビュー 38
テレビ 15, 261
　〜 CM 261
　〜のチャンネル 15
動画 121-128, 192-197
　初めての〜制作 128
　〜のアノテーション 195
　〜マーケティング 127-129, 192-197
投稿 94-104
　ソーシャルメディアへの〜 94-104
投資とリターン 151, 183
特別割引 115
ドメイン取得（マーケティング投資）................. 283
トラクション（牽引力）................................. 149-206

な行

二次調査 38
偽の成功 144
ニュースレター 188
認知的不協和 51

は行

パーソナリティ 4-13, 27-75, 225-227
　定義 45

ブランド～ 27-59, 70-75, 225-227
～検査 226
パートナーシップ 139-142, 203-205
　消費者との～ 138
　ブランド～ 203-205
　他のブランドとの～ 138
　メディアとの～ 138
　有名人との～ 138
ハエ 39
　壁にとまった～ 39
販促資料 65, 82, 234-246
バンパーステッカー 35
ビジネス xiii-20, 66, 147-150
　ジャンク～ 20
　デザインと～の統合 66
　～の収益性 150
　～モデル .... xiii, 146
　～を動かすもの 146
ビジュアルアイデンティティ 61
フィールドガイド 42
フォーマル度 34
フォント 69
付箋 64
ブランディング v-300
　リーン～ vi-300
ブランド v-300
　カメレオン～ 7
　恐竜のような～ 7
　選りすぐりの～プロミス 37
　～アイデンティティ 231-254
　～ウォール 63
　～学習 255-260
　～拡張 280
　～共鳴 209-230
　～資産 268
　～ジャーニー 15, 49-53, 222-225
　～ジャーニーマップ 15, 52

～シンボル 61-66, 267, 298
～シンボルの調整 267
～ストーリー 27-60, 212, 280
～ストーリーボード .... xiv, 55-58
～戦略 91-141
～調査 276
～ではないもの 11-24
～トラクション 149-206
～ネーム・アソシエーションマップ 213
～の一貫性 258
～の開発 15
～の管理 13
～の計測 13
～の構築 217
～のコントロール 14
～の再デザイン 289-299
～の信頼性 16
～の変更 258
～のリチャネル 261-274
～のリポジショニング 275-288
～パーソナリティ 27-59, 70-75, 225-227
～パートナーシップ 204-205
～プロミス 27-58, 214, 219
～ポジショニング 215-219
～摩擦 258
～マネージャー .... xi, xv, 11
～名 31, 213-215, 287
～名のA/Bテスト 213-215
～メッセージ 51, 285
～レビュー 202
フリーミアム 55
プレス 130-132, 197-200
～リリース 130, 197-200
～ルーム 133
プレゼンテーションスライド 82-88, 234, 249-253
ブログ 113-117, 186-190
　テスト 189

プロダクトマーケット・フィット 212

分析ツール 170-176, 193, 270

ページビュー 152

ページランク 180

ペルソナ 27-45, 58, 220-222

変化への抵抗 258

ホームページ 106

　≠ ランディングページ 106

ポジショニング

　.. 27-45, 58, 215

　～マップ 34

ポジション 4, 13

ま行

マーケティング xi-283

　E メール～ 123-126, 190-192

　アフィリエイト～ 138, 141

　コンテンツ～ 111-116, 186

　ソーシャルメディア・～

　.................................... 93-106, 152, 168-170

　動画～ 127-129, 192-197

　～チーム 12

　～部門 14

マインドマップ 68

ミレニアル世代 265

無形資産 22

無料サンプル 141

名刺 65, 81, 247-249

メール 122-126

メッセージ 3, 270

　多すぎる～ 270

メディア 129-136, 139, 200

　～対応 128-136

　～に取り上げてもらう 134

　～の記者 132

モックアップ 78-79

モバイル広告 123

や行

約束（プロミス） 4

ユーザー 39, 150, 187

　新規～ 150

　登録～ 150

　有料～ 150

　～の観察 39

　～の状況理解 39

ユーザー数 187

　コンテンツを読んだ～ 187

有名人 139

有料広告 115-123, 185

良い製品 15

曜日 190

　効果的な～ 190

ら行

ラダリング（調査テクニック） 214

ランキング 182

ランディング 105-107, 152-167, 180

　～の仮説 15

ランディングページ（≠ ホームページ）

　........................... 105-107, 152-171, 180

　～のテスト 156, 165

リアルタイム 218

リーン・スタートアップ .... ix, 6

リーンブランディング vi-300

　～・マップ 256

リターン 150, 182

　投資と～ 150, 182

リチャネル 261-274

　ブランドの～ 261-274

　～とコンバージョン 263-271

リポジショニング 275-288

　ブランドの～ 275-288

旅行ガイド 18

レビュー 128, 202-204

～システム 127, 202-204

連想 231

  シンボルからの～ 231

ロゴ 6-12, 66-73, 232-238

  シンプルな～ 70

  ～デザイン 67, 70-73

  ～デザイン・ワークショップ 67

  ～の影響 68

  ～の効果 235-238

～の作成 73

～のメッセージ 68

～の有効性 71

露出機会 13

わ行

ワンシート（≠ 分厚い販促資料）...... 82-86, 234, 244

  ～・テンプレート 86

● 著者紹介

ローラ・ブッシェ（**Laura Busche**）

リーン・スタートアップの方法論を、150人以上の起業家や50社以上のインターネットベース・スタートアップで実践。成功のために効果的なものは何か、起業家やスタートアップがブランド構築で恐れているものは何であり、その改善のためにはどうすればよいかを学んできた。この体験を通じて、ロゴデザインからデモデーのピッチに至るブランド戦略の、あらゆる要素を向上させるために必要なものが何かへの理解を深めた。同時に、コロンビアのIT省および同国のApps.coプログラム（リーン・スタートアップとビジネスモデルキャンバスを全面的に採用）のデジタルマーケティング・メンターを務め、インターネットベース・スタートアップ向けブランド戦略についての、他に類を見ない見識の高さに磨きをかけている。

ワシントンDCのコゴッド・スクール・オブ・ビジネススクール（企業経営学首席国際マーケティング専攻）で経営学の学位を取得。現在は、消費者心理学をテーマにした博士論文の執筆に取り組んでいる。

2012年、国際青年会議所（国連プログラム）によって、コロンビアのThe Outstanding Young Persons（傑出した若者たち）として表彰される。2013年、世界経済フォーラムによって、世界を変える若者たちから成る「グローバル・シェイパー」のコミュニティに招待される。グルーポン、ナショナルジオグラフィックで働いた経験から、デジタルマーケティングに強い関心を抱くようになり、自ら代理店を立ち上げた（www.ozonegroup.co）。リーン・スタートアップの考えに影響されたことで、母国コロンビアの複数の起業家のマーケティング・メンターを務めるようになった。

● 監訳者紹介

堤 孝志（つつみ たかし）

ラーニング・アントレプレナーズ・ラボ株式会社共同代表。総合商社、ベンチャーキャピタル勤務を経て、2014年に当社設立。同社はスティーブン・ブランクをはじめとするシリコンバレーのリーダーと連携しながら、顧客開発モデル等の「本当にツカえる起業ノウハウ」を研究紹介し、プロセス志向アクセラレーターとしてスタートアップから大企業の新規事業に至る、幅広い事業創造の支援と投資活動を行う。東京理科大学工学部卒。McGill大学経営大学院修了。訳書／監訳書に『アントレプレナーの教科書』（翔泳社）、『スタートアップ・マニュアル』（翔泳社）、『クリーンテック革

命』（ファーストプレス）、『リーン顧客開発』（オライリー・ジャパン）がある。

ラーニング・アントレプレナーズ・ラボ HP
http://le-lab.jp

飯野 将人（いいの まさと）
ラーニング・アントレプレナーズ・ラボ株式会社共同代表。大手金融機関、米系コングロマリットといった大企業勤務の後、日米複数のスタートアップの経営に参画。2003年から2012年まで国内VCにてベンチャー投資に従事。2012年4月より西海岸発のハイテクベンチャーの取締役副社長を務めつつ、堤と共にラーニング・アントレプレナーズ・ラボを設立し、共同代表として活動する。東京大学法学部卒。米国ハーバード大学経営大学院修了。訳書／監訳書に『スタートアップ・マニュアル』（翔泳社）、『クリーンテック革命』（ファーストプレス）、『リーン顧客開発』（オライリー・ジャパン）がある。

● 訳者紹介
児島 修（こじま おさむ）
英日翻訳者。1970年生。IT、ビジネス、スポーツなどの分野で活躍中。訳書に『デザイニング・ウェブナビゲーション』、『Lean UX』、『リーン顧客開発』（オライリー・ジャパン）など。

リーンブランディング ―リーンスタートアップによるブランド構築

2016 年 8 月 25 日　　初版第 1 刷発行

著　　　　　者	ローラ・ブッシェ
監　訳　　者	堤 孝志（つつみ たかし）、飯野 将人（いいの まさと）
訳　　　　　者	児島 修（こじま おさむ）
シリーズエディタ	エリック・リース
発　行　人	ティム・オライリー
編　集　協　力	株式会社ドキュメントシステム
印　刷・製　本	株式会社平河工業社
発　行　所	株式会社オライリー・ジャパン

　　　　　　　　〒 160-0002　東京都新宿区四谷坂町 12 番 22 号
　　　　　　　　Tel　（03）3356-5227
　　　　　　　　Fax　（03）3356-5263
　　　　　　　　電子メール　japan@oreilly.co.jp

発　売　元	株式会社オーム社

　　　　　　　　〒 101-8460　東京都千代田区神田錦町 3-1
　　　　　　　　Tel　（03）3233-0641　（代表）
　　　　　　　　Fax　（03）3233-3440

Printed in Japan　（ISBN978-4-87311-769-0）
乱丁、落丁の際はお取り替えいたします。

本書は著作権上の保護を受けています。本書の一部あるいは全部について、株式会社オライリー・ジャパンから文書による許諾を得ずに、いかなる方法においても無断で複写、複製することは禁じられています。